# 入社1年目からの「ネットインフラ」がわかる本

村上建夫・著

## 本書内容に関するお問い合わせについて

このたびは翔泳社の書籍をお買い上げいただき、誠にありがとうございます。弊社では、読者の皆様からのお問い合わせに適切に対応させていただくため、以下のガイドラインへのご協力をお願い致しております。下記項目をお読みいただき、手順に従ってお問い合わせください。

**●ご質問される前に**

弊社Webサイトの「正誤表」をご参照ください。これまでに判明した正誤や追加情報を掲載しています。

正誤表　http://www.shoeisha.co.jp/book/errata/

**●ご質問方法**

弊社Webサイトの「刊行物Q&A」をご利用ください。

刊行物Q&A　http://www.shoeisha.co.jp/book/qa/

インターネットをご利用でない場合は、FAXまたは郵便にて、下記"翔泳社 愛読者サービスセンター"までお問い合わせください。
電話でのご質問は、お受けしておりません。

**●回答について**

回答は、ご質問いただいた手段によってご返事申し上げます。ご質問の内容によっては、回答に数日ないしはそれ以上の期間を要する場合があります。

**●ご質問に際してのご注意**

本書の対象を越えるもの、記述個所を特定されないもの、また読者固有の環境に起因するご質問等にはお答えできませんので、予めご了承ください。

**●郵便物送付先およびFAX番号**

送付先住所　〒160-0006　東京都新宿区舟町5
FAX番号　03-5362-3818
宛先　（株）翔泳社 愛読者サービスセンター

※ 本書に記載されたURL等は予告なく変更される場合があります。
※ 本書の出版にあたっては正確な記述に努めましたが、著者および出版社のいずれも、本書の内容に対してなんらかの保証をするものではなく、内容やサンプルに基づくいかなる運用結果に関してもいっさいの責任を負いません。
※ 本書では™、®、© は割愛させていただいております。

# はじめに

2011年の東日本大震災では、災害時におけるSNS（ソーシャルネットワーキングサービス）の効力を、あらためて認識させられました。デマ情報の流布という問題もありましたが、それを含めてもSNSの威力は絶大でした。2016年の熊本地震においても、Twitter、Facebook、LINEなどのSNSによって、救助要請、救援物資の依頼、安否確認、生存報告、助け合い、励まし合いなど、緊急の通報やリアルタイムの情報共有に、大いに活用されました。

しかし、スマートフォンなどの情報端末だけがあっても、ネットインフラ（ネットワーク基盤）がなければ情報の発信も共有もできません。無線、アンテナ、通信事業者に設置してあるスイッチやルータ、クラウド上のSNS事業者に設置してあるサーバ類やストレージなどのさまざまなインフラがなければ、情報の交換を行うことができないからです。

ネットインフラとは、送信受信端末、回線、ネットワーク機器、プロトコルなど、ネットワークを機能させる基盤となるさまざまなものを表します。情報の交換や共有、蓄積や加工は、これらを通じて行われます。

本書は、ITエンジニアのために、さまざまなネットインフラについてわかりやすく解説しました。各分野のITエンジニアが携わる情報は、これらによって、交換され、新たな価値を創り出します。多くのITエンジニアが、ネットインフラへ興味をひかれるきっかけとなれば幸いです。また、ネットインフラへの理解を深めることによって、情報および情報技術が、より進化することを願ってやみません。

2016年5月　　　　村上建夫

# 本書について

現代のネットワークは、インターネット、イントラネット（プライベートネットワーク）、音声系ネットワークに大別できます。本書の「第1章」では、まず、その全体像を解説します。

「第3章」では、イントラネットの仕組みとその構成要素について解説します。「第5章」では、音声系ネットワークについて解説します。

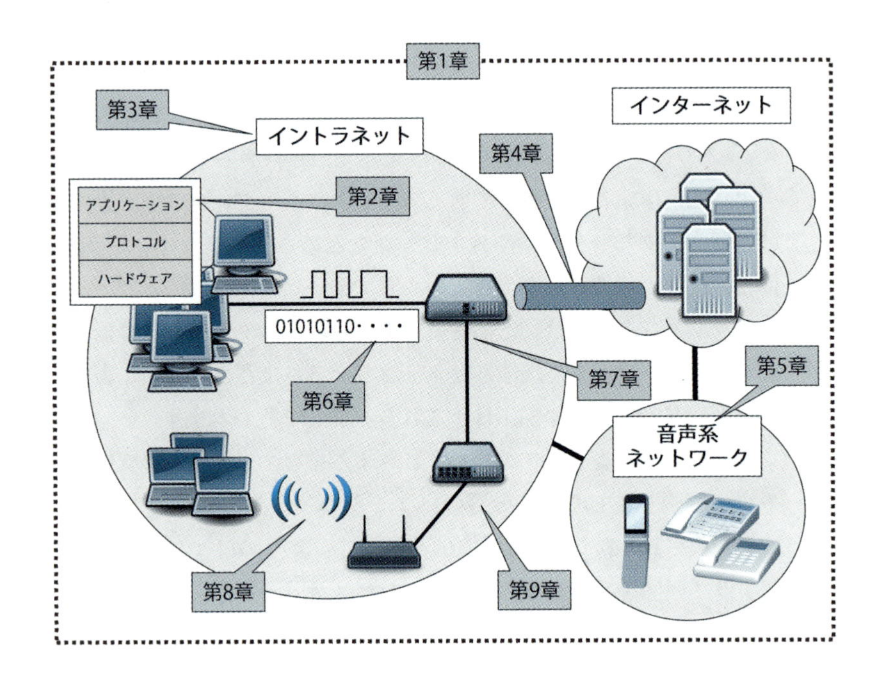


データを移動するには、プロトコルが必要です。ネットワークの論理的構造は、アプリケーション、プロコトル、ハードウェアで成り立っていますが、プロトコルは、その中核的存在です。デジタル符号の連なりを通信プロトコルで決められた大きさに分割し、送信元、宛先などの制御情報を付加して、決められた方法でインタフェースから送受信します。

「第2章」では、データを移動させるための通信プロトコルについて解説しています。「第4章」では、データを移動させる回線技術について解説します。回線は、ネットワークを構成するハードの部分です。

伝送するビット列の実態は、信号です。電気信号、光信号、電波、いずれにしても電磁波の信号を、銅ケーブル、光ケーブルや電波空間を媒体として伝送します。

「第6章」では、データを伝送させるために変換する信号について解説します。「第7章」では有線ケーブルについて、「第8章」では電波について解説します。

ネットワークが機能しなくなると、大きな経済的損失が生じます。ネットワークの現状を正確に把握し、安全に快適に利用できるように運用し、トラブルを未然に防止し、もしトラブルが発生しても、素早く復旧させ損失を軽減することが極めて重要です。

「第9章」では、データ（情報）を安全に取り扱い、ネットワークを快適に機能さるためのセキュリティや運用管理について解説します。

また、「付録」リファレンスでは、関連するプロトコルヘッダやフォームフォーマットを紹介しています。本文とあわせて参照してください。

**欄外のアイコン**

用語解説　本文で使われている重要な用語について簡潔に解説しています。

メモ　本文に登場する項目について、知っておきたい付加情報を掲載しています。

参照　後述される項目や、他の章に解説がある項目の参照先を掲載しています。

CONTENTS

## 第2章 インターネットプロトコル(IP)

### プロトコルがなければパケットは届かない 047

## 第3章　イントラネットのプロトコル


## 第4章　インターネットアクセスとVPN

## 第5章　音声通信サービス
### －音声をどうやって伝えるか－　127

## 付録　リファレンス　323

第 1 章

# ネットワーク概要

## ーネットワークはデータの交換場ー

複数の端末を接続し、データを相互に交換する場所がネットワークです。

今やネットワークにはIoTにより、通信機能をもたせたありとあらゆる「モノ」（デバイス）がインターネットに繋がり、総務省の「情報通信白書」（HIS社の推定）によると、2020年には約530億のデバイスがインターネットに繋がると予想しています。この数字は、国連の2020年の世界人口推計77億の7倍、単純に例えると、全人口が7つ以上のデバイスをインターネットに繋げるということになります。

私たちのスマートフォン、タブレットやパソコンのすぐ先にはネットワークが横たわっています。というより、私たちはネットワークの中にすっぽりと囲まれている、といえます。ワールドワイドなインターネットには、クラウドやiDCがあり、企業のネットワークや電話網が繋がっています。そこには目に見えるスマートフォン、タブレットやパソコンだけでなく、目には見えない500億を超える情報端末やサーバが、有機的に接続し、データを無尽蔵に蓄積しています。

この章では、ネットワークの全体像、インターネットやイントラネットの概要、仮想ネットワーク、そして音声通信のネットワークについて解説します。

# 1 ネットワークの全体像

情報通信ネットワークとは、複数の情報通信端末を結び付けて情報を相互に送り、伝え、受けるという機能を果たすシステムです。

現状の情報通信ネットワークは、インターネット、プライベートネットワーク、そして音声系ネットワークに、大別することができます（図1-1）。これらのネットワークは、相互に接続しています。

インターネットは、外に広がったパブリックなネットワークです。プライベートなネットワークには、企業や団体の中に構築された**イントラネット**、TCP/IPプロトコル以外を使用した企業のネットワーク、そして個人宅のホームネットワークがあります。そして音声系ネットワークには、**加入者電話網**、**携帯電話網**、**IP電話網**などが含まれます。

メモ

**イントラネット(Intranet)**
閉ざされた組織内に構築したTCP/IPプロトコルを使用したネットワーク。

**加入者電話網**
ここでは、キャリアと呼ばれる通信事業者と契約した固定電話のネットワークを指す。

**携帯電話網**
移動体通信サービスを提供している通信事業者のネットワーク。

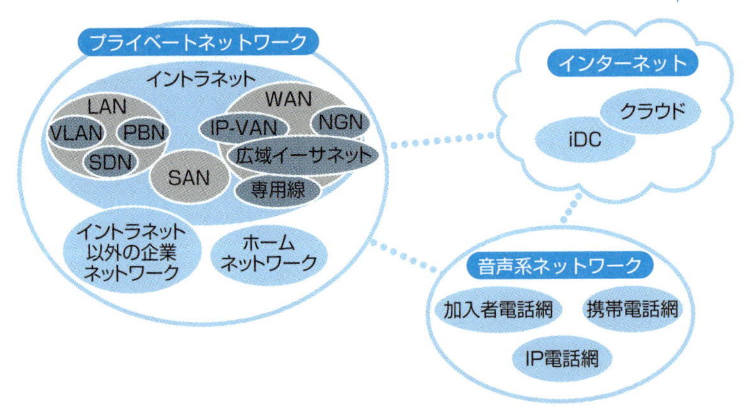


図1-1：情報通信ネットワークの全体像

図1-1中の、インターネット、クラウド、iDC、イントラネット、LAN、WAN、SAN、VLAN、SDN、PBN、IP-VPN、広域イーサネット、NGN、加入者電話網、携帯電話網、IP電話網、などについては後述します。

**IP電話網**
IP電話サービスを提供している通信事業者のネットワーク。

## ユーザネットワークとバックボーンネットワーク
### 《インターネットへ繋ぐ、ユーザネットワーク同士を繋ぐ、音声を繋ぐ》

ネットワークは、図1-2のように、ユーザネットワーク、アクセスネットワーク、バックボーンネットワーク、として階層的に分類することができます。

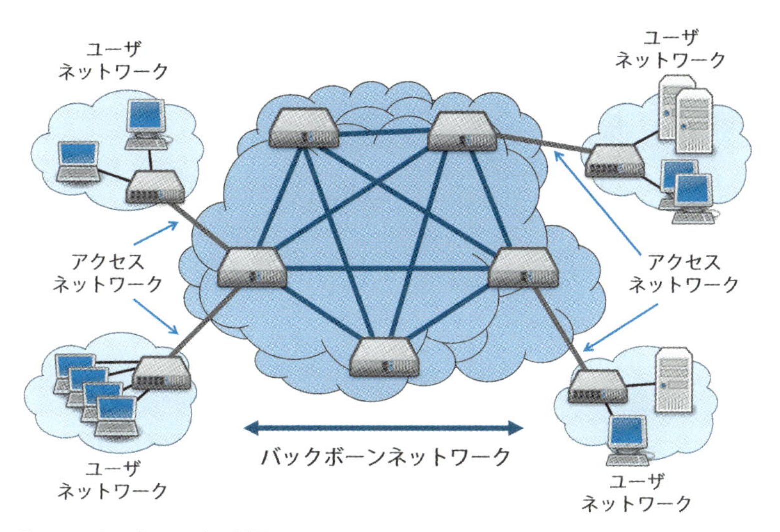


図1-2：ネットワークの階層

**ユーザネットワーク**は、会社や家庭の複数の通信端末を接続したLANやホームネットワークです。

**アクセスネットワーク**は、末端の通信端末から中継点までのネットワークです。電話網でいうと、加入者の端末を収容する電話局までの部分であり、インターネット通信でいうと、ユーザの端末からISPまでの部分です。

**バックボーンネットワーク**は、アクセスネットワーク間を中継するネットワークです。アクセスネットワークを、各ユーザからの情報が伝送される支線のパイプに例えると、バックボーンネットワークは、そうした多数の支線のパイプを束ね、多量の情報を合流し、転送し、分配する大きな幹線のパイプといえます。

インターネットへは、図1-3のようにブロードバンド回線、

WAN回線、移動通信網、**公衆無線LAN**、**PSTN**、などのアクセスネットワークから接続します。

**PSTN (Public Switched Telephone Network)**
公衆交換電話網。

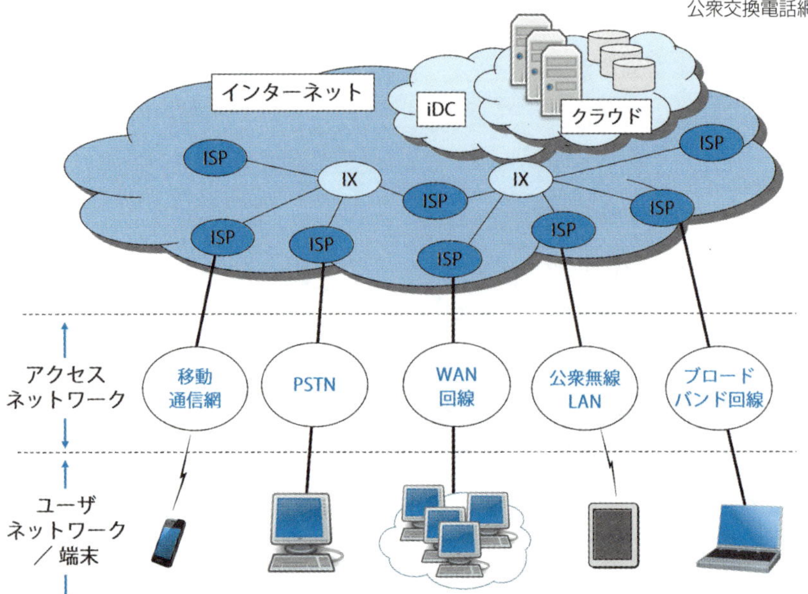


図1-3：インターネットへの接続

**ブロードバンド回線**
ADSL、FTTH、CATVについては第4章を参照。

**ブロードバンド回線**には、ADSL、FTTH、CATVがあります。WAN回線には、デジタル専用線、**ATM専用線**、**フレームリレー**、IP-VPN、広域イーサネットなどがあります。**移動通信網**には、**3G携帯電話**、**LTE**、**WiMAX**、**PHS**があります。公衆無線LANは**Wi-Fi**を利用したサービスです。**PSTN**には、加入者電話網や**ISDN**があります。

ユーザネットワーク（イントラネット）同士を繋ぎ、データ交換をするには、WAN回線、PSTN、移動通信網、そしてインターネットをアクセスネットワークとして使用します。インターネットVPNでは、インターネットをトンネリングしてセキュアな通信を行います。

**ATM専用線**
ATM（Asynchronous Transfer Mode：非同期転送モード）を使用した専用線。

**フレームリレー (Frame Relay)**
公衆回線サービスの1つ。

**3G携帯電話**
第3世代（3rd Generation）携帯電話。

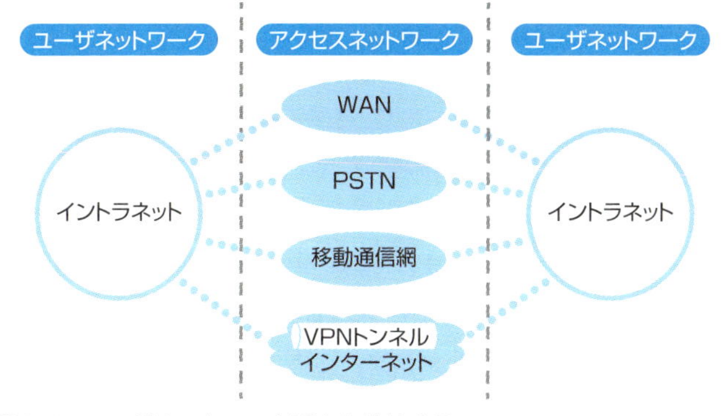


図1-4：ユーザネットワーク同士を接続する

音声を通信するネットワークには、PSTN、移動通信網、IP電話網、企業の内線電話網、そしてインターネットを使用します。これらは相互に接続し合っています。

**Wi-Fi（Wireless Fidelity：ワイファイ）**

無線LANの規格。第8章を参照。

**移動通信網**

LTE、WiMAXについては第4章を参照。PHSについては、第5章を参照。

**ISDN（Integrated Services Digital）**

固定電話サービスの1つ。

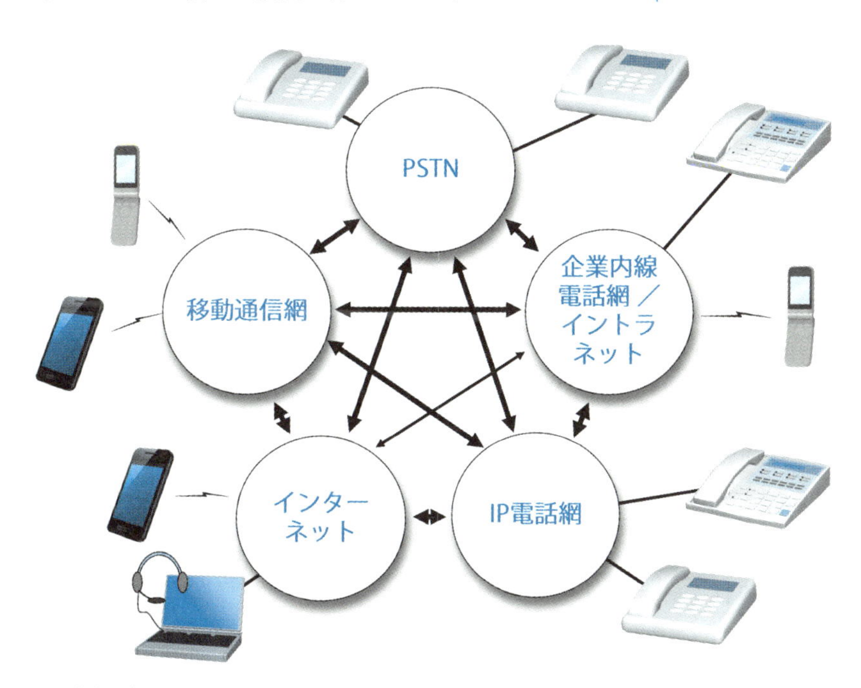


図1-5：音声通信ネットワーク

## 2 インターネット

**インターネットワーキング（Internetworking）**とは、複数のネットワークを相互に接続しデータ交換を行うことをいいますが、インターネット（The Internet）は、「蜘蛛の巣」のように地球全体をきめ細かく覆い尽くした巨大なIPネットワークを指す固有名詞です。インターネットは、ISPやIXを経由して、世界規模にインターネットワーキングを行う代表的なネットワークです。

### インターネットの構成要素《無数のPCやサーバ群で構成されている》

インターネットの歴史は、米国防総省の高等研究計画局（ARPA）が、軍事目的で開発した**ARPANET**から始まりました。このネットワークを引き継いだのがインターネットであり、今日、地球規模にまで発展しました。ユーザ数、トラフィック量、ホスト数の3つが爆発的に成長していきました。

1969年当時のARPANETは、最初4台のコンピュータを接続したネットワークでしたが、ARPANETのプロジェクトが終了するわずか20年後の1989年には、接続のホスト数は10万台を超えました。その間、**TCP/IP**プロトコルを導入し、TCP/IPで接続されたネットワークをInternetと定義しました。電子メールやキラーアプリケーションといわれる**WWW**と**ブラウザ**の開発などで、ユーザ数、トラフィック量、ホスト数の爆発的成長のきっかけとなりました。

1992年にインターネットに関する活動は、DoDから**ISOC**という非営利国際組織に移管されました。主な組織は、図1-6の通りです。

**ARPANET**
ARPA（Advanced Research Projects Agency）Network。米国防総省高等研究計画局のネットワーク。

**TCP/IP**
Transmission Control Protocol/Internet Protocolの略。第2章を参照。

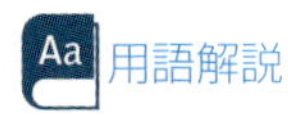


**WWW**
World Wide Webの略。

**ブラウザ（Browser）**
WWWの閲覧ソフト。1993年に開発された無料のブラウザMosaicの開発がインターネットユーザを爆発的に増やした。

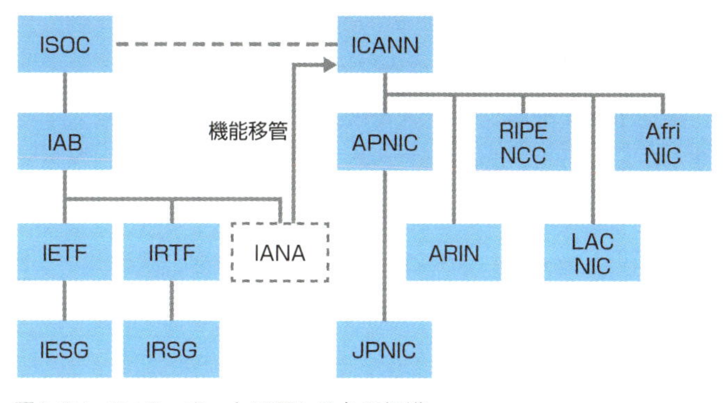


図1-6：インターネットに関わる主な組織

ISOCの下位組織である**IETF**は、インターネット上で使用される標準化作業を行い、その標準化した内容を**RFC**というドキュメントで公表します。各組織の概要は、表1-1の通りです。

用語解説

**RFC（Request For Comments）**

インターネット関連技術の公開文書。詳しくは付録を参照。

表1-1：各組織の概要

| | | |
|---|---|---|
| ISOC | Internet Society<br>インターネット学会 | インターネットに関わる頂点の組織。 |
| IAB | Internet Architecture Board<br>インターネット・アーキテクチャ委員会 | ISOCの下位組織。アーキテクチャやプロトコルの標準化の方針を決定する。 |
| IETF | Internet Engineering Task Force | インターネット上で使用されるプロトコルの標準化作業を行い、RFCを発行する。 |
| IESG | Internet Engineering Steering Group | IETFの下で、実質的な標準化策定作業を行う。案件ごとに複数のワーキンググループに分かれている。 |
| IRTF | Internet Research Task Force | 標準化対象となるものを研究し案件化する。 |
| IRSG | Internet Research Steering Group | IRTFの下で、実質的な研究活動を行う。研究課題ごとに複数のワーキンググループに分かれている。 |
| IANA | Internet Assigned Numbers Authority | IPアドレス、ドメイン名、プロトコル番号、ポート番号などの割り当て、管理を行う組織。ICANNへ機能を移管した。 |
| ICANN | Internet Corporation for Assigned Names and Numbers | IANAからIPアドレス、ドメイン名、プロトコル番号、ポート番号などの割り当て、管理機能を移管された非営利民間組織。 |

ドメイン名、IPアドレスなど、インターネット資源の管理を行う組織はIANAでしたが、2000年に非営利民間組織ICANNに機能を移管されました。表1-2の通り、階層的な組

織によって運営されています。ICANNの下位組織に、5つの**地域インターネットレジストリ**があり、地域インターネットレジストリの下位組織に、**国別インターネットレジストリ**があります。日本国内の管理を行っているのはJPNICです。国別インターネットレジストリの下位には、**ローカルインターネットレジストリ**があり、具体的には、ISP（インターネット接続事業者）が、これにあたります。

**地域インターネットレジストリ（RIR：Regional Internet Registry）**
特定の地域内のIPアドレスを管理するレジストリ。

表1-2　ドメイン名、IPアドレス管理組織

| | | |
|---|---|---|
| ICANN | Internet Corporation for Assigned Names and Numbers | ICANNの下には、5つのRIR（Regional Internet Registry：地域インターネットレジストリ）がある。 |
| APNIC | Asia Pacific Network Information Center | RIRの1つで、アジア太平洋地域を担当する組織。APNICの下位組織に、NIR（National Internet Registry：国別インターネットレジストリ）がある。 |
| ARIN | American Registry for Internet Numbers | RIRの1つ。北アメリカ担当。 |
| RIPE NCC | Ripe Network Coordination Centre | RIRの1つ。欧州、中東、中央アジア担当。 |
| LAC NIC | Latin American and Caribbean Internet Address Registry | RIRの1つ。ラテンアメリカ、カリブ海地域担当。 |
| Afri NIC | African Network Information　Center | RIRの1つ。アフリカ担当。 |
| JPNIC | Japan Network Information Center | APNICの下位組織NIRの1つ。日本国内のドメイン名、IPアドレスの管理を行っている。 |

インターネットは、私たちの目と鼻の先に横たわっています。目の前にあるスマートフォン、タブレット、パソコンなどの情報端末は、さまざまな回線を通じてISPに接続することで、インターネットに参加し、インターネットの一部を構成します。インターネットには、私たちの情報端末や、膨大なデータを蓄積するストレージや、データを解析し加工するさまざまなサーバなど、無数といっていいほどの数の端末が繋がっています。そしてインターネットには、企業や団体のネットワークや、電話網とも繋がっています。

**国別インターネットレジストリ（NIR：Nation Internet Registry）**
国内のIPアドレスやドメイン名を管理し、一般ユーザへISPを介してアドレスを割り振る。日本のNIRはJPNIC。

**ローカルインターネットレジストリ（LIR：Local Internet Registry）**
国別インターネットレジストリの下位組織。

## ISPとIX
### 《ISPに接続することでインターネットの一部になる》

**プロバイダ（ISP）**は、インターネットへの接続サービスを提供する電気通信事業者です。他のISPと相互接続する契約をして、ユーザがインターネットへ接続できる環境を提供します。

ユーザがインターネットにアクセスするとき、ISPのアクセスポイントに都度接続、あるいは常時接続を行います。ユーザは、ISPに接続することで、ユーザもインターネットの一部に参加することになります。

またISPは、NIR（国別インターネットレジストリ）から割り振られたIPアドレスを管理し、ユーザに割り当てます。またメールサーバなどのサーバを構築して、メールサービスを提供するなど、さまざまなサービスを提供します。ISPには小規模なものから大規模なものまで数多くあり、それらは階層化された構成で相互に接続しています。接続には、ISP同士が対等な関係で接続する**ピアリング接続**と、上位ISPから経路の提供を受ける**トランジット接続**とがあります。

**ISP（Internet Service Provider**
インターネット接続事業者。

**ピアリング接続**
ISP同士が、相互にネットワークを接続し、対等な立場で経路情報を交換し合う接続形態。

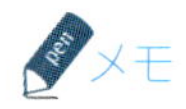

**トランジット接続**
ISPが上位ISPと契約し、上位ISPから経路情報の提供を受ける接続形態。

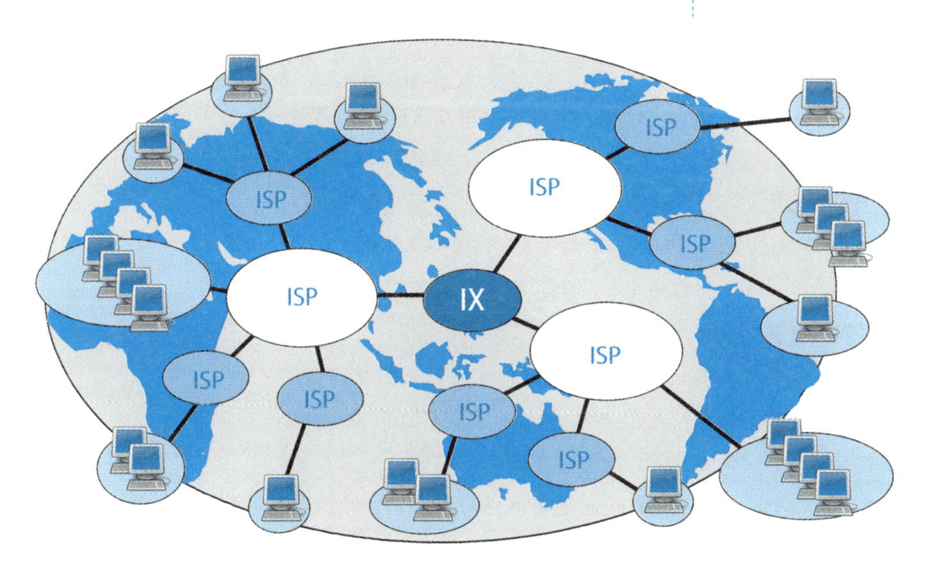


図1-7：ISPとIX

**IX（インターネット相互接続点）**は、大規模な複数のISPを相互接続するポイントで、いわばISPのバックボーンを形成しています。これによってワールドワイドなネットワークが成り立ちます。日本国内の主なIXには、**NSPIX**、**T-LEX**、**JPIX**、**JPNAP**、**MEX**、などがあります。

さまざまな情報端末がインターネットに接続すれば、これまで飛躍的に増大したトラフィック量は、さらに飛躍化を増すことになります。ISPのバックボーン回線、そしてIXへの負荷は増長することになります。そのためバックボーンの高速化が必要になります。また地域IXはありますが、日本では大手IXは東京にあり、国内のインターネットトラフィックは、東京に集中しています。効率性やリスク分散からIXへの分散化が必要になります。

メモ

**IX**

日本国内の主なIXは以下の5つ。地域IXを含め、他にも多くの国内IXがある

- NSPIX（Network Service Provider Internet eXchange Point）
- T-LEX（Tokyo Lambda Exchange）
- JPIX（Japan Internet eXchange）
- JPNAP（Japan Network Access Point）
- MEX（Media Exchange）

## iDC《堅牢なiDCにサーバ群を設置する》

**iDC（インターネットデータセンタ）**は、企業などからWWWなどのインターネットサーバやデータを預かる設備を提供し、それらを運用管理し、インターネットへの接続回線を提供する事業者です。

iDCが提供する設備は、地震・火災・水害などの災害の脅威や、電源故障・停電などによるハードウェア障害への脅威、あるいは不正浸入・設備破壊・機器盗難などの犯罪からの脅威といった物理的脅威への万全の対策を施す堅牢な施設です。このようにサーバなどの機器を、他の事業者の施設に設置することを**ハウジング**といいます。

iDCが提供するサーバなどの運用管理するサービスには、ハウジング（Housing）とホスティング（Hosting）とがあります。ハウジングは、iDCなどの事業者の施設に設置することで、コロケーション（Collocation）ともいいます。ホスティングは、事業者が自社のサーバの一部のディスクスペースを提供することをいい、ユーザがISPのサーバのディ

用語解説

**iDC（Internet Data Center）**

インターネット関連のデータセンタを提供する事業者。

スクスペースの一部を借り、Webサイトとして利用するときなどに使用するサービスです。

iDCが、企業などから預かったサーバやデータを、24時間365日、障害対応も含めて安定した運用管理を行います。預けた企業にとっては、信頼が高い**EC（電子商取引）**サイトを構築することができ、情報資産の**リスクコントロール**が可能になります。また本来業務に専念することができます。iDC は、利用する企業との間で、**SLA**（サービス品質保証契約）を締結します。SLAは、事業者側が事前に設定したサービス品質を保証する契約です。

iDCは、インターネットへの高速接続を実現します。複数のISPと直接接続（**プライベートピアリング**）し、あるいはIXと接続して、高速なインターネットバックボーンを構築しています。

iDCには、**CDN（コンテンツデリバリネットワーク）**を提供する事業社もあります。CDNとは音楽や動画などのコンテンツを配信するネットワークです。音楽や動画などのストリーミングのコンテンツは大容量です。こうした**オンデマンドストリーミング**のコンテンツへの要求が集中すると、配信

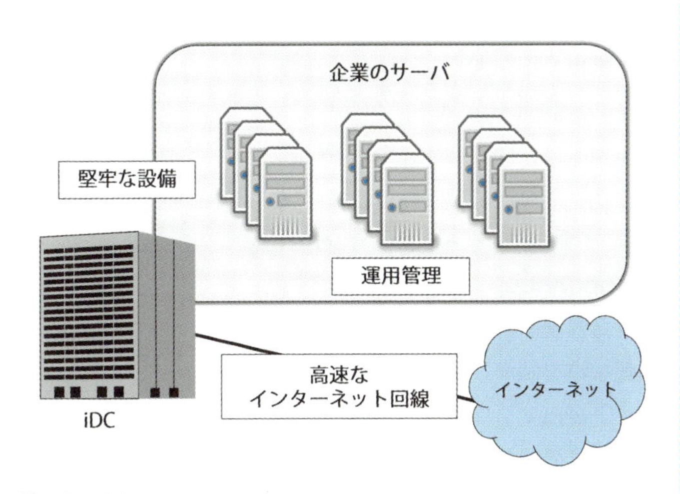


図1-8：iDC

**リスクコントロール**

リスクによる損失を最小化するための方法のこと。リスクコントロールには、リスク回避、損失予防、損失軽減、リスク分離、リスク集中、リスク移転、があります。iDCの利用は、リスクを他社に転嫁するというリスク移転に該当する。

**SLA（Service Level Agreement：サービス品質保証契約）**

iDC などのXSP（サービスプロバイダ）が提供する付加価値サービスは、ユーザからのアウトソーシングされた業務。ユーザはネットワークを経由して、そのサービスの提供を受けるため、自分ではコントロールできない。そのためユーザが安心して利用するようSLAを締結し、XSPは決められた事項のサービス品質を監視し、管理する。SLAの保証事項が守られなかった場合には、料金の一部返還などのペナルティが科せられる。またユーザはSLM（Service Level Management：サービス品質の測定機能）を使用して契約が守られているか確認する。

用語解説

**CDN（Contents Delivery Network）**

コンテンツを配信するネットワーク。

するストリーミングサーバやネットワークに過剰な負荷がかかり、品質を損なう要因となります。そのため、ユーザの近くにキャッシュサーバを設置し、コンテンツをあらかじめ蓄積し、そこから配信して負荷を軽減します。こうしたキャッシュサーバをiDCに設置し、CDNを提供します。

**オンデマンドストリーミング（On-Demand Streaming）**

好きな時間に、サーバにアクセスして、音楽や動画などを楽しむストリーミング。ストリーミングとは、動画などをダウンロードしながら、再生すること。ダウンロードしたデータを、数秒分をバッファして再生する。

## IoT《あらゆるモノがインターネットへ》

前述のように、インターネットは米国防総省が軍事目的として実験したネットワークから始まりました。インターネットの成長を、次のように3世代に分けることがあります。

第1世代のインターネットは、ほぼ95年までです。この世代のインターネットは、非営利の学術研究に利用されていました。テキスト形式の文書やファイルを研究者間で交換するシステムとしてのネットワークでした。第2世代のインターネットは、95年以降です。この世代になると、商用のプロバイダが数多く出現し、インターネットは企業の情報発信や情報収集という企業活動の基盤として利用される通信システムでした。第3世代のインターネットは、2000年以降です。この世代のインターネットは、企業だけでなく一般家庭での利用が急増し、情報収集だけでなくショッピングやオンラインゲームなど多様なサービスを提供するシステム、いわば社会基盤のシステムへと変貌しました。

第3世代までのインターネットは、「**Internet for PCs**」といわれるように、インターネットを構成しているのはパソコンでした。それに続く世代のインターネットが、「**Internet for Information Home Appliances（情報家電）**」です。冷蔵庫やエアコンなどの家庭電器製品にインターネット接続機能を付け、外出先から情報家電を制御し、また状況に応じて新たな機能をインターネット経由でダウンロードするという形態です。そこからさらに、身の回りのあらゆるモノがインターネットに接続され、新たに創出された情報やサービスを享受できるという形態が、IoT（Internet of Thing）であり、IoE（Internet of Everything）です。

**ユビキタスネットワーク社会**とは、どんなものでも繋がったネットワークに、誰もが、いつでも、どこからでもアクセスして、豊かな生活に活用できる社会です。こうした社会こそが、IoT/IoEが前提となります。

IoTとは、あらゆるモノがインターネットに繋がるということです。スマートフォン、タブレット、パソコンなどの情報端末だけでなく、家電、車、パートナーロボット、防犯カメラ、歯ブラシ、コンタクトレンズなどの身近な機器やツール、そして産業用機器や医療用機器など、さまざまな装置や設備などのモノがインターネットに繋がります。IoEは、繋がった人やモノが、データを交換し、新たな価値を創出するということです。データの交換は、人と人、人とモノ、だけでなくモノとモノ（**M2M**）が、人を介さずに自動的にデータを交換し合います。

無線によって送信されたモノからのデータを、インターネット上（クラウド上）にあるストレージ群が蓄積し、サーバ群が解析し、加工して、モノに送信します。モノは、受信したデータによってプロセスを実行します。これによって、個人の生活だけでなく、公共のインフラや、産業活動に活用することができます。

具体化しているIoTの一部に、ウェアラブルデバイス、パートナーロボットや、コネクテッドカー/オートノマスカーなどがあります。

**ウェアラブルデバイス**とは、メガネや、腕時計のように身に付ける情報端末です。軽量化したデバイスに、センサと無線機能を付け、センサによって取得した生体情報を無線によってクラウド上にあるサーバに送信し、サーバで解析したデータをデバイスに返信します。それによって、健康管理、防犯、ゲーム、美術館での情報提供、などに利用することができます。

用語解説

**IoT（Internet of Thing）**
モノのインターネット。

**IoE（Internet of Everything）**
すべてのモノのインターネット。

用語解説

**M2M（Machine to Machine）**
モノとモノとのデータ交換。

**パートナーロボット**は、センサ、無線と**人工知能（AI）**を組み合わせています。

**コネクテッドカー**とは、インターネットに繋がった車のことで、走るコンピュータとも表現することができます。情報端末の機能を搭載し、地図や交通情報、気象情報を受信し、また事故時の自動緊急通報や、盗難時の位置追跡などに活用します。**オートノマスカー**とは、車内外の状況をセンサし、安全に自動走行する車のことです。

これらの例は、まだヒューマンインタフェースでのデータ交換に過ぎませんが、今後、産業やビジネスにおいて、M2Mの自動的データ交換のシステムや、人が意図しない**ビッグデータ**の活用が活発化されていきます。こうしたIoTにより、インターネットへ繋がる端末数も、トラフィック量も飛躍的に増大することになります。

**人工知能（AI: Artificial Intelligent）**
人間に近い、あるいはそれを越えた知能をもつコンピューターシステム

**コネクテッドカー（Connected Car）**
インターネットに接続された自動車。

**オートノマスカー（Autonomous Car）**
自動走行車。

**ビッグデータ（Big Data）**
日常の生活を営んでいる上で接する、日々時々刻々のデータなど、従来では処理不可能な巨大な量のデータのこと。

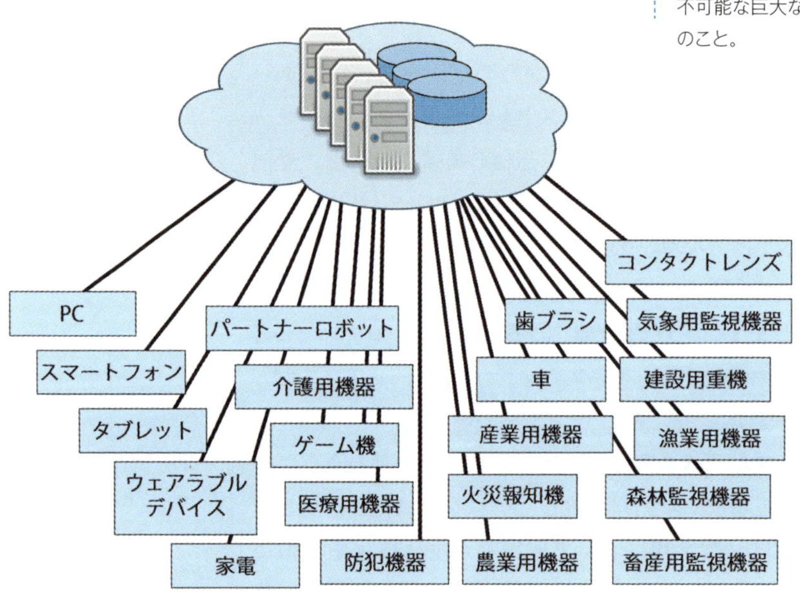


図1-9：IoT/M2M

# 3 イントラネット

**IPネットワーク**とは、IPパケットというデータユニットの中にさまざまな情報のデータを格納し、送受信する通信網であり、TCP/IPプロトコルを使用するコンピュータネットワークです。IPネットワークには、インターネットとインターネット以外のIPネットワークとがあります。

**インターネット以外のIPネットワーク**には、イントラネットの他にも、通信事業者が**IP電話**サービスを提供するために構築したIP電話網や、WANサービスを提供するために構築した**IP-VPN**などのIPネットワークがあります。

## コンピュータ処理の変遷
### 《スニーカーネットワークからIoT/M2Mへ》

初期のコンピュータ処理は、**バッチ処理**といわれる形態でした。当時のコンピュータは、大型でしかも高価であったため、カードなどに記憶させたプログラムやデータを、専門の人がホストコンピュータに入力し、一括に処理をするという

**バッチ処理（Batch processing）**
一括して行う処理のこと。

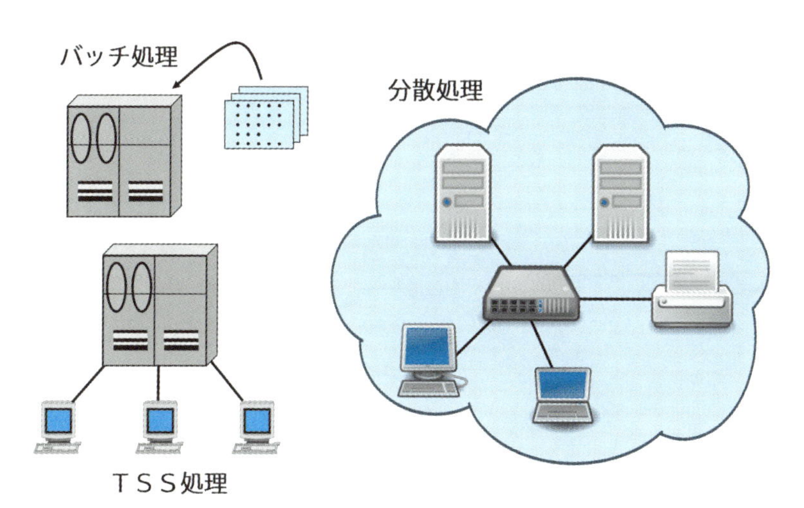


図1-10：コンピュータ処理の変遷

方法を採っていました。データをホストコンピュータに運び、処理を終えたデータをもち帰るため、スニーカーネットワークといわれていました。

次に主流となった処理形態は、**TSS処理**といわれる形態でした。ホストコンピュータに端末を接続し処理をします。処理をするのはホストコンピュータであり、接続した端末は入力および出力をするだけです。複数の端末から入力されたデータを、ホストコンピュータは処理時間を分割し、プログラムを切り換えて処理し、端末に出力させます。この形態が「複数のコンピュータを接続し相互にデータを転送する」というコンピュータネットワークの先駆けとなりました。

**TSS処理（Time Sharing System）**

タイムシェアリングシステム。1台のホストの処理時間を分割するコンピューティングシステム。

コンピュータが高機能化・小型化・低価格化するにつれ、**分散処理**へ進みました。処理を複数のコンピュータに分散するという形態です。LANは、分散処理がさらに高度化した形態です。また多数のLANを有機的に接続して、複数のネットワークを通してデータ処理を行うことを**インターネットワーキング**（Internetworking）といいます。

用語解説

**分散処理（Distributed Processing System）**

1台のコンピュータが集中して処理するのではなく分散する形態。

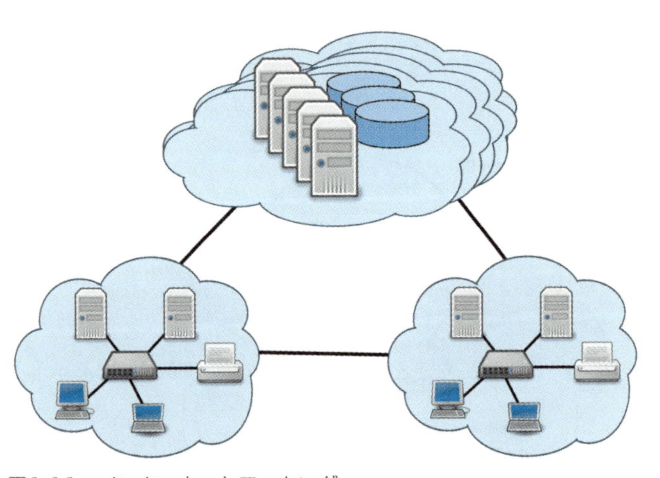

図1-11：インターネットワーキング

パソコンがメインのこれまでのインターネットワーキングが、IoT/M2Mにより、さまざまなモノがインターネット上

のクラウドにあるストレージやサーバとコンピューティングを行う道へと進化しつつあります。

**WAN（Wide Area Network）**

広域網。通信事業者の回線を使用して地理的に離れたコンピュータと接続したネットワーク。

## イントラネット《閉ざされた内部のIPネットワーク》

イントラネットは、企業・団体など組織の内部に閉ざされたIPネットワークです。インターネット技術をプライベートネットワークに導入したネットワークです。

プライベートネットワークには、**LAN**と**WAN**とがあります。LANとは、ビルやフロアなど限られた場所に敷設されたコンピュータネットワークです。それに対してWANは、LANを越えた遠隔地のコンピュータ間で相互通信を行うネットワークです。図1-12では、本社と支店にはLANが構築されています。本社・支店、営業所間の通信のために、IP-VPNを利用してWANを構築しています。

**IP-VPN（IP-Virtual Private Network）**

通信事業者が提供するWAN回線の1つ。詳しくは、第4章を参照。

**ファイアウォール（Fire Wall）**

防火壁。インターネット（外部）からの不正侵入を防御するために、インネットとの境界に設置した装置。詳しくは第9章を参照。

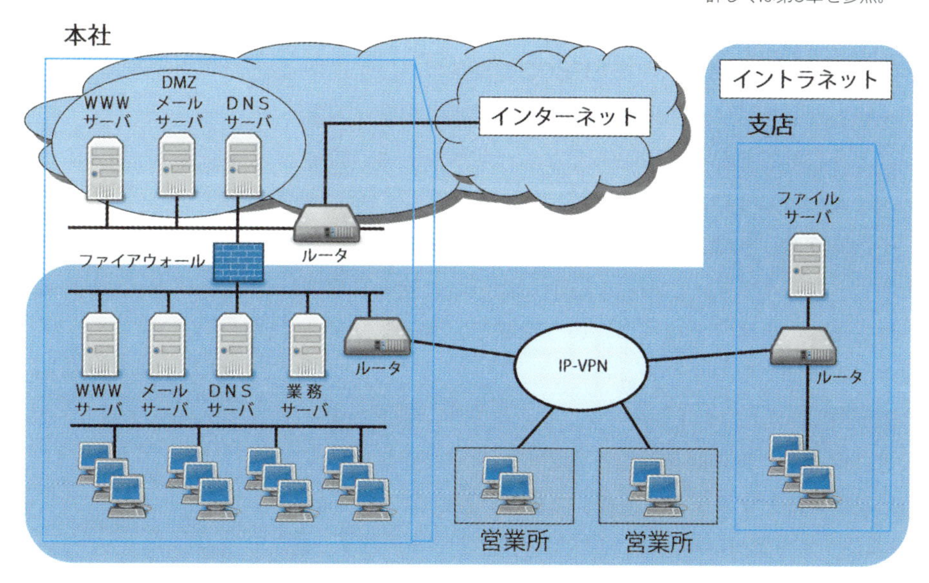


図1-12：インターネットとイントラネット

イントラネットの構成で重要な要素は、**ファイアウォール**

です。イントラネットはTCP/IPプロトコルをベースにしたインターネット技術を、内部のネットワークに導入しているため、外部のインターネットとシームレスになります。したがってインターネットから社内ネットワークのセキュリティを確保する必要があります。ファイアウォールは、そうしたセキュリティ機能を果たすシステムです。本社の**DMZ**にあるWWWサーバ、メールサーバ、DNSサーバなどの**公開サーバ**は、本社に設置していますが、インターネットの一部です。

**DMZ（DeMilitarized Zone）**
非武装地帯。イントラネット（内部）から隔離したネットワークで、ここにインターネットの一部である公開サーバを設置する。詳しくは、第9章を参照。

## LAN《同一敷地内に構築したネットワーク》

**LAN**は、オフィスやビル構内など限られた狭い範囲のコンピュータネットワークです。LANには、DEC/Intel/Xeroxの3社がDIX規格として開発した**イーサネット**や、IBM社が開発した**トークンリング**などがあります。しかし、イーサネットがLANの代名詞となっているように、今ではほとんどのLANは、イーサネットです。

LANの標準化組織である**IEEE802委員会**は、DIX規格のイーサネットを基に、IEEE802.3という規格で標準化しました。こうしたことからIEEE802.3とイーサネットは、同意語とみなされるようになりました。

イントラネットは、LANもWANも含めたプライベートなIPネットワークです。しかし、LANは限られた範囲に構築したコンピュータネットワークという意味で、ネットワークプロトコルはIPに限りません。

IEEEでは、LANを「多数の独立した端末が、適度なデータ伝送速度をもつ物理的伝送路を通じて、適当な距離内で直接的に通信可能とするデータ通信システム」と定義しています。

LAN上での通信形態には、C/S型とP2P型があります。**C/S型**は、資源を提供するサーバとその資源を利用するクライアントに役割を分けたシステムです。**P2P型**は、その役割分担がされない小規模なLANに構成されます。

**LAN（Local Area Network）**
構内網。LANはTCP/IPというプロトコルの使用有無にかかわらず、ローカルな場所に構築したコンピュータネットワークを指す。

**イーサネット（Ethernet）**
イーサネットのプロトコル原理については、第3章を参照。

**トークンリング（Token Ring）**
IBM社が開発したLAN規格の1つ。

**IEEE（Institute of Electrical and Electronics Engineers）**
非営利の電気電子学会。

**C/S型（Client/Server）**
サービスを要求するクライアントとサービスを提供するサーバで構成するネットワークシステム。

また端末間を結び付けたLANを**アクセス（支線）LAN**、そのアクセスLANを束ねたLANを、**バックボーン（幹線）LAN**といいます。

**P2P型 (Peer to Peer)**
peerとは、対等という意味。

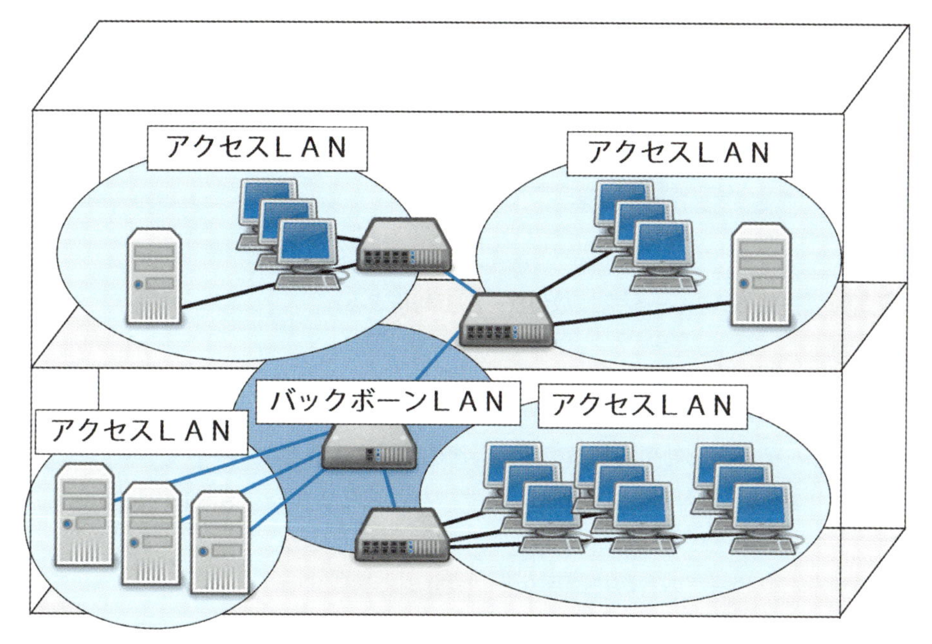


図1-13：アクセスLANとバックボーンLAN

イントラネットは企業内の通信ネットワークですが、**エクストラネット**はグループ会社や取引先といった社外にまで通信範囲を拡張したネットワークです。これによってEC（電子商取引）を実現し、業務の効率化、コストの低減化を図ることができます。エクストラネットは、セキュリティ技術の高度化によって実現します。

**MAN**は、都市エリアに拡張した都市型のネットワークです。地域の学校や大企業、大病院などの巨大ネットワークを接続し、相互通信を可能にした大規模ネットワークシステムです。光ファイバ網の整備とともに、地方自治体などのバックボーンとして構築されています。

**エクストラネット (Extranet)**
自社だけでなく、社外にまで拡張したIPネットワーク。

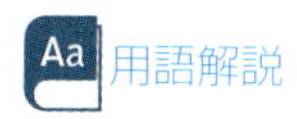

**MAN (Metropolitan Area Network)**
都市エリアに拡張したIPネットワーク。

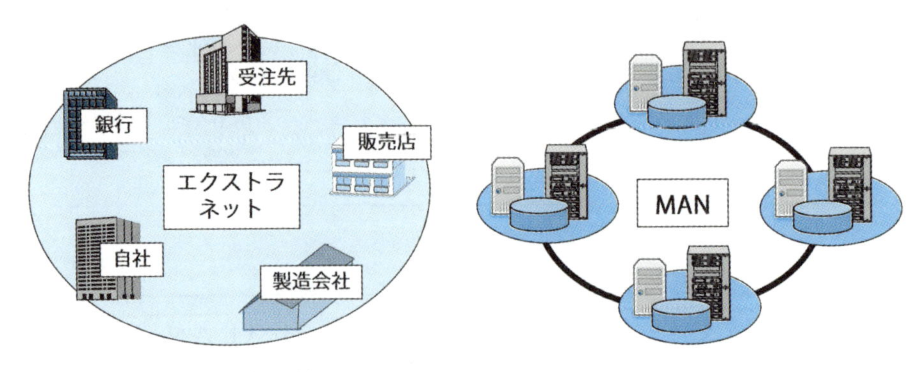


図1-14：エクストラネットとMAN

## SAN《複数のストレージを複数のサーバで利用する》

従来のシステムは、サーバとストレージ（記憶装置）とが、1対1で接続した形態でした。データは、時間とともに膨大化を続けます。それらを効率的に蓄積し、高速に伝送することが求められます。**SAN**は、ストレージをサーバと独立させ、複数のストレージを統合したネットワークです。これにより個別のサーバやサーバの台数に関係なく、柔軟的に構成することができます。またSAN経由でストレージ間のバックアップを高速に効率的に行うことができます。

**SAN（Storage Area Network）**
ストレージエリアのネットワーク。

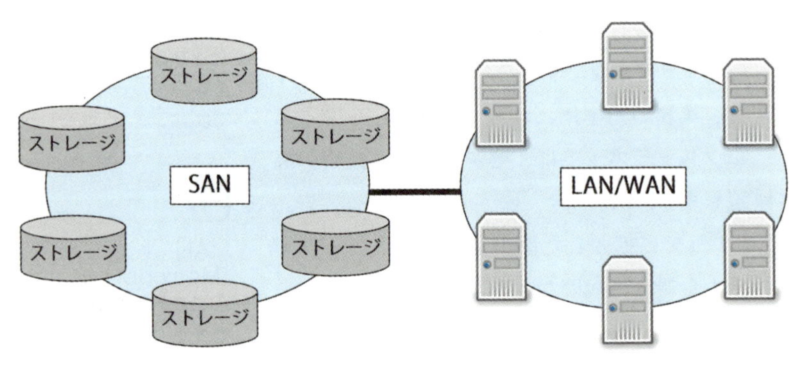


図1-15：SAN

SANには、**ファイバチャネル**というプロトコルを使用した

**FC-SAN**と、IPを使用した**IP-SAN**とがあります。IP-SANは、高速イーサネット（LAN）の開発が進んだため、ネットワークの主流プロトコルであるIPネットワークで統一したSANです。ファイバチャネルのフレームをTCP/IPパケットでカプセル化し、高速イーサネットで、高速に長距離伝送します。

用語解説

**ファイバチャネル（FC：Fiber Channel）**
SANのプロトコル。

## WAN《地理的に離れたコンピュータを結び付ける》

**WAN**とは、地理的に離れたコンピュータを結び付ける広域なネットワークです。LANは、オフィスなど限られた範囲に構築した私設網なので、ネットワークの拡張は、必要に応じて自由に行うことができます。しかし拠点間を結ぶWANは、**電気通信事業法**に基づく**電気通信事業者**が提供する回線サービスを利用します。そのため、通信コストが発生し、自由に伝送路の変更はできません。

WANを構成する主な要素は、**DCE**間を結んだ通信回線です。通信回線は、通信事業者までのアクセス区間と、通信事業者のバックボーンを通過する中継区間があります。

用語解説

**DCE（Date Circuit Termination Equipment：データ回線終端装置）**
通信回線とデータ端末とのプロトコル変換を行う装置。

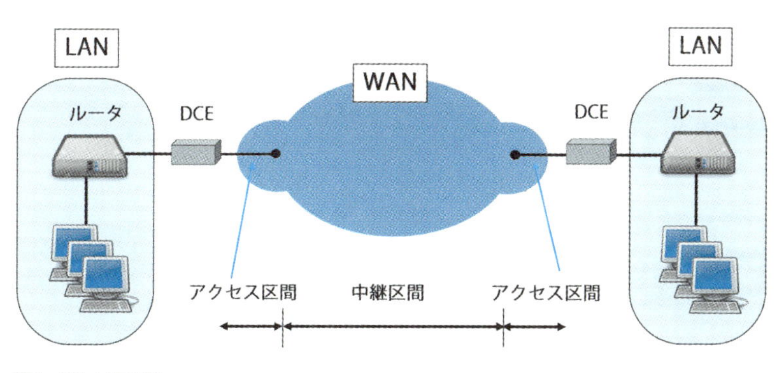

図1-16：WAN

また回線サービスには、公衆回線と専用回線とがあります。**公衆回線**は、不特定多数のユーザと共有して利用するため、コストは低いのですが、接続するたびに課金されます。またセキュリティにも十分な対応が必要となります。**専用回線**は、回線を占有して使用するため、常時接続で安全性も高くなりますが、料金は定額制で高額になります。

WAN回線は、必要帯域、故障時などの対応や信頼性、回線の特性、初期費用、料金、などを勘案して適切に選択する必要があります。

## 4 仮想ネットワーク

コンピュータ技術において**仮想化（Virtualization）**とは、個々のコンピュータリソースを物理的に利用することでなく、個々のリソースを抽象化して論理的に利用することです。コンピュータリソースとは、**OS**、**アプリケーション**、**ファイル**、**メモリ**、**CPU**、**ハードディスク**、**通信回線**、そして**ネットワーク**という物理的資源です。これらを大きくまとめると、**サーバ**、**ストレージ**、**ネットワーク**ということになります。

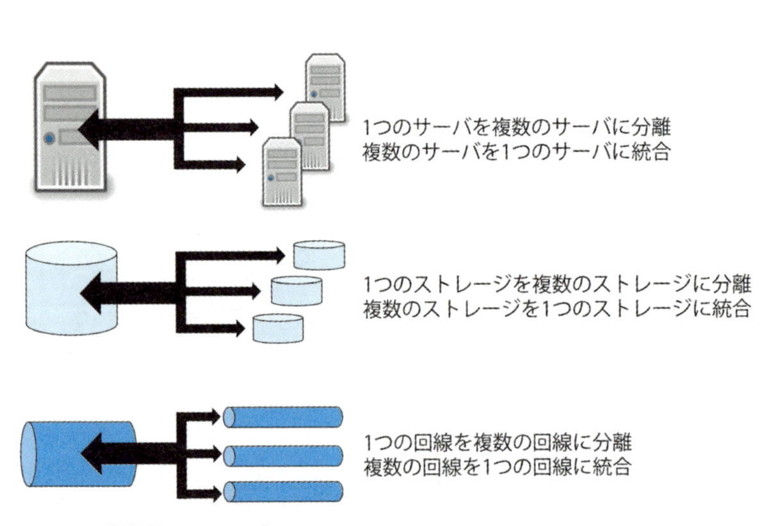


図1-17：仮想化のイメージ

仮想化によって、サーバ、ストレージ、ネットワークという、1つの物理的リソースを論理的に分割して、あたかも複数のリソースがあるかのように、他のユーザと共有することができます。また、複数の物理的リソースを論理的に統合し、あたかも1つのリソースかのように利用することができます。図1-17に、サーバ、ストレージ、ネットワークの仮想化のイメージを示します。

こうしたリソースの仮想化によって、無駄のない効率的なリソースの使用、柔軟的でダイナミックな構成変更、高速で効果的なコンピューティング処理などが可能になります。

**仮想マシン**とは、CPU、メモリなどの物理的サーバリソースを、仮想化ソフトウェアで抽象的に分割し、サーバに割り当てたものです。これによって、1台の物理的サーバを、仮想的に複数のサーバとして動作させることができます。

**ストレージの仮想化**とは、サーバが使用可能な物理的なストレージ領域を、抽象化することです。これにより、固定化された物理的領域を、仮想サーバに柔軟に移動することができ、無駄のない効率的な領域として、複数の仮想サーバと共有することができます。

ハードディスクの可用性対策の技術である**RAID 5**、や**RAID 6** は、図1-18のようにデータを複数のハードディスクに分散して書き込みます。こうした技術を使用することで、複数のストレージを1つの物理的ストレージに統合したものとして仮想化することができます。

また、**SAN**では、複数の物理的ストレージを、論理的に1つのストレージとして統合し、複数のサーバと接続したストレージ専用の高速ネットワークです。これにより信頼性の高い、高機能で大容量のストレージとして構築することができます。

**RAID (Redundant Array of Independent Disk)**

複数のハードディスクを組み合わせて信頼性などを向上させる技術で、RAID0～RAID6のレベルがある。

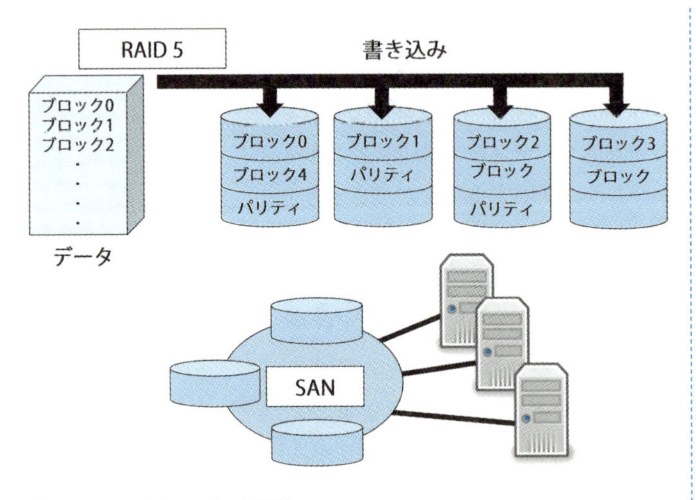


図1-18：ストレージの仮想化

仮想化したネットワークシステムで実行するコンピューティングの形態には、表1-3のように**クラウド**（Cloud）、**グリッド**（Grid）、**クラスタ**（Cluster）があります。

表1-3：仮想ネットワークにおけるコンピューティングの形態

| | |
|---|---|
| クラウド | ネットワーク（クラウド）上の仮想化されたサーバ群を意識することなく、ユーザが必要とするものだけを利用する。 |
| グリッド | 分散した複数のコンピュータの相互協力（コラボレーション）によってコンピューティングを実行する。 |
| クラスタ | 複数のコンピュータをあたかも1台のコンピュータであるかのように仮想化して、処理を行うシステム。 |

またネットワークを仮想化するテクノロジには、表1-4のように**VLAN**、**VPN**、**SDN**、**PBN**などがあります。

表1-4：ネットワークを仮想化するテクノロジ

| | |
|---|---|
| VLAN | 物理的なネットワーク構成（トポロジ）を仮想化して、柔軟的に論理的なネットワークトポロジを構成する技術。 |
| VPN | ポイントツーポイントで固定されたWAN回線を仮想化し、公衆網をあたかも専用線のように利用したネットワーク。 |
| SDN | データセンタやクラウドなどで、頻繁に変化するネットワーク構成をダイナミックに柔軟的に制御し、効率化を図る技術。 |
| PBN | アプリケーションの品質要求に柔軟的に対応するネットワーク。 |

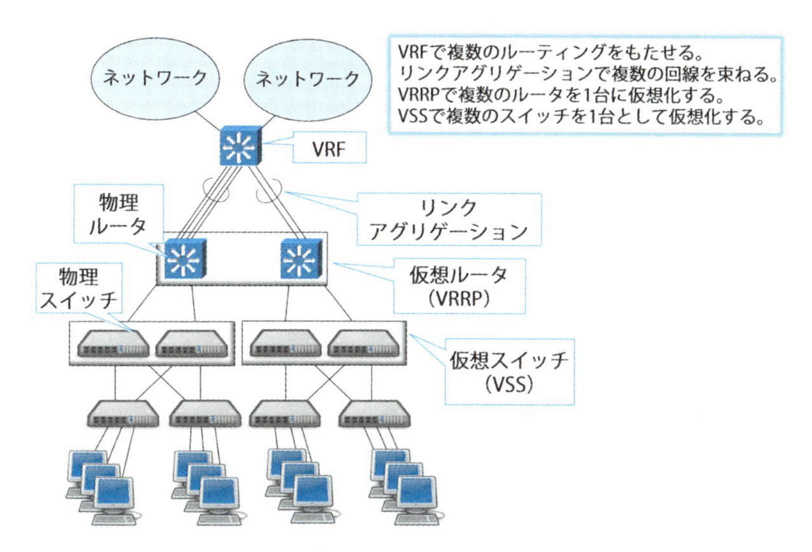


図1-19： ネットワークを仮想化するテクノロジ

この他にも、次のようなネットワークやネットワークデバイスを仮想化するテクノロジがあります。

表1-5 ネットワークやネットワークデバイスを仮想化するテクノロジ

| | |
|---|---|
| モバイルIP | 他のIPネットワークへ自由に移動しても、IPアドレスを変更することなく通信を可能にする。 |
| リンクアグリゲーション (Link Aggregation) | 複数の回線を仮想化して、あたかも1つの回線のように束ねて使用し、高速、高信頼性、負荷分散を行う。 |
| VRRP（Virtual Router Redundancy Protocol） | 複数の物理的ルータを仮想化し、あたかも1台のルータであるかのように統合して使用し、高信頼性、負荷分散を行う。 |
| VSS（Virtual Switching System） | 複数の物理的なLANスイッチを仮想化し、相互に接続してあたかも1台のスイッチであるかのように統合動作させ、高速処理、高信頼性を行う技術。 |
| VRF（Virtual Routing and Forwarding） | 1台の物理的ルータを仮想化し、複数のルーティングテーブルをもたせて、複数のルータであるかのように動作させる技術。 |

## クラウド《雲の上のどこかにある資源を利用する》

従来のコンピューティングは、1台のコンピュータとその周辺にあるリソースを固定的に利用して処理していました。**クラウドコンピューティング**は、ネットワーク上のどこか（クラウド）にあるサーバリソースを、ネットワークを通じて必要に応じて安価に利用し、利用を終えると元に戻すというコンピュータ処理のことです。サーバリソースとは、CPU、メモリ、ストレージなどのハードウェア、OSなどのプラットフォーム、データベース管理システムなどのミドルウェアやアプリケーションなどです。

クラウドが提供するサービスには、SaaS、PaaS、IaaS、があります。

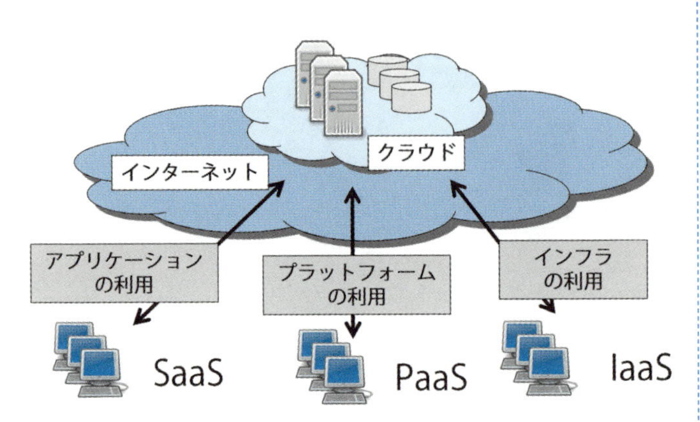


図1-20：クラウドサービス

**SaaS**は、クラウドのサーバ上にあるアプリケーション（ソフトウェア）を提供します。ユーザは、クラウドにアクセスして、提供されるアプリケーションを利用します。自社内にサーバを置くことなく、OS、基本ソフト、ミドルウェアなどのプラットフォームや、アプリケーションも不要なため、ネットワーク管理や開発をする必要がありません。

**PaaS**は、アプリケーションを開発し実行する基盤であるプラットフォーム（環境）を提供します。ユーザは、クラウドにアクセスして、提供されるプラットフォームを利用してアプリケーションを開発し実行します。ユーザは、自らが開発したアプリケーションは管理しますが、ハードウェアやプラットフォームなどの管理は不要です。

**IaaS**は、サーバ、ストレージなどのシステムインフラを提

用語解説

**SaaS（Software as a Service）**
クラウド上のソフトウェアを提供するサービス。

用語解説

**PaaS（Platform as a Service）**
クラウド上のプラットフォームを提供するサービス。

用語解説

**IaaS（Infrastructure as a Service）**
クラウド上のインフラを提供するサービス。

供します。ユーザはクラウドにアクセスして、インフラを利用し、アプリケーションの開発や実行を独自に行うことができます。クラウド上のハードウェアを仮想ハードウェアとして、あたかも自社のハードウェアかのように利用することができます。

ユーザは、必要なものだけをクラウド上のリソースから選んで利用します。そしてアプリケーションやデータを、クラウドに集中させることができるため、コンピュータ処理や管理は一元化されます。それによって、自己完結する従来のコンピューティングに比べて、コストの低減化や処理の効率化を図ることができます。

## プライベートクラウド《企業内のクラウドサービス》

クラウドサービスには、パブリッククラウドと、プライベートクラウドがあります。

**パブリッククラウド**とは、不特定多数のユーザがインターネットを介して、リソースを利用するためのクラウドサービスです。サービス提供事業者は、SaaS、PaaS、IaaSなどのクラウドサービスを提供するため、インターネット上に、クラウドを構築し運用します。ユーザは、複数の物理的なサーバやストレージが、どこに存在しているかわかりませんが、仮想化されたリソースを、共有して利用します。

**プライベートクラウド**とは、複数の企業や団体などのユーザが、リソースを共有するのではなく、特定の企業や団体だけが専用で利用するするクラウドサービスです。企業が、自社内に独自にクラウドを構築し運用するものや、あるいはクラウドサービスの提供業者が、特定の企業だけに専用にサービスを提供するものもあります。

## グリッド《仮想組織で行うコンピューティング》

クラウドサービスは、クラウド利用者と、仮想化したサーバのリソースを提供する提供者との関係です。それに対してグリッドコンピューティングは、複数のコンピュータの相互協力（コラボレーション）によって行う分散コンピューティングです。

**グリッドコンピューティング**は、ネットワーク上に点在したサーバ、オフィスコンピュータ、PC、データベース、実験装置、センサ、データ、アプリケーションなどを動的に構成し、簡単には得られないスーパーコンピュータ並みの質の高いコンピューティングを行います。動的に構成するサーバ、オフコン、PC、データベース、実験装置、センサなどは、企業、大学、研究所や、一般個人宅などにあるもので、こうして構成されたグループのことを**仮想組織**と呼びます。この仮想組織を使用して、目的のサービスを実行します。図1-21は、仮想組織で協力するグリッドコンピューティングのイメージ図です。

グリッドコンピューティングには、オープングリッド、エンタープライズグリッドがあります。

**オープングリッド**は、一般個人のPCも含めて、インターネットに接続されたリソースを協力し合って相互に活用しながら実施します。地震や気象シミュレーションなどの大規模シミュレーション、分子構造解析や未知ウィルス病原体の新薬開発などの高精度計算、ヒトゲノム解析、などの利用があります。また、インターネット上の一般個人の遊休PCを利用して、地球外生命体の可能性を探るボランティアコンピューティングもあります。

**エンタープライズグリッド**は、企業内のサーバ、従業員のPC、あるいはグループ会社などにあるコンピュータを対象にして実施します。

用語解説

**仮想組織**
(Virtual Organization)
グリッドコンピューティングで動的に構成されるデバイスのグループ。

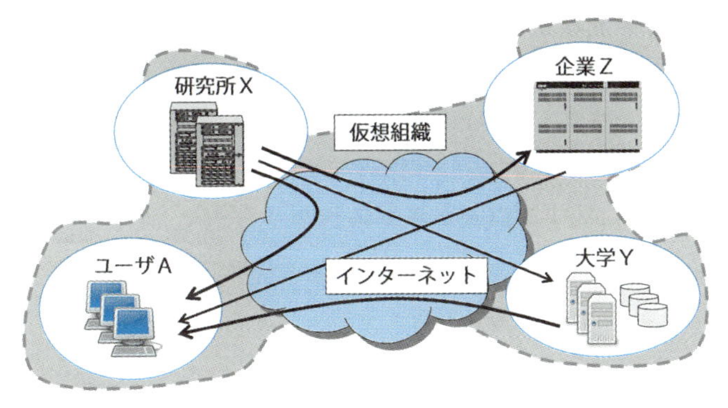


図1-21：グリッドコンピューティングのイメージ

複数のコンピュータをあたかも1台のコンピュータかのように仮想化して、処理を行うシステムに**クラスタ**があります。1台のコンピュータでは時間がかかる高度な処理を、複数のコンピュータを形成して巨大化した高機能な仮想コンピュータで、高速処理を実現します。

グリッドを構成している仮想組織内のコンピュータ群は、物理的には、それぞれの企業や大学などの組織に属しているもので個別に管理されています。しかしクラスタは、その処理をするために専用に用意したコンピュータ群を結合して**並列処理**を行います。複数のコンピュータを1箇所に配置し、集中的に管理します。もし、1台が障害を起こしても、システムを停止することなく処理を続行することができます。

## VLAN《仮想LANのメリット》

**VLAN**はLANスイッチを使用して構築します。LANスイッチは、ポートに接続している**MACアドレス**（PCのLANアダプタの識別子）を学習して、そのポートだけにデータを転送します。この特徴を利用して、ポート単位にネットワーク（VLAN）を分割することができます。

VLANの移動は、LANスイッチのポートとIPアドレスを変更することで、柔軟にトポロジを実現することができます。

参照

**VLAN（Virtual LAN）**
第3章を参照。

用語解説

**MAC（Media Access Control）アドレス**
端末に付けられたLANアダプタの固有アドレス。詳しくは、第2章を参照。

同一VLANの通信は可能ですが、異なるVLAN間の通信にはルータが必要になります。図1-22は、2台のLANスイッチのポート単位にVLANを構築しています。VLAN間の通信をするためにルータを接続しています。またVLANを構築することで、同一ネットワークすべてに流す**ブロードキャスト**のデータを抑制することができます。

**ブロードキャスト**
通信形態の1つ。ブロードキャストの他に、ユニキャスト、マルチキャストなどがある。詳しくは、第2章を参照。

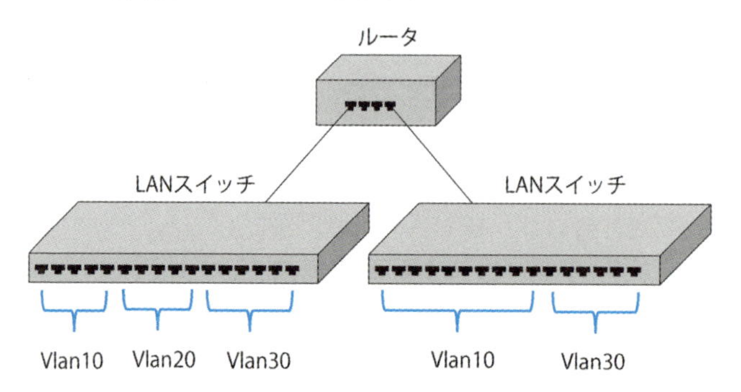


図1-22：VLANを構成するLANスイッチ

## VPN《公衆網を専用線のように使用する》

**VPN**は、公衆網の中に仮想的に構築した私設網のことです。不特定多数のユーザが共有して使用する公衆のネットワークを、それを意識することなく、あたかも専用のプライベートネットワークであるかのように利用します。

**VPN（Virtual Private Network）**
第4章を参照。

初期のデータ通信は、数字やアルファベットというキャラクタに限定された定型業務のデータ通信で、データ量も少量でした。そのためデータ量で課金する従量制の公衆網を使用するのが適切でした。しかし非定型業務の通信がメインになり、データ量も増大すると、常時接続、定額制の専用線を使用する方が適切です。経済的で、またセキュリティについても安全な通信が可能だからです。支店や営業所など通信相手の拠点が増えると、相互に接続する**メッシュ型トポロジ**を構成する必要があります。また広域化すると、専用線を契約する数も料金も増大します

図1-23で示すように、VPNでは公衆網を中心とした**スター型トポロジ**の構成となり、アクセスするパス（経路）だけの本数となり、料金も安くなります。そのため、安価で、高速で、安全で、ストレスなく通信できるVPNの使用が主流となりました。

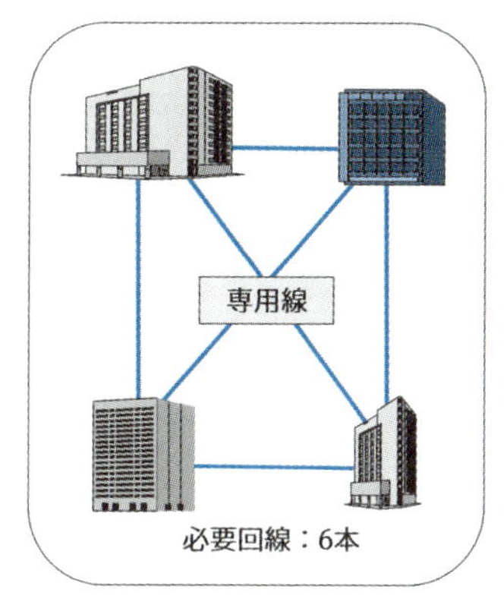


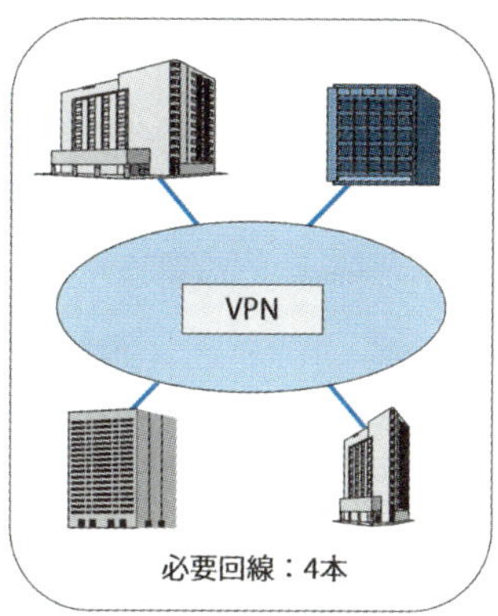


図1-23：VPN

VPNは、ユーザ構築のVPNと、通信事業者（キャリア）のVPNサービスの2つに大別することができます。

**ユーザ構築のVPN**とは、企業などが本社と支社との間などのイントラネットWANを自ら構築するVPNのことです。ユーザが暗号化やトンネリングを行うVPN装置を設置することになるため、構築や運用に技術や手間がかかります。このVPNで利用する公衆ネットワークは、インターネットです。そのため**インターネットVPN**といいます。**トンネリング**とは、公衆網の中に私設のパスを仮想的に構築する技術です。

**通信事業者のVPNサービス**には、**広域イーサネット**と**IP-VPN**とがあります。広域イーサネットは、イーサネットというLANの通信方式を利用したVPNです。IP-VPNは、インターネットVPN同様、IPレベルのVPNです。通信事業者がVPNサービスを提供するために構築したIPネットワークを利用してVPNを実現します。

**トンネリング（Tunneling）**
カプセリングと同意。本来のデータを異なるデータの中に格納し、本来のデータを覆い隠したまま転送すること。詳しくは第4章、第9章を参照。

**広域イーサネット**
第4章を参照。

**IP-VPN**
第4章を参照。

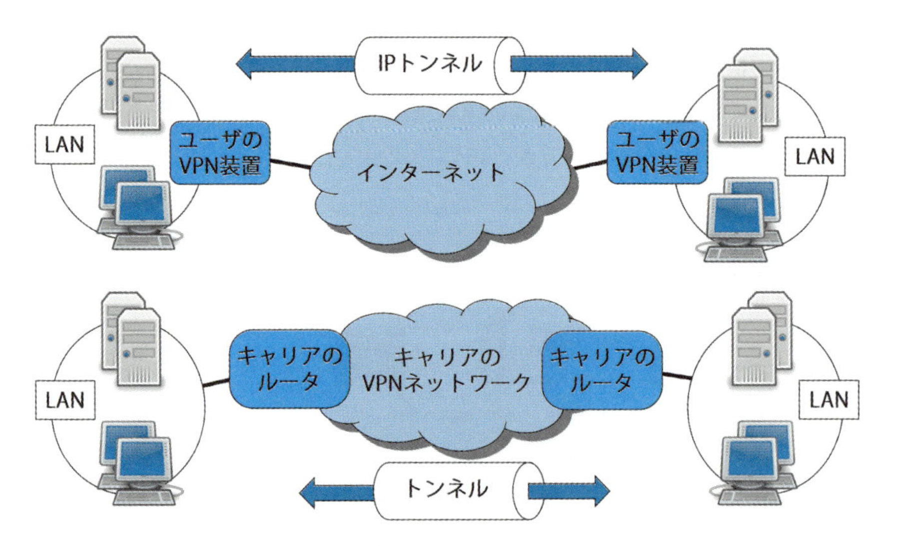


図1-24：ユーザ構築のVPNとキャリアのVPNサービス

ユーザ構築のVPNとキャリアのVPNサービスを比較すると、ユーザ構築のVPNの方が、構成の自由度がある代わりに、セキュリティや品質面で弱いといえます。またユーザ管理が大変です。

ユーザ構築のVPNでは、エンドユーザサイトからエンドユーザサイトまでトンネルが必要ですが、キャリアのVPNサービスは、キャリアがネットワークにトンネリングして契約者のためのパスを提供します。

また、ユーザ構築のVPNでは、セキュリティ確保のための暗号化は必須ですが、キャリアのVPNサービスでは必ずしも必要ではありません。ユーザ構築のVPNでは、一般的にセキュリティプロトコルは**IPsec**を使用します。図1-24は、ユーザ構築のVPNと通信事業者のVPNサービスのVPN装置とトンネルの位置の違いを示しています。

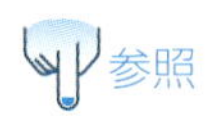
参照

**IPsec（Security Architecture for Internet Protocol）**
第9章を参照。

## SDN《ソフトウェアで構築する仮想ネットワーク》

データセンタなどで構築しているプライベートクラウドでは、ネットワーク上に複数のユーザや業務によって仮想化されたサーバやストレージ、そしてスイッチ、ルータ、ファイアウォール、ロードバランサ（負荷分散装置）などのネットワーク機器が存在しています。これらはユーザごとの**QoS（サービス品質）**ポリシ、**セキュリティポリシ**によって論理的に構成されています。

これらの論理的ネットワーク構成は、ユーザの追加や業務変更、ポリシ変更によって、突然の移動、変更、増設が繰り返されます。こうした変更を柔軟に、迅速に、自動的に、また移動に際して、機器やOS、アプリケーション、ジョブを停止することなく移動（**Live Migration**）することが必要です。 しかし、ネットワーク管理者が手動で設定を変更するには、大きな負担と時間とを要します。

**SDN**とは、こうしたネットワーク制御をソフトウェアで、迅速に、効率的に、正確に実行します。図1-25は、ソフト

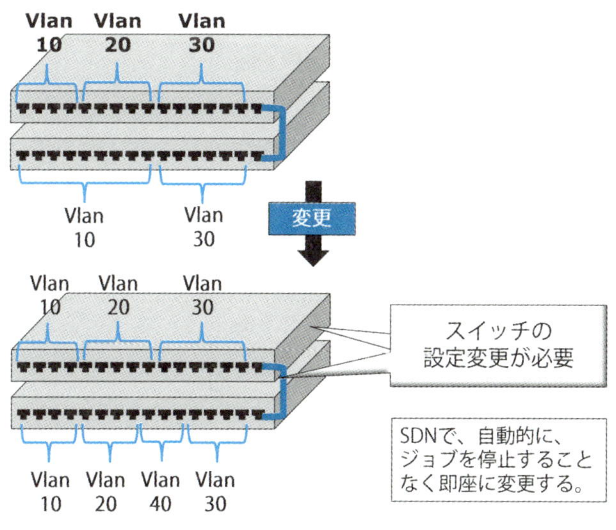

図1-25：SDN

用語解説

**QoS（Quality of Service：サービス品質）**
アプリケーションがネットワークに要求するサービス品質。

用語解説

**Live Migration（ライブマイグレーション）**
動作中のシステムを停止させずに移動させること。

用語解説

**SDN（Software Defined Network）**
ソフトウェアでネットワークデバイスの設定を実行するネットワーク。

ウェアでネットワークを制御するSDNのイメージ図です。SDNによってリソースの効率的使用、コスト削減が可能となり、ネットワーク機器を一元管理することが容易となります。SDNを実現する技術の1つに、OpenFlowがあります。**OpenFlow**は、スイッチ群を一元的に管理する**OpenFlowコントローラ**、コントローラの指示によって機能する**OpenFlowスイッチ**、そしてコントローラとスイッチ間の通信に使用する**OpenFlowプロトコル**によって構成されます。

## PBN《アプリケーションの品質要求に柔軟的に対応するネットワーク》

インターネットユーザの爆発的増加、ネットワークサービスの多様化によって、IPネットワークにはさまざまのデータが流れます。それらは同時に、さまざまな**QoS（サービス品質）**をネットワークに要求します。

QoSの尺度には、パケットロス、遅延時間、帯域幅、ジッタ（遅延時間のゆらぎ）、があります。

**パケットロス**の影響が大きいのは、基幹業務系のアプリケーション、音声通話、ビデオ会議などの会話型マルチメディア通信です。

ホスト系のプロトコルの多くは、一定時間以上の通信遮断があると、コネクションが途切れるような仕組みになっています。そのため遅延によってセッション切断が起こる可能性があります。またレスポンス（応答）時間が大きいと業務効率が低下します。会話型マルチメディア通信はリアルタイム性が重要なため、**遅延時間**がQoSの尺度となります。

**帯域幅**は、単位時間あたりに転送するデータ量のことであり、ファイル転送型などの大容量データのアプリケーションには重要となります。

**ジッタ**（遅延時間のゆらぎ）の影響が大きいのは、音声通話、ビデオ会議などのリアルタイム系のアプリケーションです。これらのアプリケーションでは、ジッタは音声や画像の乱れなどを起こします。なおストリーミングマルチメディア通信は、データを転送しながら並行して再生しますが、再生側で数秒分のデータをバッファしてから再生するので、ある程度のジッタは吸収することができます。

表1-6：アプリケーションとQoS尺度

| アプリケーション | 要求サービス | QoS要件 |
|---|---|---|
| 基幹業務系 | レスポンス | パケットロス<br>遅延時間 |
| ファイル転送型 | スループット | 帯域幅 |
| 会話型マルチメディア通信（電話、ビデオ会議） | リアルタイム | パケットロス<br>遅延時間<br>ジッタ |
| ストリーミング（動画） | スループット | 帯域幅 |

用語解説

**ノード（Node）**
ノードとは節という意味。ネットワークにおいては、ネットワークの節、すなわちルータやスイッチなどの中継器、コンピュータなどの端末のことを指す。

QoS制御は、さまざまなQoS要件を満たすことです。QoS制御には、ルータなど**ノード**単位で行うQoS制御があります。アプリケーションデータを、優先度によっていくつかのクラスに分類し、そのサービスレベルに応じて送出する順位や帯域を制御します。

企業などのイントラネットでは、ノード単位だけでなくネットワークレベルで、複数のノードがQoS制御を連動させる必要があります。企業などのイントラネットは、大規模化していて、アプリケーションデータが宛先に到達するまで、いくつものネットワーク機器を経由するためです。しかし、数多くのネットワーク機器の1つずつに、QoS制御やセキュリティ制御の設定や管理を行うのは煩雑で、しかも矛盾した設定が生じる可能性もあります。

**PBN（ポリシベースネットワーク）**とは、ネットワークを構成するルータやスイッチをポリシベースによって一元的に管理し、ネットワークレベルでのQoS制御やセキュリティ制御を行います。PBNは、図1-26で示すようにポリシルール、ポリシサーバ、ポリシ配信プロトコル、ポリシ対応ネットワーク機器で構成されます。

**PBN（Policy Based Network）**
ポリシによって一元的に管理されたネットワーク。

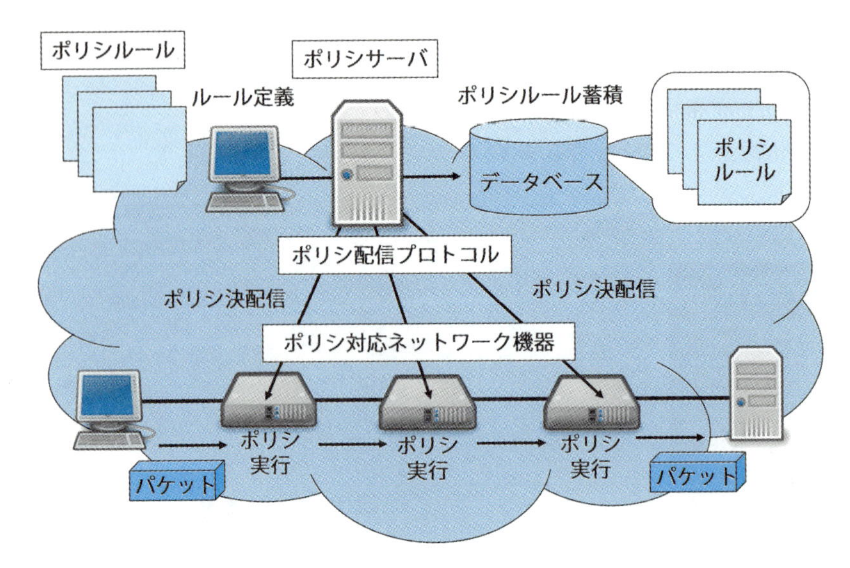


図1-26：PBN

**ポリシルール**は、QoS制御やセキュリティ制御などをルールとしてデータ化したものです。アプリケーションや時間的な条件を設定し、それに対する優先転送や伝送速度の設定などを定義します。

**ポリシサーバ**は、ポリシルールに基づいて、ネットワーク機器を制御します。定義されたポリシルールを一元的に管理し、データベースとして蓄積します。そして、実行すべき要件に従ってポリシを決定し、ルールをネットワーク機器に配信します。

**ポリシ配信プロトコル**は、ポリシサーバとポリシ対応ネットワーク機器の間でポリシルールを配信するプロトコルです。

ポリシ対応ネットワーク機器は、受け取ったポリシルールでポリシを実行するルータやスイッチです。

# 5 電話網

音声系のネットワークには、加入者電話網、携帯電話網、IP電話網などがあります。加入者電話網は、電気的手段による情報通信、いわゆる電気通信の先き駆けで、日本では1890年からサービスを始めました。

加入者電話網は、一時はユーザが6000万を超える巨大なネットワークでした。しかし、携帯電話やIPネットワークを使用した電話サービスへの転換、そして全体的な音声トラフィックの減少により、現在の加入者電話網は、ユーザ数が最盛期の半分にも満たないネットワークとなっています。

**加入者電話**
5章を参照。

用語解説

**単位区域（UA：Unit Area）**
加入者電話群を構成するエリア。

**群区域（GA：Group Unit Area）**
加入者電話群を構成するエリア。

**単位局（UC：Unit center**
UAにある電話局。

**群局（GC：Group Unit Center）**
GAにある電話局。

**加入者線交換機（LS：Local Switch）**
UCとGCに設置した交換機。

**中継区域（ZA：Zone Area）**
UAとGAを中継するエリア。

**中継局（ZC：Zone Center）**
ZAにある電話局。

**中継交換機（TS：Transit Switch）**
ZCに設置した交換機。

**IC（Intra-zone Tandem Center：区域内中継局）**
GCのこと。

## 加入者電話網

### 《レガシーと呼ばれる加入者電話網の構成》

NTTの**デジタル電話網**は、図1-27に示すように加入者系と中継系の2階層構成になっています。加入者系を構成している区域を、**単位区域（UA）**や**群区域（GA）**といいます。単位区域には、**単位局（UC）**、群区域には、**群局（GC）**と呼ばれる局があり、それらの局には、**加入者線交換機（LS）**が設置してあります。中継系を構成している区域を、**中継区域（ZA）**といいます。中継区域にある局を**中継局（ZC）**と呼び、**中継交換機（TS）**が設置してあります。

UCはGCに統一され、全国で約1600箇所設置されています。ZCはほぼ県単位に設置され、54箇所あります。ZCは、1985年のNTT再編後、**IC（区域内中継局）**と名称が変わっていますが、いまだにZCの名前の方が一般的に通用しています。国際通信事業者、長距離中継事業者や携帯通信事業者など、他の通信事業者網との相互接続点のことを**POI**といいます。**IGS**は、POIに設置する交換機です。他通信事業者の接続は、ZCだけでなく、GCでも接続しています。

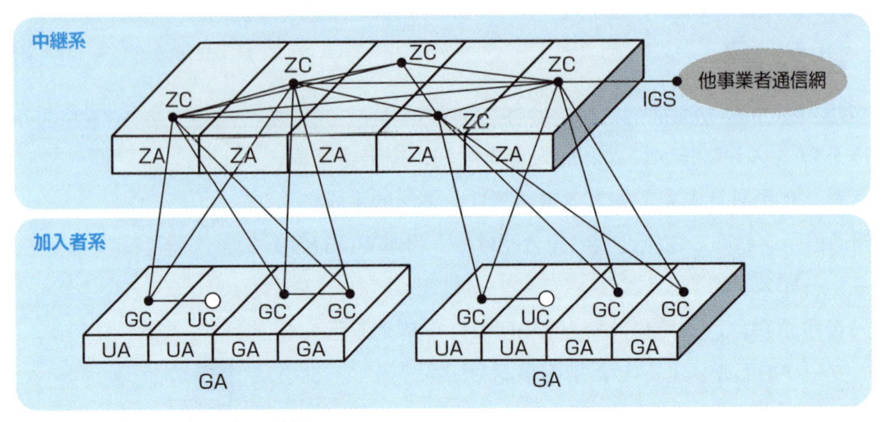


図1-27：デジタル加入者電話網

## 共通線信号網《通信回線網とは別個のネットワーク》

加入者電話の交換機が行う回線接続などの交換動作は、**制御信号**によって行われます。制御信号には、加入者線信号と局間信号とがあります。**加入者線信号**は、ユーザ宅の電話機と電話局の交換機との間でやり取りする制御信号です。例えば、受話器を上げたときに、どのユーザかを識別する発呼信号と呼ばれる信号や、着信のベルを鳴らす呼び出し信号と呼ばれる信号などが加入者線信号です。これらの信号は、通話回線を使ってやり取りされます。

局にある交換機と他局の交換機との間の制御信号を**局間信号**といい、図1-28のように通話回線とは別個の専用回線でやり取りしています。この方式を**共通線信号（CCS）方式**といいます。この方式では、高速な専用回線を使って、複数の通話の制御信号や、通話の状態と無関係なさまざまな信号を交換し、高度なサービスを提供しています

**POI（Point Of Interface）**
他通信網との相互接続点。

**IGS（Interconnecting Gateway Switch：相互接続用関門交換機）**
他事業者通信網との交換機。

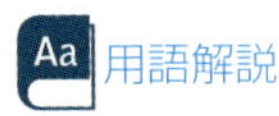

**共通線信号方式（CCS：Common Channel Signaling System）**
局と局との制御信号を支援する方式の1つ。

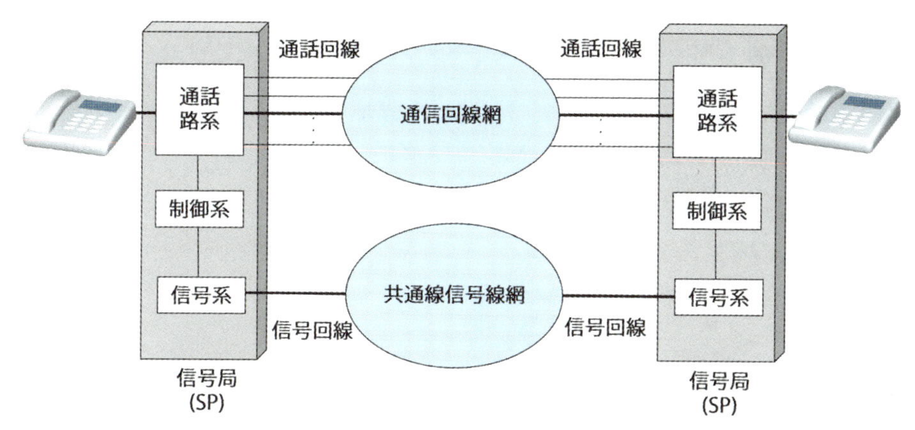


図1-28：通信回線網と共通線信号網

共通線信号方式の処理機能を行うところを**信号局（SP）**といいます。SPにはSEPとSTPがあります。制御情報である信号メッセージを生成し、発信・着信する局を**信号端局（SEP）**といい、中継する局を**信号中継局（STP）**といいます。図1-29で示すように、共通線信号網は、信頼性を確保するために、2面の網構成を採り二重帰属させています。

用語解説

**信号局（SP：Signaling Point）**
共通線信号の処理を行う局。

**信号端局（SEP：Signaling End Point）**
共通線の信号を送受信する末端の局。

**信号中継局（STP：Signaling Transfer Point）**
共通線の信号を中継する局。

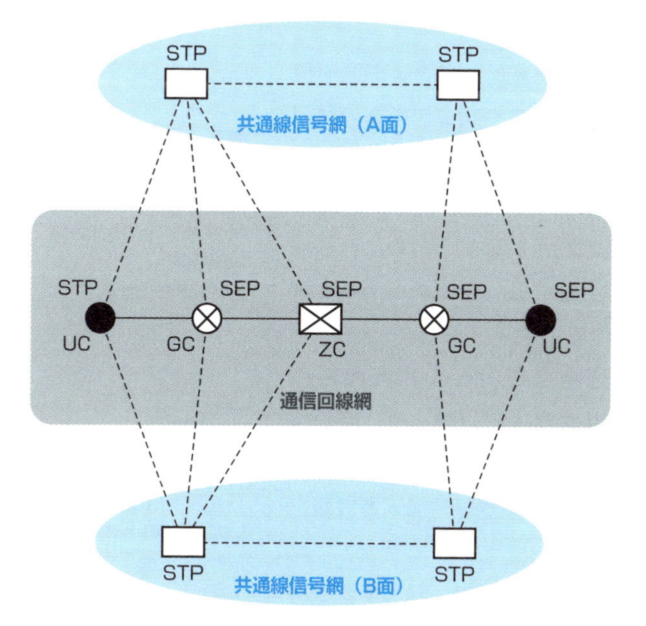


図1-29：2面構成の共通線信号網

## 携帯電話網《携帯電話のシステムを構成する要素》

**携帯電話**
第5章を参照。

**携帯電話網**を構成する主な要素は、移動端末、基地局、移動交換機、基地局制御装置、関門交換機、加入者データベース、STPなどです（図1-30）。

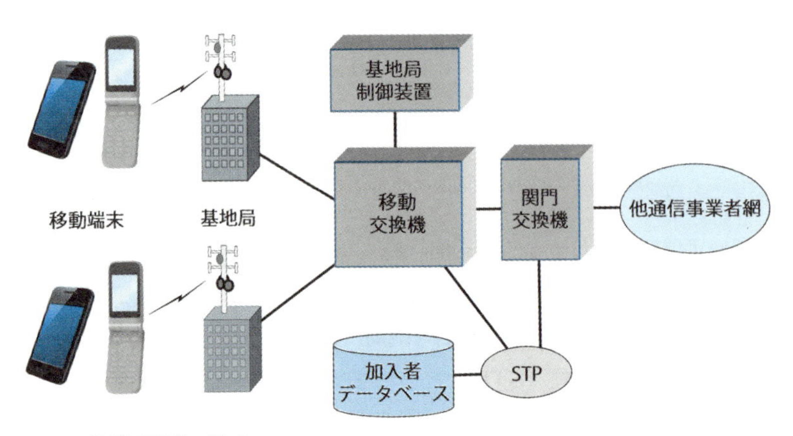


1-30：携帯電話網の構成

**移動端末**は、発着信や通話、音声符号化などの機能を備え、アンテナで基地局との無線通信を行います。

**基地局**は、無線インタフェースと有線インタフェースを備えています。移動端末側との音声データや制御データの通信は無線で行い、移動交換機と有線で接続します。

**移動交換機**は、**移動交換局（MSC）**に設置されています。

**移動交換局（MSC：Mobile Switching Center）**
携帯電話の交換局。

**基地局制御装置**は、複数の基地局を制御するために、基地局や移動交換機と制御信号をやり取りし、無線チャネルを管理します。

**関門交換機（IGS）**は、他通信事業者との**相互接続点（POI）**に設置する交換機で、**公衆網（PSTN）**や、他の移動通信網や国際電話などとの接続を行います。

**加入者データベース（HLR）**は、位置登録や加入者情報を管理するデータベースです。

**加入者データベース（HLR：Home Location Resister）**
携帯電話の位置情報などを管理するデータベース。

**STP（信号中継局）**は、共通線信号方式で、制御情報である信号メッセージを中継する局です。移動交換機は、加入者データベースや関門交換機との間は、共通線信号方式でデータの交換をします。

## インターネット電話

### 《インターネット電話とIP電話の違い》

総務省では、IP電話を**インターネット電話**と**インターネット電話以外のIP電話**とに分類しています。これは**ITU**の定義を踏まえたものです。その定義によると、「IP電話とは、パケット交換のIPベースのネットワークを用いて、音声、FAX、その他関連するサービスを伝送するもの。一方、インターネット電話とは、伝送ネットワークの一部または全部に公衆インターネットを用いたIP電話のことをいう」としています。すなわちIP電話は、インターネットを使ったインターネット電話と、インターネット以外のIPネットワークを使うIP電話とに分けられます。

インターネット電話には、全部にインターネットを使用するものと、加入者電話の中継網として一部にインターネットを使用するインターネット電話サービスとがあります。近年スマートフォンで人気の**無料電話アプリ**を使用したサービスは、全部にインターネットを使用したインターネット電話です。

インターネット電話以外のIP電話には、通信事業者がサービスを提供しているIP電話と、企業や団体などが構築しているイントラネットというIPネットワークを使用した内線IP電話とがあります。

イントラネットにおける内線IP電話には、外線（公衆電話網：PSTN）との接続、内線同士の接続、また内線電話向けのPBXサービスを提供する**IP-PBX**という装置を設置します。

図1-31は、従来の**PBX（構内交換機）**と同じように、IP-PBXを各拠点に設置していますが、高機能なIP-PBX（**IPセントレックスサーバ**）を1箇所だけに設置し、そこで集中管理するセントレックス方式もあります。IPセントレックス

**ITU（International Telecommunication Union：国際電気通信連合）**
電気通信に関する国際標準を策定する組織。

**無料電話アプリ**
第5章を参照。

用語解説

**IP-PBX（IP Private Branch Exchange）**
IP構内交換機。

**PBX（Private Branch Exchange）**
IP構内交換機。企業等で使用する内線電話の交換機。

サーバを自社に設置して、自社だけで使用するシステムと、通信事業者のデータセンタなどに置かれたセントレックスサーバを、他社と共有して、セントレックスサービスを利用するシステムがあります。

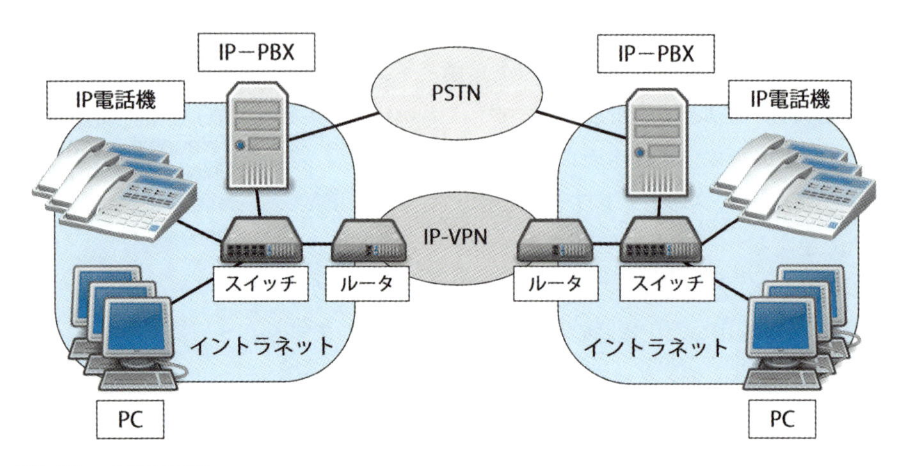


図1-31：内線IP電話

## IP電話網《IP電話網と加入者電話網は繋がっている》

通信事業者が提供している**IP電話**サービスは、事業者が構築した専用のIP電話網を利用します。サービスには、通信キャリア型のIP中継電話サービスと、ブロードバンド型のIP電話サービス、とがあります。

**通信キャリア型のIP中継電話サービス**は、加入者電話網の中継網としてIPネットワークを利用するサービスです。

**ブロードバンド型のIP電話サービス**は、**ADSL**、**CATV**や、**FTTH**などのブロードバンド回線をアクセス回線にしたサービスです（図1-32）。

参照

**IP電話**
第5章を参照。

**ADSL（Asymmetric Digital**
非対称速度のデジタル加入者線。第4章を参照。

**CATV（Cable TV）**
第4章を参照。

**FTTH（Fiber To The Home）**
第4章を参照。

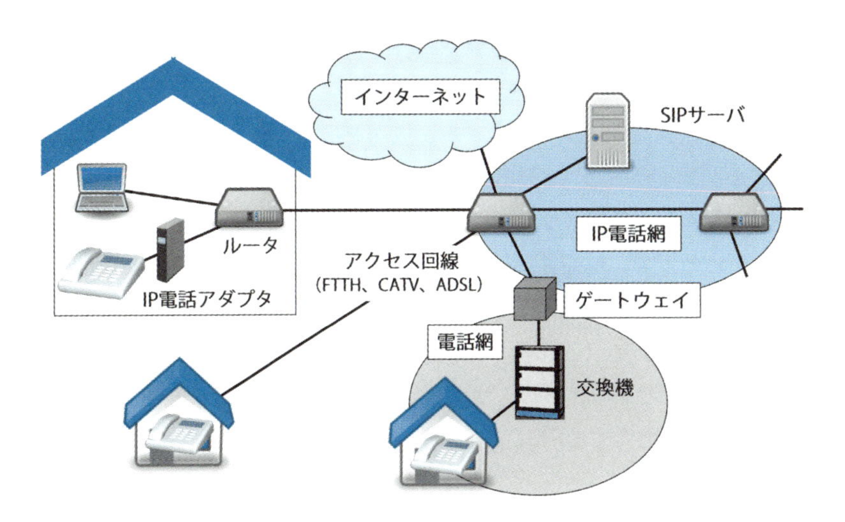


図1-32：ブロードバンド型のIP電話サービス

## NGN《次世代の通信事業者のネットワーク》

NGN (Next Generation Network)
通信事業者の次世代ネットワーク。

ITU-Tの勧告（Y.2001）によると、**NGN**は「電気通信サービスの提供を目的として、広帯域かつパケットベースのネットワークで、サービス関連機能が転送関連技術から独立して提供される。利用者は、競合するいろいろなサービス事業者やサービスを自由に選択し、ネットワークに自在にアクセスできるようになり、利用者に対して、一貫したユビキタスサービスを提供することができる」と定義しています。

NGNの特徴は、パケットベースネットワーク、広帯域なマネイジドネットワーク、普遍的モビリティ、サービス機能群とトランスポート機能群の分離、オープンインタフェースです。

**パケットベースネットワーク**とは、電気通信事業者のネットワークを、従来の回線交換方式のネットワークから、IPパケットベースのネットワークへと移行するということです。通信事業者のバックボーンでは、音声通信のトラフィックより、はるかにインターネットのトラフィックが多くなっています。基幹部分を**All-IP化**することにより、回線交換ネットワークとIPネットワークの異なる2つの設備を統合し、コスト低減、運用・管理の簡易が実現できます、これにより、1つの回線で電話サービス、高速インターネット、放送を提供するというトリプルプレイサービスが実現できます。

NGNは、**広帯域なマネイジドネットワーク**であり、事業者の管理（マネイジ）の下で、信頼性の確保、QoS制御の確保、高いレベルのセキュリティを確保します。

NGNは、**普遍的モビリティ**（どんな場所に移動しても、同じサービスを利用することができる）をサポートできます。固定通信と移動体通信とを融合する**FMC**によって、移動通信をプラスしたクアドロプルプレイサービスを実現することができます。

機能の分離とはサービスの制御機能と、転送の制御機能とを独立させることです。サービスの制御機能をサービスストラタム機能、転送の制御機能をトランスポートストラタム機能といいます。

**サービスストラタム機能**は、さまざまなサービスを提供する機能です。リアルタイムのマルチメディアサービスを実現

**FMC（Fixed Mobile Convergence）**
固定通信と移動体通信を融合した通信サービス。

**IMS（IP Multimedia Subsystem）**
マルチメディアサービスをIPで統合する通信システム。

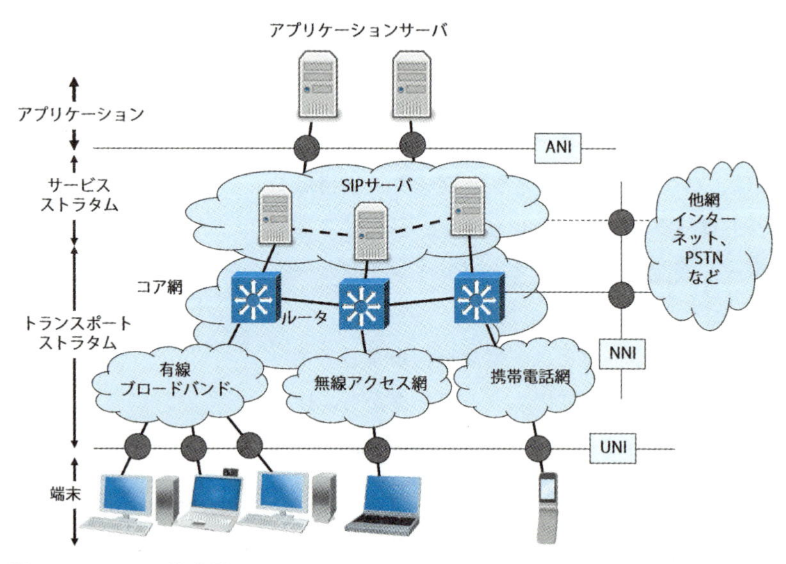


図1-33：NGNの概念図

する仕組みを**IMS**といいますが、そのIMSの中核をなすのが、**SIPサーバ（CSCFサーバ）**です。SIPサーバは、端末間のセッション設定を行い、設定後はルータがIPパケットの経路制御を行い、アクセスネットワークを経由して送受信されます。SIPは、現在IP電話で使用しているシグナリングプロトコルです。

**トランスポートストラタム機能**は、サービスストラタムの指示通りにIPパケットを転送する機能です。

**オープンインタフェース**とは、プロトコルインタフェースをオープンにすることです。これによりネットワーク相互間の接続が容易になり、ユーザは、プロバイダやサービスを自由に選択することができます。また、アプリケーションの開発や導入が容易になります。

オープン化した次の3つのインタフェース（接続点）は、UNI、NNI、ANI、です。

**UNI**は、エンドユーザ機能との接続点です。このインタフェースで、ユーザデータの送受信、接続時の認証、そしてSIPサーバとの間で、セッションやアプリケーションの設定を行います。

**NNI**は、他のNGNやインターネット、PSTNなど、他網との接続点です。このインタフェースよって、ユーザ端末が、契約している通信事業者と異なる事業者のネットワークへ移動しても、通信が可能で、同じサービスを利用することができます。

**ANI**は、映像やデータなどを提供するアプリケーション機能との接続点です。アプリケーションを提供する第三者の事業者に、通信機能を提供し、NGNへの導入を容易にします。これによって、サードパーティの自由な発想によるアプリケーションの開発や導入が短期化し、ユーザへ豊富で多様なアプリケーションを提供することが可能になります。図1-33は、3つのオープンインタフェース、およびサービス機能と転送機能を分離したNGNの概念図です。

参照

**SIPサーバ（Session Initiation Protocol）**

第5章を参照。

Aa 用語解説

**CSCFサーバ（Call State Control Function）**

NGNの装置の1つ。

**UNI（User-Network Interface）**

ユーザとネットワークとを接続するインタフェース。

**NNI（Network-Network Interface）**

ネットワークとネットワークを接続するインタフェース。

**ANI（Application - Network Interface）**

アプリケーションとネットワークを接続するインタフェース。

第2章

# インターネットプロトコル（IP）

## ープロトコルがなければパケットは届かないー

コンピュータが取り扱う「データ（DATA）」は「0」と「1」のビット列です。このデータが処理され、出力装置を通して人間に渡されて、音声、画像、文章といった意味のある「情報（Information）」になります。

「情報」は、他者と交換し、共有することで価値が高まります。

この章では、「データ」を移動させ、「情報」を交換するための取り決め（プロトコル）について、解説します。IP、次世代のIPv6、TCP、UDP、これらのプロトコルが、データをIPネットワークに移動させ、「情報」に新たな価値を生み出します。

## 1 通信プロトコルとレイヤ

**Web**やメールは、主要なアプリケーションサービスです。これらは**TCP/IPプロトコルスイート**と呼ばれるプロトコル群に属している**HTTP**や**SMTP**などの通信プロトコルによるサービスです。

通信プロトコルとは、端末間での通信を可能にするための取り決めのことです。この取り決めがないと、通信（Communication）ができません。ISOは、通信におけるプロトコルの構成を、**OSI基本参照モデル**で7階層に定義しました。

現在のデータ通信の中心となっているTCP/IP通信では、OSI基本参照モデルに対応した構成で4階層のモデルとなっています。

下位の**ネットワークインタフェース層**のプロトコル（LANでは**Ethernet**、WANでは**PPP**など）でデータの送受信方法などを取り決め、インターネット層でデータ中継（経路選

表2-1：OSI基本参照モデルとTCP/IP4階層

| OSI参照モデル | TCP/P 4階層 | プロトコル | |
|---|---|---|---|
| レイヤ7 アプリケーション層（サービス機能） | アプリケーション層 | SMTP HTTP FTP telnet 他 | DNS SNMP 他 |
| レイヤ6 プレゼンテーション層（データの表現形式） | | | |
| レイヤ5 セッション層（データの交換方法） | | | |
| レイヤ4 トランスポート層（データの交換品質） | トランスポート層 | TCP | UDP |
| レイヤ3 ネットワーク層（データの中継） | インターネット層 | IP | |
| レイヤ2 データリンク層（データの送受信方法） | ネットワーク インタフェース層 | LAN/WAN | |
| レイヤ1 物理層（伝送媒体、信号） | | | |

**Web（World Wide Web）**
世界規模の蜘蛛の巣の意。

**TCP/IP（Transmission Control Protocol/Internet Protocol）**
インターネットなどで使用される標準的な通信プロトコル。

**HTTP（Hyper Text Transfer Protocol）**
Webページの転送に使用するプロトコル。

**SMTP（Simple Mail Transfer Protocol）**
電子メールの転送に使用するプロトコル。

**プロトコル**
プロトコルは本来、外交議定書のことをいう。すなわち、ある事柄についての異国間での取り決め事。

用語解説

**ISO（International Organization for Standardization：国際標準化機構）**
国際規格を策定する非政府機関。

択）を取り決め、**トランスポート層**でデータ交換の品質を取り決め、**アプリケーション層**でデータの具体的利用（サービス機能）について取り決めています。

図2-1で示すように、データを送信するとき、上位レイヤのデータユニットを下位レイヤのデータユニットにカプセル化しヘッダ（制御情報）を付加します。そしてレイヤ1でビット列として伝送します。受信するときは逆に、各レイヤのヘッダを確認し、それを取り除きデカプセル化（カプセルからの取り外し）されます。

各レイヤでのデータユニットには、名称が付けられています。レイヤ2のデータユニットを、**フレーム**といいます。レイヤ3のデータユニットを、**パケット**といいます。パケットという用語には広義があり、大きなデータのブロックを小分けにしたユニットのことをパケットという場合がありますが、狭義では、レイヤ3のデータユニットのことをいいます。レイヤ4のデータユニットを、**セグメント**といいます。

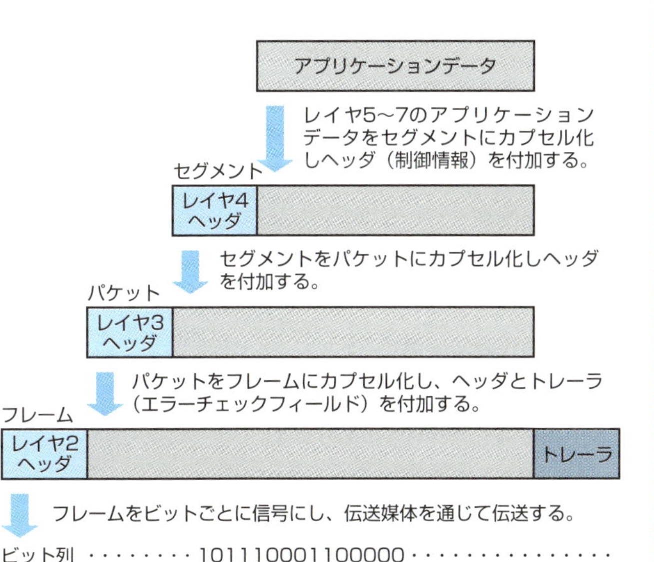


図2-1：各レイヤでのデータの名称とカプセル化

Aa 用語解説

**OSI基本参照モデル（Open System Interconnection Reference Model）**
ISOが策定した異機種間のデータ通信を可能にするプロトコルの基本モデル。

## 2 IPv4とIPv6

IPは、レイヤ3のネットワーク層のプロトコルで、**コネクションレス型の通信**によって端末間の通信を行います。

IPには、**IPv4**と**IPv6**とがあります。インターネットの爆発的な普及により、IPv4のアドレス数の枯渇対応として次世代IPのIPv6が開発されました。しかし現在の主流は、いまだIPv4のプロトコルです。次世代のプロトコルには、「v6」と付記しますが、一般的にIPv4のプロトコルは、「IP」とだけ表記します。

**コネクションレス型通信**
通信を始める前に、送信端末と受信端末の間にコネクションという仮想的な通信経路を設定する通信。コネクションの確立を必要としない通信をコネクションレス型通信という。TCPはコネクション型のプロトコルで、IPやUDPはコネクションレス型プロトコル。

**IPv4ヘッダフォーマット**
付録を参照。

**IPv6ヘッダフォーマット**
付録を参照。

**IPアドレスの枯渇**
IPアドレスの割り振りを行っているICANNでは、IPv4アドレスは既に枯渇している。

### IPの機能
**《インターネットプロトコルの機能はアドレッシング》**

IPの機能は、アドレッシングと、ルーティングです。

**アドレッシング**とは、ネットワーク内の特定の端末を識別するためにアドレスを指定することで、そのアドレッシングに使用するアドレスが**IPアドレス**です。このアドレスは、当然ユニーク（一意的）である必要があります。

**ルーティング**とは、目的の端末にパケットを送達するために、複数ある経路の中から1つを選択することです。IPアドレスを調べることによってこの経路制御を行います。

### アドレスの種類
**《ユニキャストアドレスは1対1の通信時に使用する》**

IPv4のアドレスには、目的別にユニキャストアドレス、ブロードキャストアドレス、マルチキャストアドレスがあります。

**ユニキャストアドレス**は、1台の端末を通信相手として特定し、1対1の通信するためのアドレスです。

**ブロードキャストアドレス**は、ネットワークすべての端末へ通信するためのアドレスです。ブロードキャストとは、ネットワーク全体に、同じ情報を一斉に通信するという、文字通り放送（ブロードキャスト）型の通信です。

**マルチキャストアドレス**は、マルチキャストのためのアドレスです。マルチキャストは、ブロードキャスト同様、1対多の通信です。しかしマルチキャストは、ネットワーク全体ではなく、特定した複数の端末で構成したグループ内のみに一斉同報します。

IPv6のアドレスには、目的別にユニキャストアドレス、マルチキャストアドレス、エニーキャストアドレスがあります。

**ユニキャストアドレス**は、v4と同様、1対1で通信するためのアドレスです。

IPv6には、ブロードキャストを定義していません。IPv6では、ブロードキャストの代わりを、マルチキャストで行います。この**マルチキャストアドレス**を指定すると、あるグループに属するすべての端末へ、同じデータを同時に送信します。

**エニーキャストアドレス**も、マルチキャストアドレス同様、グループを識別します。しかしこのアドレスは、グループのすべての端末にデータを送信するのではなく、グループの中で一番近い端末を自動的に選択して送信します。これはサーバの負荷分散などの目的に使用します。

## IPアドレス《端末の論理的な識別子》

IPアドレスは、TCP/IPプロトコルにおける端末の識別子で、ネットワークに接続しているネットワークインタフェースにユニーク（一意）に割り当てます。

現在広く使用されているIPv4のアドレスは、32ビットで構成されます。8ビット（1バイト）ずつを10進数で表し、間にドット（「.」）を入れる「**ドット表記**」で表記します。

IPアドレスは、どのネットワークに属しているかを示す「ネットワークアドレス」の部分と、そのネットワークの中のどの端末かを示す「ホストアドレス」の部分から構成される

**論理的な識別子**です。

IPアドレスはユニークでなければなりません。したがってインターネットで使用するIPアドレスのネットワークアドレスは、重複がないように**ICANN**が管理しています。ホストアドレスはネットワークアドレスの割り当てを受けた組織の管理者が、重複のないように割り当てます。

参照

**ICANN（Internet Corporation for Assigned Names and Numbers）**
第1章を参照。

## サブネットマスク
### 《サブネットマスクがないとネットワークがわからない》

IPv4のIPアドレスには、必ず**サブネットマスク**が関連付けられます。サブネットマスクは、IPアドレスのどこまでがネットワークアドレスを表し、どこからがホストアドレスかを表す値です。サブネットマスク値のビットの「1」の部分がネットワークアドレスの部分で、「0」の部分がホストアドレスの部分です。

図2-2の例では、10進数表記（ドット表記）で表した「130.10.1.100」というIPアドレスと、「255.255.255.0」というサブネットマスクが関連付けられています。そして、それぞれの2進数表記を左側に示しています。

| | 2進数表記 | | | | 10進数表記 |
|---|---|---|---|---|---|
| IPアドレス | 10000010 | 00001010 | 00000001 | 01100100 | 130. 10. 1. 100 |
| サブネットマスク | 11111111 | 11111111 | 11111111 | 00000000 | 255. 255. 255. 0 |
| | ネットワーク部 | | | ホスト部 | |

130. 10. 1. 100 255. 255. 255. 0は130. 10. 1. 100/24とも表記し、
先頭から24ビットまでがネットワーク部であることを示します。

図2-2：IPアドレスとサブネットマスク

サブネットマスクの2進数表記からわかる通り、「255.255.255.0」というサブネットマスクは、上位3バイト（先頭から24ビット目まで）が、「1」であることを示しています。

そのため、「255.255.255.0」というサブネットマスクは、

「/24」とも表記されます。

つまり、IPアドレス「130.10.1.100」の上位3バイト（先頭から24ビット目まで）、すなわち「130.10.1.」までがネットワークアドレスの部分を表し、4バイト目（下位8ビット）の「100」がホストアドレスの部分であることを表しています。

## グローバルアドレスとプライベートアドレス《どこで使用するアドレスか》

インターネット上で使用する公式のアドレスを、**グローバルアドレス**といい、頂点をICANNとする組織が、重複がないように管理しています。それに対し、閉じたネットワーク内だけで使用し、決してインターネット上に出ないアドレスを**プライベートアドレス**といいます。

- 10.0.0.0 ～ 10.255.255.255
- 172.16.0.0 ～ 172.31.255.255
- 192.168.0.0 ～ 192.168.255.255

プライベートアドレスは、上のように規定されています。もしインターネット上に、上記範囲のアドレスを宛先としたIPパケットが出たとき、インターネット上の中継機器はそのパケットを廃棄し、ルーティングしません。

## IPv6のアドレス表記《16進数とコロンで表記する》

32ビットのIPv4のアドレスは、8ビット（1バイト）ずつを10進数で表し、間にドット（「.」）を入れる表記です。128ビットのIPv6は、**16進数**と**コロン**（「：」）とで表記し、次のルールに従います。

- 16ビットずつ8つに区分けし、16進数で表記する。そのため1グループは4文字になり、グループの区切りに

「：」（コロン）を間に挟む

- 16ビットのグループの上位に「0」が続くと、「0」を省略する
- 16ビットがすべて「0」のグループは、1回限り「：：」（ダブルコロン）で省略する

図2-3の例では、1行目の128ビットを2行目で16ビットずつのグループに分け、16進数で表記しています。先頭の「2」は、ビットの「0010」であり、16進数の1文字が4ビットを表します。3行目では、グループ上位の「0」を省略しています。最後部のグループの「000a」を「a」に、また「05ff」を「5ff」に、「0200」「200」に省略しています。また、2つ続いたすべてが「0」のグループを「::」で省略しています。

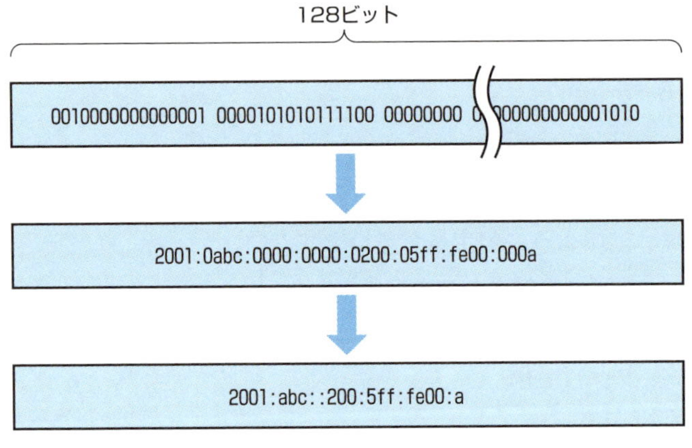


図2-3：IPv6アドレスの表記

## IPv6のアドレス構造《階層化されている構造》

IPv6のグローバルアドレス（インターネット上で使用する公式のアドレス）のアドレス構造は、図2-4の通りです。

IPv4のアドレスは、ネットワークの規模を表すアドレスクラスで体系化されていましたが、IPv6にはアドレスクラスはありません。また、サブネットマスクもありません。

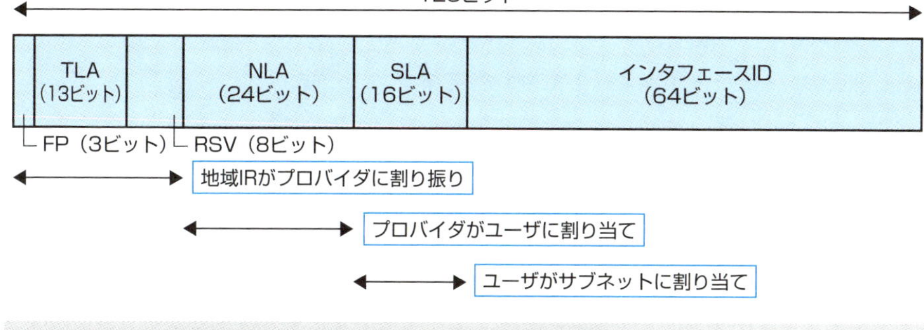


①FP（Format Prefix）：ユニキャストのグローバルアドレスは「001」。
②TLA（Top Level Aggregation）
③RSV（Reserved for Future Use）：将来使用のための予約。
④NLA（Next-Level Aggregation）
⑤SLA（Site-Level Aggregation）
⑥インタフェースID：下位64ビットのこの部分が端末固有のアドレスになる。
IPv4におけるホストアドレス部に相当する。

図2-4：IPv6のアドレス構造

IPv6のグローバルアドレスは、プレフィックス部（ネットワークアドレス部）とインタフェースID部（ホストアドレス部）のビット数が、固定されています。

そしてプレフィックス部の構造は、**TLA、NLA、SLA**と階層化されています。そのため、ルーティング情報を集約化することができ、ルーティング処理を簡易化することができます。

①先頭3ビットが「001」で始まるアドレスは、ユニキャストのグローバルアドレスです。

②TLAは、トップレベルのISP（Internet Service Provider）やIX（Internet Exchange：インターネット相互接続点）の識別をするフィールドで、上位からここまでを地域IR（Internet Registry）が管理します。IRは、IPアドレスを管理する組織ICANNの下位機関で、IPアドレス空間を割り振る機関です。

③RSVまでの24ビットを、地域IRがISPに割り振ります。ここまでをISPプレフィックスと呼びます。

④NLAは、ISPがユーザに割り当てます。ここまでを、サイ

トプレフィックス、あるいはグローバルルーティングプレフィックスと呼びます。

⑤SLAは、ユーザが各サブネットに割り当てます。ここまでがネットワーク部のアドレス。ここまでを、サブネットプレフィックスと呼びます。

## IPv6のアドレス空間《アドレス数は天文学的だ》

現在主流のIPv4のアドレスは32ビットで構成されています。その総数は、約43億（2の32乗）ですが、インターネットの爆発的な普及によって、アドレス数の枯渇が現実的になりました。

IPv6（IPバージョン6）は、次世代のIPとして機能を拡張したIPプロトコルです。IPv4との大きな違いは、アドレス空間の大きさです。IPv6のアドレス長は、IPv4の4倍、128ビットで構成されています。そのアドレス総数は、2の128乗、約340×10の36乗という天文学的な数になります。

またIPv6には、自動的にアドレスを生成し端末に設定する機能があります。端末が起動すると、ネットワークアドレス部はルータから通知を受け、**インタフェースID**（ホストアドレス部）は、**MACアドレス**を利用して生成します。これらを組み合わせてIPアドレスを生成し、自分に設定します。

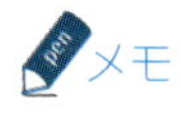

**MACアドレス**

MAC（Media Access Control）アドレスは、レイヤ2の識別子で、端末に付けられたLANアダプタの固有の48ビットのアドレス。

## IPv6のヘッダの構造《新たに加えられた仕組み》

IPv6のヘッダは固定長です。IPv4のヘッダには、オプションのフィールドがあり、それを使用するとヘッダは長くなります。しかしIPv6のヘッダは長さを固定し、フィールドの数も少なくシンプルなフォーマットになっています。またヘッダのエラーチェックをしないなど、インターネット上のルータの負担を軽減し、効率的な転送をするための仕組みが施されています。

**IPv6のヘッダフォーマット**

付録を参照。

それ以外にも、IPv6は暗号化や認証というセキュリティ機能を装備しています。この機能によって、データが盗聴されるのを防止し、またデータが「改ざん」されてないことを確認することができます。

また、音声や画像などのマルチメディアデータをスムーズに通信するために、優先処理するデータの識別を効率的に実行できるようにしてあります。すなわちアプリケーションがネットワークに要求するQoSの制御に対応しています。

## ICMP《IPレベルのエラーを報告する》

IPは**コネクションレス型**のプロトコルで、IP通信は**ベストエフォート型**の通信です。そのためルータや端末の設定誤りや異常が発生すると、パケットが到達できません。そうしたときに、送信した端末へ状況を通知するプロトコルがICMPです。主な**ICMP**には、次のようなものがあります。

- **Destination unreachable（到達不能）**：IPパケットを送信・中継できなかったときに、ルータが送信元に原因を通知する。エラーの原因には、ルータにルーティング情報がない、上位プロトコルが不明、などがある
- **TTL exceeded（生存時間超過）**：TTL値がゼロにな

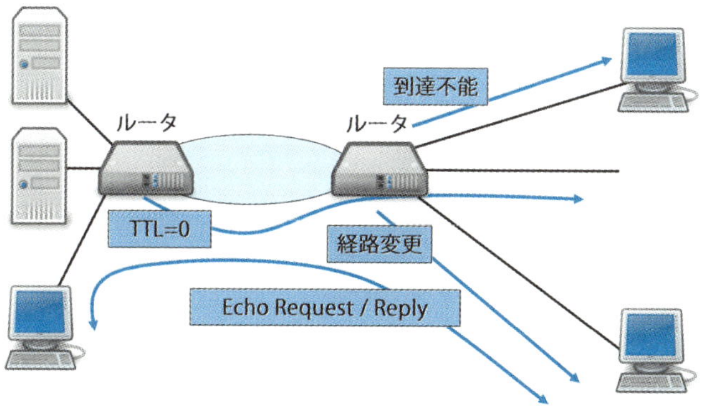


図2-5：ICMP

用語解説

**QoS（Quality of Service）**
アプリケーションがネットワークに要求するサービス品質。

**ベストエフォート型**
通信サービスは、ギャランティ型とベストエフォート型とに分類することができる。ギャランティ型は、通信品質を保証するサービス。専用線サービスなど回線サービスのように、ユーザと契約した通信速度を保証し、信頼性の高いサービスを提供する。ベストエフォート型は、「最善の努力」を行うというサービス。インターネットなどのIPネットワークや、コネクションレス型のパケット交換方式の通信では、ネットワークの混雑状況や、ネットワーク機器の処理能力や使用率などさまざまな要因によってスループットが変化する。このようなネットワークでは、通信速度を保証することができない。ADSLなどのインターネット接続サービスは、ベストエフォート型のネットワークサービスである。

用語解説

**ICMP（Internet Control Message Protocol：IP制御メッセージプロトコル）**
IPプロトコルのエラー通知などの制御メッセージを生成・転送するプロトコル。

**TTL（Time To Live：生存時間）**
IPパケットがルータを転送できる寿命を表す。

りパケットを廃棄したとき、送信元に通知する。TTLは転送のループを防止するため、ルータを経由するたびにTTL値を1つずつカウントダウンする。TTL値が0になると、パケットを廃棄する

- **Redirection（経路変更）**：別のルータを経由した方が効率的な場合に、経路変更を促すために通知する
- **Router Advertisement（ルータ告知）**：ルータアドレスを広報するために、ルータがブロードキャストで定期的に通知する
- **Echo request/reply（エコー要求/応答）**：疎通確認を目的とする。一般的にpingコマンドとして知られている

### ping

**pingコマンド**は、疎通テストやトラブルシューティングでよく利用されるネットワーク管理ツールの1つです。これはICMPのEcho request（エコー要求）と、Echo reply（エコー応答）を利用しています。

宛先の端末のIPアドレスやホスト名を指定して、エコー要求のパケットを送信し、タイムアウトしないでエコー応答が返ってくれば、ネットワークの接続性には問題がないことが確かめられます。このコマンドには、パケットのサイズやパケットの数を指定するなどのオプションがあります。

またトラブルシューティングにおいて、ICMPは、レイヤ3のプロトコルのため、pingの応答が戻れば、レイヤ3以下には問題がないというトラブル要因のレイヤ切り分けをすることができます。

用語解説

**ping（Packet InterNetwork Groper）**
ICMPを使用したネットワーク診断プログラム。

## モバイルIP《移動しても変えなくて済むIPアドレス》

情報端末が小型化すると、他のIPネットワークへ自由に移動して通信を行うことが頻繁になります。IPアドレスは、どのネットワークに属したどの端末かを識別する**論理的なアド**

**レス**のため、他のネットワークへ移動するとネットワークアドレスとホストアドレスで構成されたIPアドレスは変える必要があります。そのとき移動した端末と通信するには、移動先の新しいIPアドレスを知る必要があります。このような移動に対応するために標準化されたのが、**モバイルIP**というプロトコルです。

移動ホストは、移動に関係のないIPアドレス（**ホームアドレス**）と移動によって変化するIPアドレス（**ケアオブアドレス**：気付アドレス）の2つをもちます。

モバイルIPの機能を実現するため、端末の移動をサポートする**モビリティエージェント**という概念を導入しています。エージェントは、ネットワーク間を移動する端末（移動ホスト）の位置管理や、パケットの転送管理を行います。移動前のエージェントを**ホームエージェント**と呼び、移動先のエージェントを**フォーリンエージェント**と呼びます。

モバイルIPは、位置の自動検出、位置登録、移動先へのパケット転送、という3つの機能で実現します。

**位置の自動検出**とは、移動した端末が、どのIPネットワークに移動したかを自動的に検出することです。

移動ホストはICMPプロトコルの中の**IRDP**というルータ発見プロトコルを利用します。エージェントは、ネットワークアドレスなどのメッセージを一定周期で告知しています。このネットワークに移動してきた移動ホストは、このフォーリンエージェントの告知メッセージを受信し、これによって移動ホストは異なるネットワークに移動したことを知ります。そしてフォーリンエージェントのIPアドレスをケアオブアドレスにします。

**位置登録**とは、移動したホストが、移動したネットワークに自分を登録し、また移動前のネットワークに現在のネットワークを通知することです。

移動ホストはフォーリンエージェントに位置の登録要求を行い、そのネットワークでの登録を済ませます。またフォー

**IRDP（ICMP Router Discovery Protocol：ICMPルータ発見プロトコル）**

ICMPの拡張機能で、ホストからの要請がなくても、ルータが一定周期でマルチキャストで告知する。ホストはこの告知によってルータを発見できる。

リンエージェント経由で、元いたネットワークのホームエージェントにも、現在のネットワークの位置を登録します。

**移動先へのパケット転送**とは、移動前のネットワークへ通信されたパケットを、新しく移動したネットワークへ転送することです。

ホームエージェントは、移動前のIPアドレスに送信されたパケットをカプセル化し、登録した移動先のネットワークへ転送します。

### パケットの転送

パケットの転送は**カプセル化（トンネリング）**によって実現します。ホームエージェントからフォーリンエージェントへのパケットの中に、相手ホストからのオリジナルのパケットをカプセル化（埋め込み）をして、通信します。図2-6、図2-7の例で動作を示します。

①X-1というIPアドレスをもつホストは、通信相手が移動したことを知らないため、A-1という元のアドレス宛へのパケットを送信します。
②A-2というIPアドレスをもつホームエージェントは、受信したパケットをB-2というIPアドレスをもつフォーリンエージェント宛のパケットの中にカプセリングします。
③フォーリンエージェンは、受信したパケットから本来のパケットを取り出し、移動ホストに転送します。
④移動ホストからX-1宛てに返信パケットを送信します。
⑤フォーリンエージェントは、自分からX-1宛てのパケットの中に移動ホストからの返信パケットをカプセリングして送信します。

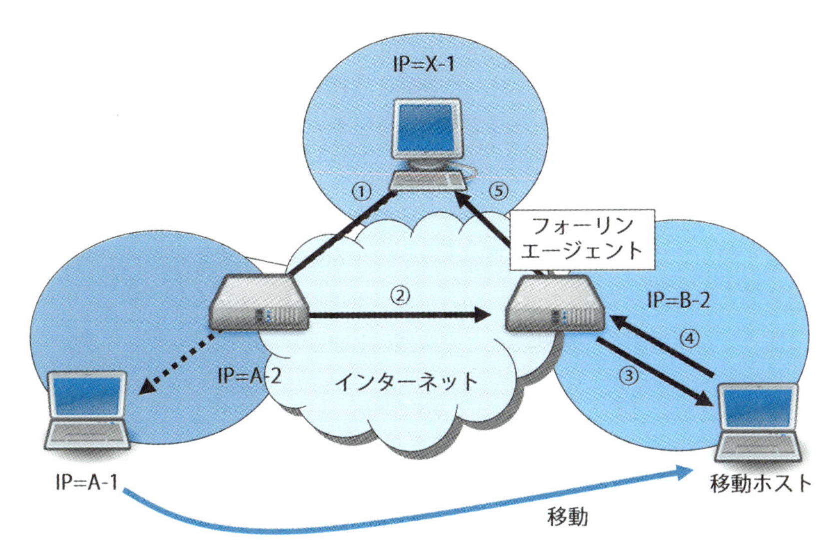


図2-6：モバイルIP

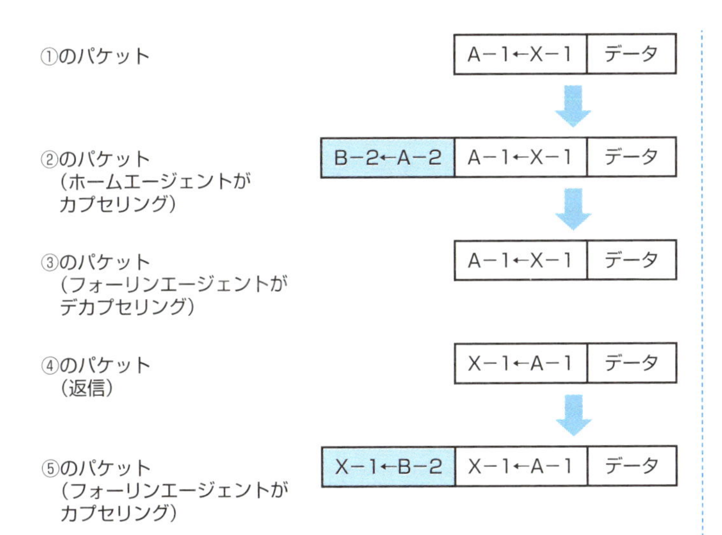


図2-7：モバイルIPの動作

図2-6、図2-7の動作では、受信パケットは①、②、③を経由し、返信パケットは④、⑤を経由するという三角ルーティングをします。三角ルーティングをします。この三角ルーティングへの対策として、Route OptimizationとBiding Cacheという技術があります。

**Route Optimization**は、ホームエージェント経由のパケット転送に成功したら、ホームエージェントが、通信相手に移動端末の情報を知らせるという方法です。2回目からパケットは、通信相手が移動端末と直接通信します。

**Biding Cache**は、最初のパケットはホームエージェント経由で転送しますが、その移動端末の応答パケットに、自分の位置情報を含めるという方法です。 2回目からパケットは、その位置情報に従って、通信相手が移動端末と直接通信します。

# 3 ルーティング

**ルーティング**とはIPの機能の1つで、パケットを転送するための適切な経路を選択する動作のことです。送信端末がどのネットワークに属しているか、宛先端末がどのネットワークに属しているかを識別し、どの経路にパケットを転送するかを選択することです。経路選択は、宛先のネットワークアドレスと**ルーティングテーブル**を照合して行われます。ルーティングテーブルは、宛先ネットワークアドレス、その宛先へパケットを送出する自インタフェースや、パケットの転送先アドレスなどを書いた経路情報です。

## ルーティングテーブル《参照し経路選択を行う》

ルーティング（経路選択）の方法には、図2-8のように、ダイレクトルーティングと、インダイレクトルーティングとがあります。

**ダイレクトルーティング**とは、送信元と宛先が同じネットワークに存在する場合の経路選択です、このルーティングは、送信端末が生成したルーティングテーブルにしたがって、送信端末のインタフェースから宛先端末のインタフェースへ直接、転送処理をします。

**インダイレクトルーティング**は、送信端末が属しているネットワークと異なるネットワークに属している端末へ通信するときのルーティングです。送信端末は、ルーティングテーブルにしたがって、パケットをデフォルトゲートウェイへ転送する処理を行います。

ここでいう**デフォルトゲートウェイ**とは、ネットワークとネットワークとを結び付けた出入口の機器、ルータのことです。ルータは、ルーティング処理を行う中継器です。デフォルトゲートウェイであるルータは、送信端末から受信したパケットを、自分が所持しているルーティングテーブルにしたがって適切に転送処理を行います。

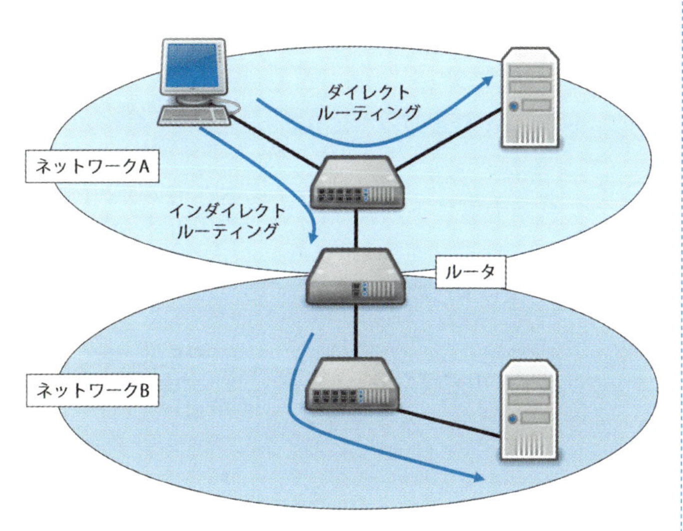


図2-8：ダイレクトルーティングとインダイレクトルーティング

## ルーティングの種類
### 《ルーティングテーブルをどうやって作るか》

ルーティングは端末やルータに設定した**ルーティングテーブル**に基づいて行われます。ルータにルーティングテーブルを設定する方法には、スタティックルーティングと、ダイナミックルーティングとがあります。

**スタティックルーティング**は、管理者が手動で設定する方法です。経路が一定で、安定したルーティングです。しかし、ネットワーク規模が大きくなり複雑化すると、設定作業は大変になります。またネットワーク構成が変更になると、さらに煩雑になります。

**ダイナミックルーティング**は、ルーティングプロトコルによって適切なルーティングのテーブルを、自動的に作成、更新、削除します。したがって障害が生じたとき、自動的に回避したルーティングを行うことができます。しかし、ルーティングプロトコルは、ルータ間で情報を交換することでテーブルを管理するため、トラフィックが発生します。

## ルーティングプロトコル
### 《ルーティングテーブルを自動的に作成する》

**ルーティングプロトコル**は、IGPsと、EGPsの2つに分類することができます。

**IGPs**は、企業や団体のように共通の管理下に置かれたネットワーク内で、使用されるルーティングプロトコルです。このように、共通の管理下に置かれたネットワークのことを、**AS（自律システム）**といいます。

IGPsの代表的なプロトコルには、小・中規模のネットワークで使用される**RIP**や、中・大規模ネットワークで使用される**OSPF**などがあります。

**EGPs**は、AS間のルーティングに、具体的にはISP間で使用されるルーティングプロトコルです。EGPsの代表的なプロトコルには、**BGP4**があります。

## ルーティングアルゴリズム
### 《最適経路をどうやって選ぶか》

**ルーティングアルゴリズム**とは、適切なルーティングを選択するための手順や、計算方法のことをいいます。ルーティングテーブルは、ルータ同士で情報を交換し、ルーティングアル

用語解説

**IGPs（Interior Gateway Protocols）**
AS内で使用するルーティングプロトコルの総称。

**AS（Autonomous system：自律システム）**
統一した運用ポリシによって管理されたネットワークの集まりのこと。

**RIP（Routing Information Protocol）**
IGPのルーティングプロトコルの1つ。

**OSPF（Open Shortest Path First）**
IGPのルーティングプロトコルの1つ。中・大規模ネットワークで使用される。

**EGPs（Exterior Gateway Protocols）**
AS間で使用するルーティングプロトコルの総称。

**BGP4（Border Gateway Protocol version 4）**
EGPのルーティングプロトコルの1つ。ISPで使用される。

ゴリズムにしたがって、適切な経路情報を作成、更新、削除を行います。代表的なルーティングアルゴリズムに、ディスタンスベクタ方式と、リンクステート方式とがあります。

**ディスタンスベクタ方式**は、隣接したルータ同士で、自分が持っているルーティング情報（宛先情報）を交換し合い、ネットワーク全体に伝達していくという方法です。こうしてすべてのネットワークへの経路選択の算出を行い、ネットワーク全体の情報を登録します。

この方式では、複数ある経路の中で、最も経由するルータの数（ホップ数）が最も少ない経路を最適経路として選択します。RIPは、この方式の代表的なルーティングプロトコルです。

**リンクステート方式**では、ルータ間で交換する情報は、宛先情報ではなくルータに接続されているネットワーク情報です。すべてのルータが、すべてのネットワーク情報を共有し、その情報に基づいて、各ルータが最適経路を算出します。

この方式では、複数ある経路の中で、伝送速度を元に最も速く到達する経路を最適経路として選択します。OSPFは、この方式の代表的なルーティングプロトコルです。

# 4 TCP/UDP

IPは、**コネクションレス型のプロトコル**です。コネクションとは、通信前に相手と行う折衝のことです。IPは、相手との事前のコネクションを取らずに、宛先アドレスなどを記したヘッダを添付して送信し、ルーティングの機能によってパケットを宛先に届けます。

ルーティングとは、適切な経路を選択し、パケットを転送することですが、IPには、そのパケットにどんなデータが格納してあるのか、あるいはパケットが効率的に転送されたのか、本当にパケットが相手に到達されたのかは、関知しません。

TCP/UDPというレイヤ4のプロトコルは、IPでは行えないアプリケーションの特定と、通信の品質を保証する機能を果たします。

## TCPの機能
### 《信頼性が必要なアプリケーションに使用する》

TCPは、事前に相手とのコネクションを取る**コネクション型のプロトコル**です。IPはパケットが確実に到達させるという信頼性を保証していません。そのため転送中にパケットが損失しても、パケットが時間的に前後して到達しても、IPではどうすることもできません。しかしTCP は、エンドシステム間で通信の**信頼性**を保証します。TCPの機能は次の通りです。

- **コネクション管理機能**：TCPでは高い信頼性を実現するために、事前にコネクションを確立し、仮想的な通信路を設定してから通信を行う。そして終了時に、確立した仮想的な通信路を元通りに開放する
- **応答管理機能**と**順序番号機能（シーケンス番号）**：TCPでは受信端末はデータを受信すると、応答セグメントを送信端末に返す。このようにしてデータが確実に届いたことを相手に報告する。この応答管理はデータに順序番号を付け、その番号を管理することで実現する

参照

**TCPヘッダフォーマット**
付録を参照。

## UDPの機能
### 《効率性を重んじるアプリケーションに使用する》

多くのアプリケーションは、データが完全な形で相手に到達することを要求します。しかし、例えば音声通話のように、中には信頼性より高速に処理されることが優先されるアプリケーションもあります。

TCPはコネクション型のプロトコルで、信頼性を保証する通信を実現しますが、UDPは高速性を優先する通信を実現し

参照

**UDPヘッダフォーマット**
付録を参照。

ます。そのためUDPは、IPと同様、**コネクションレス型のプロトコル**です。したがってTCPのように、通信前にコネクションを確立することも、応答確認することも、順序番号を管理することもしません。下位プロトコル（IP）から渡されたデータを、速やかに上位アプリケーションに渡す、あるいは逆に上位からのデータを速やかにIPに渡すことを役割としています。

多くは通信の信頼性が重要なため、ほとんどのアプリケーションはTCPを使用しますが、音声通話などの**マルチメディア通信**にはUDPを使用します。マルチメディア通信は**リアルタイム性**が重要で、TCPの信頼性を保証するための処理によって起こる遅延が品質を劣化させるからです。しかも、ある程度の音声パケットの損失は、人間の聴覚が補正するため、完全な信頼性を必要としません。

UDPはマルチメディア通信以外にも、ドメイン名とIPアドレスの対応を取る**DNS**など単発的な通信、ルータ間で自分のルーティング情報を交換する**RIP**など**ブロードキャスト（一斉同報）**機能を使用するアプリケーション、信頼性がさほど重要でないネットワーク管理を行う**SNMP**などのアプリケーションなどで、レイヤ4プロトコルとして使用します。

**DNS（Domain Name System）**
ドメイン名とIPアドレスの対応を取るシステム。後述。

**SNMP（Simple Network Management Protocol）**
ネットワーク管理プロトコル。詳しくは、第9章を参照。

## ポート番号
### 《データをどのアプリケーションに渡せばいいのかを識別する》

IPネットワークで通信するとき、アプリケーションデータをTCPあるいはUDPのセグメントに格納し、そのセグメントをIPパケットに格納します。

端末やサーバ上では、複数のアプリケーションが同時に動作することが多くあります。そのときパケットに格納しているアプリケーションデータを、他のアプリケーションに渡すと通信は成立しません。TCPやUDPのポート番号は、アプリケーションを特定する役割があります。

**ポート番号**とは、TCP/UDPの上位レイヤで動作するアプリケーションプロセスを識別する番号です。各端末ではプロセスごとにユニークな番号（0～65535）が割り当てられます。

通信のとき「送信元ポート番号」には、送信端末で都度ランダムな番号が付けられ、「宛先ポート番号」にはそのデータのアプリケーションプロトコルを識別する番号を指定します。それに対する返信データには、「送信元ポート番号」にはアプリケーションプロトコル番号が、「宛先ポート番号」には送信側で指定したランダムに付けられた番号が付けられています。

このように送信・受信双方の端末でのアプリケーションのプロセスごとに識別番号を付けることによって、例えばホームページを開きながら電子メールを送信するというように、複数の**セッション**（データの送受信するための仮想通信路）を同時に確立すること（多重通信）が可能になります。

インターネットのホームページを転送させるHTTPのような一般的なアプリケーションのポート番号は、**ウェルノウンポート番号**といいます。ウェルノウンポート番号は、一般的に0～1023で、ICANNが番号を管理しています。代表的なウェルノウンポート番号を、表2-2に示します。

表2-2：主なウェルノウンポート番号

| プロトコル | TCP | UDP |
| --- | --- | --- |
| FTP（データ）：File Transfer Protocol　ファイル転送 | 20 | |
| FTP（制御） | 21 | |
| Telnet：Teletype Network　遠隔操作 | 23 | |
| SMTP：Simple Mail Transfer Protocol　メール転送 | 25 | |
| DNS：Domain Name System　ドメインネームシステム | | 53 |
| DHCP（サーバ）：Dynamic Host Configuration Protocol ホスト自動設定 | | 67 |
| DHCP（クライアント） | | 68 |
| HTTP：Hyper Text Transfer Protocol　ハイパーテキスト（Webページ記述言語）転送 | 80 | |
| POP3：Post Office Protocol version 3　メール配信 | 110 | |
| SNMP：Simple Network Management Protocol　簡易ネットワーク管理 | | 161 |

# 5 アドレスに関するプロトコル

レイヤ2、レイヤ3、レイヤ4のプロトコルには、それぞれに属している識別子があります。レイヤ2で取り扱う識別子が**MACアドレス**、レイヤ3で取り扱う識別子が**IPアドレス**、レイヤ4で取り扱う識別子が**ポート番号**です。

**NIC（Network Interface Card）**
LANアダプタあるいはLANカードと呼ばれるハードウェア。ビット列と信号との相互変換、ケーブルなどの媒体への送受信を行う。

## MACアドレス《LANアダプタの識別子》

**MACアドレス**は、端末に付けられたLANアダプタ（**NIC**）の識別子で、LANカード固有の物理的なアドレスです。イーサネットで利用されるMACアドレスは、48ビットです。レイヤ2の機能は、隣接のシステム間で、データフレームを確実に送受信することです。したがってMACアドレスは、隣接間のデータフレームの伝達のために使用する識別子です。

IPアドレスは、端末の識別子です。どのネットワークに属する、どの端末かを表す論理的なアドレスです。端末を特定し、エンドシステム間でパケットを送達するための識別子です。

ポート番号は、TCP/UDPの上位レイヤで動作するアプリケーションプロセスの識別子です。

表2-3：各レイヤの識別子

| レイヤ | 識別子名 | 識別 | ビット数 |
|---|---|---|---|
| 2 | MACアドレス | NICの識別子<br>（物理的アドレス） | 48 |
| 3 | IPアドレス | 端末の識別子<br>（論理的アドレス） | 32（IPv4）<br>128（IPv6） |
| 4 | ポート番号 | アプリケーション<br>の識別子 | 16 |

MACアドレスはレイヤ2で取り扱うアドレスで、IPアドレスはレイヤ3で取り扱う識別子です。通信は、2つのアドレスを組み合わせて行われます。

IPアドレスは最終的に通信したい相手を指定しますが、MACアドレスは隣接間のデータフレームの伝達に使用します。

例えば図2-9では、通信相手の端末（サーバ）は、送信端末と異なるネットワークに属しているため、インダイレクトルーティングを行います。IPパケットの宛先アドレスは、最終的な相手（サーバ）のアドレス「192.168.20.201」のままですが、フレームの宛先アドレスは、ネットワーク間を中継するルータ（デフォルトゲートウェイ）のMACアドレス「EFG」を指定し、隣接システムへ送信します。そして中継のたびにMACアドレスを付け換えます。

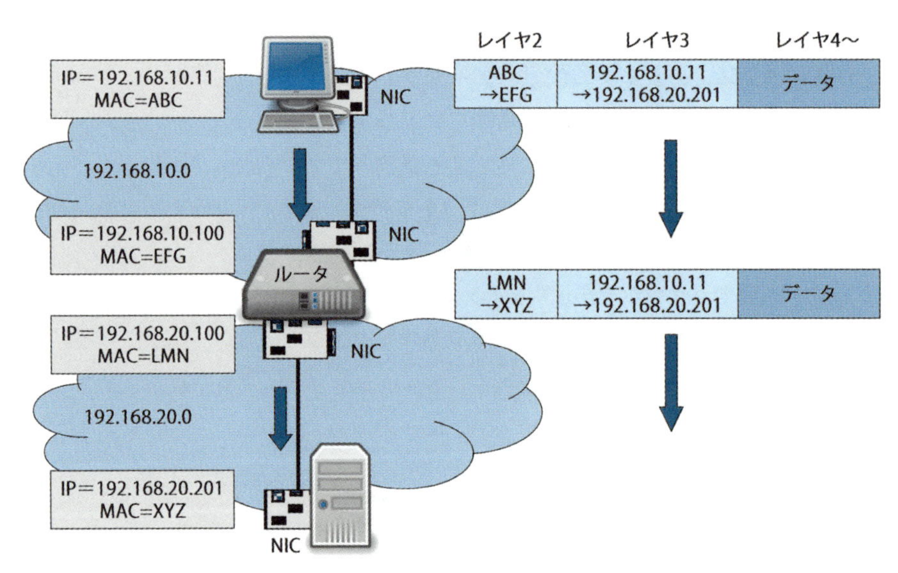

図2-9：IPアドレスとMACアドレス

## ARP《IPアドレスからMACアドレスを解決する》

IPアドレスは端末の識別子で、**MACアドレス**は端末に装着している**NIC（LANアダプタ）**の識別子です。LAN上でIP通信を行うとき、レイヤ3とレイヤ2との2つのアドレスを、それぞれのデータユニットに付加しなければ、通信することができません。

通信するとき、端末のアドレス（IPアドレス）はわかりますが、その端末が付けているLANアダプタのアドレス（MACアドレス）はわかりません。したがってIPアドレスからMACアドレスを調べる必要があります。このアドレス解決プロトコルが**ARP**です。

**ARP（Address Resolution Protocol：アドレス解決プロトコル）**
IPアドレスからMACアドレスを解決するプロトコル。

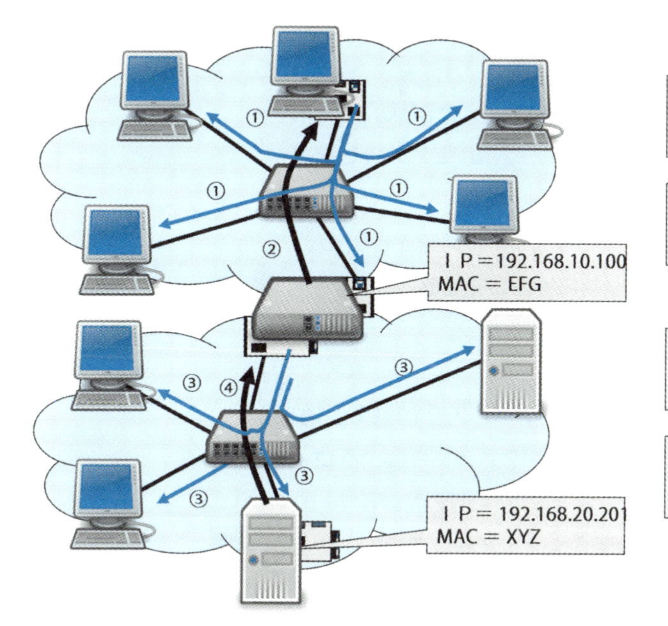


図2-10：ARPの動作

ARPの手順を図2-10で示します。この例では、図2-9と同じでインダイレクトルーティングが行われます。そのため送信端末はデフォルトゲートウェイの、デフォルトゲートウェイは受信端末の、それぞれMACアドレスを解決する必要があります。

①送信端末は、デフォルトゲートウェイのMACアドレスを知るために、**ARPリクエスト**を送信します。このARPリクエストのパケットは**ブロードキャスト（一斉同報）**で送

信するため、同じネットワークのすべての端末に届きます。

②問い合わせを受けた（IPアドレスが一致した）デフォルトゲートウェイは、ARPリクエスト送信した端末宛に、自分のMACアドレスを**ARPリプライ**で通知します。他の端末（IPアドレスが一致しない端末）はARPリクエストを無視します。
送信端末は通知されたMACアドレスを、レイヤ2のフレームに付加して送信します。送信端末は、通知されたMACアドレスをMACアドレスデーブルに書き込み、一定時間保持します。

③中継のデフォルトゲートウェイは、上記①と同様、宛先端末のMACアドレスを解決するため、ARPリクエストをブロードキャストで送信します。

④上記②と同様、デフォルトゲートウェイは、通知されたMACアドレスを、レイヤ2のフレームに付加して送信します。

## NAT
### 《グローバルアドレスとプライベートアドレスを1対1で変換する》

インターネット上の端末を識別するIPアドレスは、**グローバルアドレス**ですが、インターネット以外のIPネットワークで使用するIPアドレスは、**プライベートアドレス**です。企業や団体など組織内に構築したイントラネット内部ではプライベートアドレスで通信をしますが、イントラネット内の端末がインターネット上のサーバなどと通信を行うには、プライベートネットワークのままでは通信ができません。なぜなら、プライベートアドレスの返信パケットは廃棄されるからです。

そのためプライベートアドレスをインターネット上で使用するグローバルアドレスに変換する必要があります。プライベートネットワークとグローバルアドレスとを相互に変換する技術が、**NAT**や**IPマスカレード**です。

この技術によりインターネットとの通信が可能になりますが、同時にアドレス変換をすることで、閉ざされた内部（イ

用語解説

**NAT（Network Address Translation）**
グローバルアドレスとプライベートアドレスを変換する技術の1つ。1対1で変換する。

**IPマスカレード（IP Masquerade）**
グローバルアドレスとプライベートアドレスを変換する技術の1つ。NAPTまたはPATともいう。1対多で変換する。

ントラネット）のアドレスを覆い隠すというセキュリティ上の効果もあります。**NAT**は、プライベートアドレスとグローバルアドレスとを1対1で変換します。NAT機能をもったルータなどを、イントラネットとインターネットとの接続点に設置し、アドレスの変換を行います。

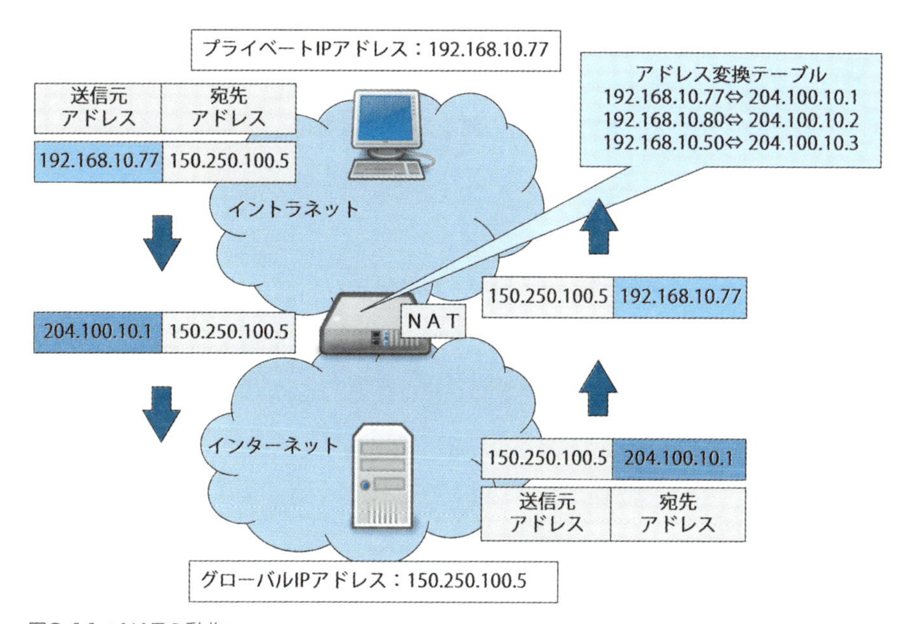


図2-11：NATの動作

図2-11の例では、イントラネットからインターネットのサーバへの通信が行われると、NAT装置は送信元のプライベートアドレス「192.168.10.77」を、プールしているグローバルアドレスの中の1つ「204.100.10.1」に変換してインターネットに転送します。そのときアドレス変換テーブルに記録します。この通信に対するインターネット上のサーバからの返信されたアドレス「204.100.10.1」を、記録したアドレス変換テーブルに従って元のプライベートアドレス「192.168.10.77」に逆変換し、イントラネットへ転送します。

## IPマスカレード《1対多での変換を行う》

NATのアドレス変換は、プライベートアドレスとグローバルアドレスとを1対1で変換しますが、1対多での変換を行うのが、IPマスカレードまたは**NAPT**です。

IPアドレスとTCPやUDPのポート番号の組み合わせを**ソケット**といいます。IPマスカレード（NAPT）は、このソケット単位で変換を行います。そのため1つのグローバルアドレスで、複数のプライベートアドレスの異なった通信を可能にします。

**NAPT（Network Address Port Translation）**
IPマスカレードまたはPATとも呼ばれる。アドレス変換技術の1つ。

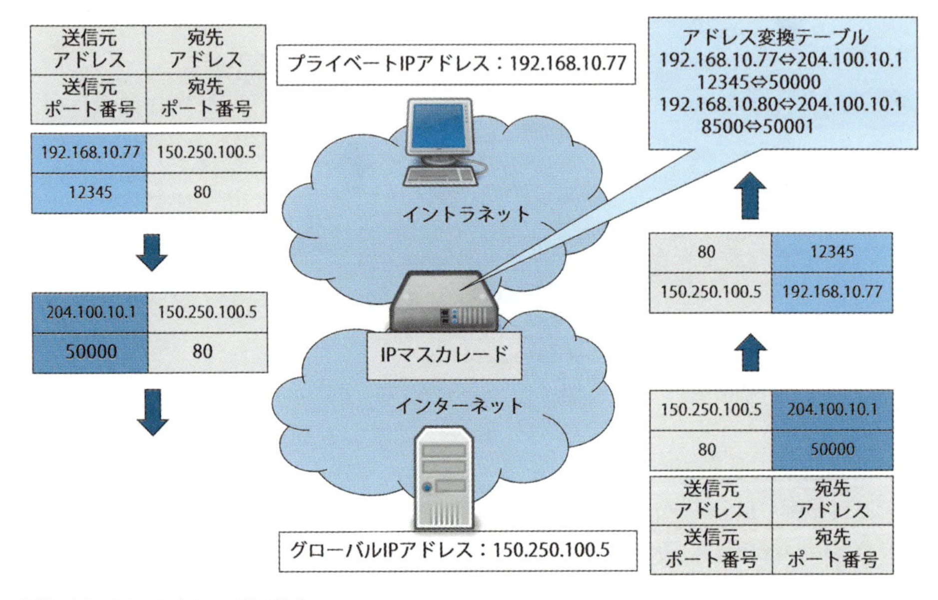


図2-12：IPマスカレードの動作

図2-12の例では、イントラネットのプライベートアドレス「192.168.10.77」が付けられた端末からインターネット上の端末の通信が行われると、IPマスカレード機能を実行する装置は、送信元のIPアドレスをグローバルアドレス「204.100.10.1」に変換し、同時に送信元ポート番号も「12345」から「50000」へ変換します。この通信の返信は

アドレス変換テーブルに記録された情報に従って逆変換してイントラネットに転送します。

IPマスカレードは1対多の変換を行うため、数に限度があるグローバルアドレスを大幅に節約することができます。

**VoIP**などの一部のアプリケーションには、IPアドレスをデータ部に格納するアプリケーションがあります。その場合、NATでアドレスを変換するとデータ部に記されたオリジナルの送信元アドレスとヘッダに付加された送信元アドレスに矛盾が生じ、通信できなくなります。またIPマスカレードでポート番号を変換すると、**IPsec-VPN**などのデータの暗号化とデータ認証する通信では、ポート番号を暗号化してしまうため通信ができなくなります。こうした**NAT越え**といわれる問題には、事前にIPマスカレードを検出して**解決する技術**があります。

**VoIP（Voice over IP）**
IP電話のプロトコル。

**IPsec−VPN（Security Architecture for Internet Protocol −Virtual Private Network）**
IPsecを利用した仮想私設網。VPNについて詳しくは、第9章を参照。

**解決する技術**
NAT越えを解決する技術にNATトラバーサルやUPnPなどがある。

## DHCP
### 《使用できるIPアドレスをプールしPCにリースする》

企業や団体などの組織内のIPネットワークで、それぞれの端末にIPアドレスやサブネットマスクを誤りなく設定するのは大変な作業です。

**DHCP**は、自動的にIPアドレスを端末に割り振り、設定するプロトコルです。これによって各端末への設定作業を大幅に省略することができます。

IPネットワーク上の端末が起動したとき、DHCPは、図2-13のように動作します。これらの通信はブロードキャストで行われます。

①IPネットワーク上の端末が起動すると、ネットワークに対してIPアドレスを要求します。

②ネットワーク上にあるDHCPの機能を実行するサーバ（DHCPサーバ）は、プールしてあるIPアドレスの中から1つを割り当て、一定期間の使用許可（リース）を出します。

**DHCP（Dynamic Host Configuration Protocol）**
IPアドレスなどのネットワーク設定を自動的にホストへ割り当てるプロトコル。

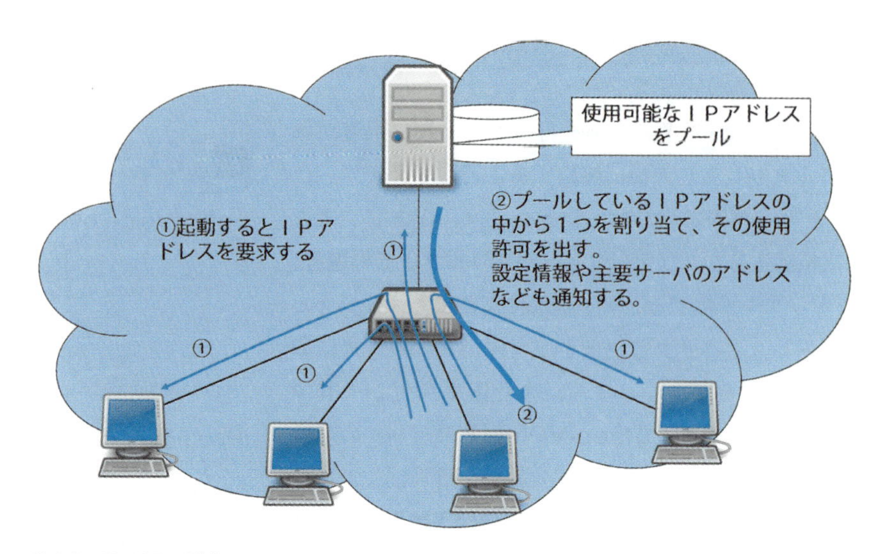


2-13：DHCPの動作

IPアドレスの使用許可は、一定期間であり、その期間内では端末が電源を落としても同じIPアドレスを使用することができます。しかし期間が過ぎると、再取得の動作を行います。

またDHCPサーバが端末に使用許可を出すとき、IPアドレスやサブネットマスクなどの設定情報や、デフォルトゲートウェイなどの主要サーバのIPアドレスを通知します。これによって誤りのない設定を行うことができます。

## FQDN《IPアドレスをわかりやすく表記する》

IPネットワーク上での端末の識別は、IPアドレスで行います。IPv4のIPアドレスは32ビットです。この32個の「0」と「1」という数字の羅列は、人間の感覚にとって親しみやすいものではありません。そのため、パソコンに設定するときなどでは、8ビットずつ4つの組に分け、それぞれを10進数の数値にして、区切りにドットを入れる形式（**ドット表記**）を使用します。しかし、この表記もまた数字の羅列であることに変わりなく、なじみにくいものです。

そこで「www.abc.co.jp」のようにアルファベットと数字で名前を付けてわかりやすくしたのが、**ホスト名**と**ドメイン名**です。このようにホスト名とドメイン名、およびドットで構成する表記を**FQDN**といいます。

用語解説

**FQDN（Fully Qualified Domain Name：完全修飾ドメイン名）**
ホスト名、ドメイン名を省略せずに表記する形式のこと。絶対ドメイン名ともいう。

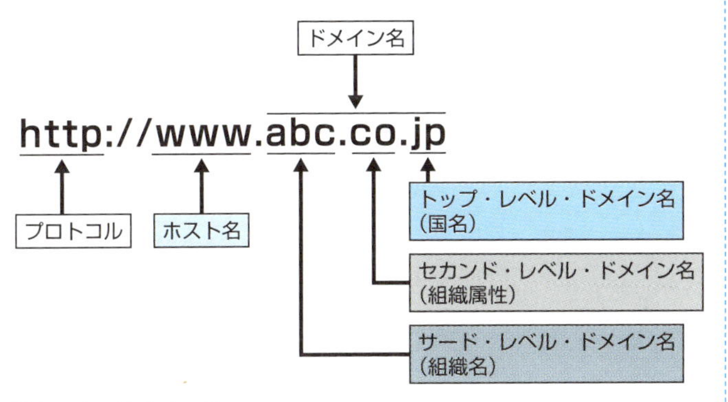


図2-14：ドメイン名

図2-14の例では、「www」はホスト名、「abc」は組織名、「co」は組織属性、「jp」は国名を表し、「どのネットワークのどの端末か」といった論理的な識別になっています。

## DNS《ホスト名ドメイン名のIPアドレスを調べる》

ドメイン名はネットワークを表すため、他に同じものがあってはなりません。そのためIPアドレスのネットワークと同様、重複がないようICANNで管理されています。そしてドメインは、図2-15のように階層構造になっています。

ホスト名、ドメイン名はあくまでも人間にとってわかりやすい表記法ですが、実際の通信のときにはIPパケットにIPアドレスを記さなければなりません。**DNS**は、ドメイン名とIPアドレスを対応付ける機能をもちます。

この機能での重要な役割を果たすのがDNSサーバです。DNSサーバは、**管理対象（ゾーン）**が決められ、各階層に配置されています。そして各階層のDNSサーバは連携して、アドレス解決を行います。ルートにあるDNSサーバはトップレ

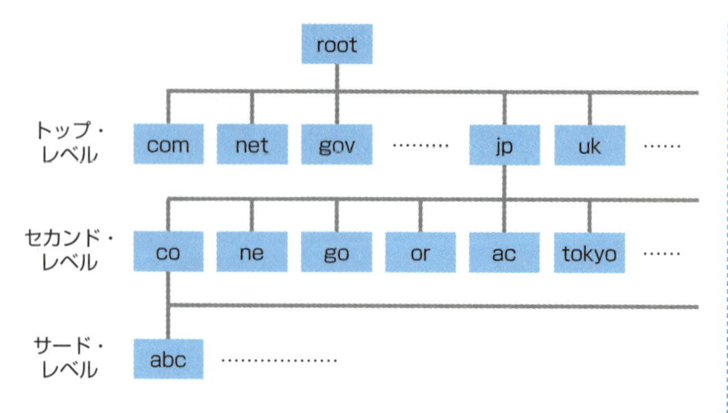


図2-15：ドメインの階層構造

ベルを管理対象とし、トップレベルの「jp」にあるDNSサーバの管理対象は「co」などのセカンドレベルです。そしてセカンドレベルの「co」にあるDNSサーバの管理対象は「abc」などのサードレベルです。

例えばインターネット上の「www.abc.co.jp」というホームページを検索するとき、図2-16で示す手順でIPアドレスの解決をします。

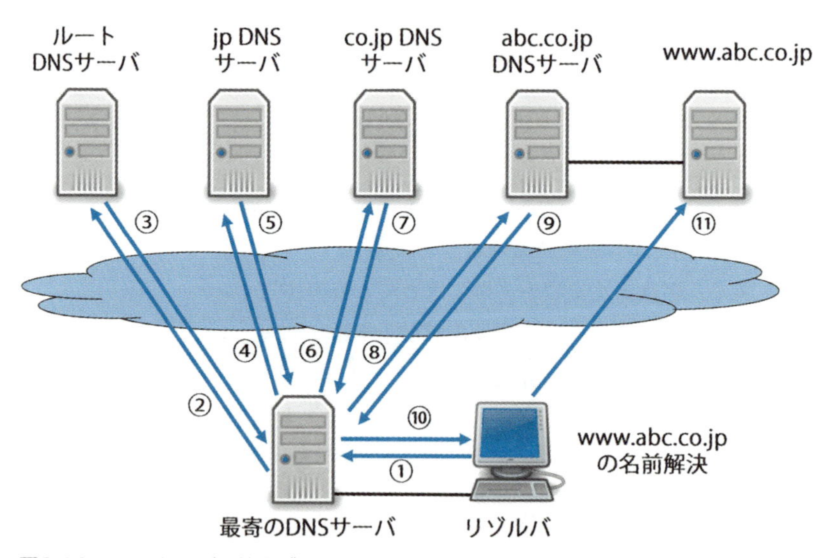


図2-16：DNSサーバの管理ゾーン

①ホストはイントラネット内の、あるいはISPなど最寄りのDNSサーバにアドレス解決の依頼をします。アドレス解決を依頼するプログラムを**リゾルバ**といいます。

②最寄りのDNSサーバが解決できなければ、**ルートDNSサーバ**に解決依頼をします。

③ルートDNSサーバは「jp」のDNSサーバに問い合わせをするように指示します。

④「jp」のDNSサーバに問い合わせをします。

⑤「jp」のDNSサーバは「co.jp」のDNSサーバに問い合わせをするように指示します。

⑥「co.jp」のDNSサーバに問い合わせをします。

⑦「abc.co.jp」のDNSサーバに問い合わせをするように指示します。

⑧「abc.co.jp」のDNSサーバに問い合わせをします。

⑨「abc.co.jp」のDNSサーバは「www.abc.co.jp」のIPアドレスを通知します。

⑩解決したIPアドレスをリゾルバに通知します。

⑪通知を受けたIPアドレスを使ってIPパケットを伝送します。

最寄りのDNSサーバは、こうして解決したIPアドレスを保存しますので、現実のアドレス解決でルートDNSサーバに依頼することはまれにしかありません。

**ルートDNSサーバ**

ルートDNSサーバは世界で13の組織が分散運用している。

第3章

# イントラネットのプロトコル

## ーLAN/WANのプロトコルでアクセスできるー

Webサーバ、メールサーバ、DNSサーバなどの主要なサーバ群は、サーバファームと呼ばれる場所や、あるいはクラウドのどこかのデータセンター内に設置されています。それらは、企業やデータセンター内のLAN上に構築された場所です。

すなわちリモートからサーバと通信するには、WANを経由してLANにアクセスする必要があります。

この章では、有線、無線のLAN、そしてWANについて解説します。

# 1 LAN

TCP/IP4階層でIPの下位レイヤは、ネットワークインタフェース層（OSI基本参照モデルの第1層、第2層）です。この層では、LANやWANで送受信する方法や、フレームのフォーマットなどを規定し、IPパケットをデータフレームにカプセル化します。

**LAN（ローカルエリアネットワーク）**は、同一の敷地や建物という限られた場所（ローカル）に構築したコンピュータネットワークです。

**LAN (Local Area Network)**
オフィスやビル構内など限られた場所に構築したコンピュータネットワーク。構内網ともいう。

表3-1：主なイーサネット規格

| イーサネット名 | IEEE規格名 | 承認年 | 伝送速度(bps) | 伝送媒体 |
|---|---|---|---|---|
| 10BASE5 | 802.3 | 1983 | 10M | 同軸ケーブル（太軸） |
| 10BASE2 | 802.3a | 1985 | | 同軸ケーブル（軽量） |
| 10BASE-T | 802.3i | 1990 | | UTP |
| 100BASE-TX | 802.3u | 1995 | 100M | UTP |
| 100BASE-FX | | | | 光ファイバ（短波長/マルチモード） |
| 1000BASE-LX | 802.3z | 1998 | 1G | 光ファイバ（長波長/シングルモード、マルチモード） |
| 1000BASE-SX | | | | 光ファイバ（短波長/マルチモード） |
| 1000BASE-CX | | | | 2芯平衡シールドケーブル |
| 1000BASE-T | 802.3ab | 1999 | | UTP |
| 10GBASE-SR/SW | 802.3ae | 2002 | 10G | 光ファイバ（短波長/マルチモード） |
| 10GBASE-LR/LW | | | | 光ファイバ（長波長/シングルモード） |
| 10GBASE-ER/EW | | | | 光ファイバ（超長波長/シングルモード） |
| 10GBASE-LX4 | | | | 光ファイバ（4波長分割多重/シングルモード、マルチモード） |
| 10GBASE-T | 802.3an | 2006 | | UTP |

1983年に、**IEEE802.3**として出発した**イーサネット**の規格は、10Mbpsという伝送速度でした。やがて、100Mbps、1Gbps、10Gbps、40/100Gbpsへと高速化が進み、今では400Gbpsの超高速化LANの開発が進められています。

## CSMA/CD方式《信号の衝突を検出すると再送する》

**LAN**の代名詞ともなっているイーサネットには、数多くの規格があります。どの規格のイーサネットでも、**フレームのフォーマット**は継承しています。また、機器間でサポートする伝送速度などの情報を、事前にネゴシエーションして、適切な通信モードにする機能をもたせました。そのため、より高速のイーサネットとの混在も可能となります。

アクセス方式とは、データをどのような方法で伝送路に送出し、また受信するかを制御する方式のことです。初期のイーサネットのアクセス方式は、**CSMA/CD**方式です。動作は、図3-1の通りです。

**イーサネットのフレームフォーマット**
付録を参照。

**CSMA/CD (Carrier Sense Multiple Access with Collision Detection)**
搬送波感知衝突検知。
初期イーサネットのアクセス方式。

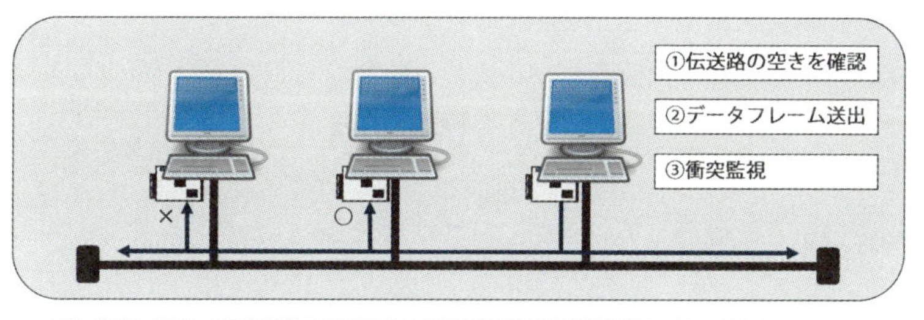


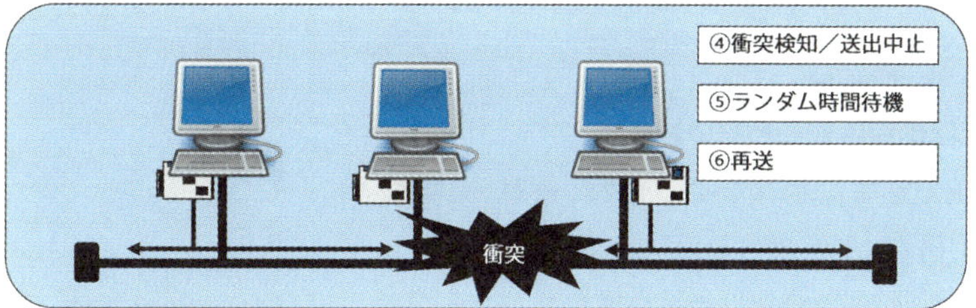


図3-1：CSMA/CDの動作

①伝送路の空きを確認：データを送信しようとする端末は、伝送路上に他の信号がないことを確認します。伝送路が空いていれば、フレームを送出し、他の信号が流れていれば、空くまで待ちます。

②データフレームの送出・受信：データフレームは、その伝送路に接続されたすべての端末、正確にいうと端末に接続している**LANアダプタ（NIC）**に、伝送されます。NICは、自分宛のフレームであれば受信し、そうでなければ破棄します。NICには、MACアドレスという物理的な識別子が付けられています。フレームヘッダに書かれた宛先MACアドレスを調べて、自分宛のフレームのものかどうかを判断します。

③衝突監視：同時に複数の信号が、伝送路上に流れると**衝突（コリジョン）**を起こします。データフレームを送出した端末は、その送信中に自分の送出した信号が衝突を起こさないかを監視しています。

④**衝突検出**：監視中に衝突を検出したら、フレームの送出を中止します。

⑤ランダム時間待機：衝突検出で、送出を中止したフレームは再送しますが、同じ相手との衝突を避けるため、乱数によって計算したランダムな時間を待機してから再送処理を行います。

⑥**再送**：再び伝送路の空きを確認して、空いていれば再送します。

## 全二重イーサネット
**《全二重通信には衝突は起こらない》**

1983年にIEEEで標準化されたイーサネットは、10Mbpsでした。その10倍の伝送速度100Mbpsのイーサネット（ファストイーサネット）が1995年に標準化されました。

イーサネットのアクセス方式であるCSMA/CD方式は、伝送路を送信と受信で共有しているため、**半二重通信**です。す

**LANアダプタ（NIC：Network Interface Card）**
LANカードとも呼ばれるハードウェア。ビット列と信号との相互変換、ケーブルなどの媒体への送受信を行う。

**MACアドレス（Media Access Controlアドレス）**
LANアダプタに付けられた固有のアドレス。イーサネットのMACアドレスは48ビット。

**IEEE（Institute of Electrical and Electronics Engineers）**
世界最大の電気電子学会。

なわち、送信するときは送信のみで受信はしない、受信するときは受信のみで送信しません。しかも送信中に衝突を検知すると、再送する必要があります。

伝送路の端で衝突が生じ、その信号が戻って衝突を検出したとき、フレームを送出し終わっていると、すなわち監視終了後の衝突検出は、送出したフレームが衝突したと認知しません。したがって再送は行われません。そのため、伝送距離には制限がありました。同じ理由から、伝送速度が速くなると、伝送距離は短くなります。

繰り返しますが、衝突によって破損したフレームを再送するためには、衝突信号が戻って衝突を検出するときに、どんなに短いフレームでも送出し終わっていてはいけません。そのため10倍の速度で送出し、それを伝送するなら、最大の伝送路長は1/10に短くなります。

ファストイーサネットで初めて、衝突という概念のない**全二重通信**方式のイーサネットが開発されました。送信しながら同時に受信できる全二重通信は、実質的にコリジョンという概念を取り外したことになります。これにより伝送距離を伸ばすことができ、スループットを倍増することができます。

1Gbpsのギガビットイーサネットまで、従来のCSMA/CD方式（半二重）との互換性をもたせました。しかし10Gbpsの10ギガビットイーサネットでは、CSMA/CD方式をサポートせずに、全二重通信のみの方式となりました。

イーサネットの高速化は進み、40/100GbpsのイーサネットはIEEE802.3baとして規格化され、さらに400Gbpsの開発が進められています。

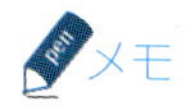
メモ

**通信の種類**

通信には、通信の方向性から、単方向通信（Simplex Communication）、半二重通信（Half Duplex Communication）、全二重通信（Full Duplex Communication）の3種類がある。

単方向通信は、情報の流れが常に一方向に固定されている方式。逆方向の伝送はできない。半二重通信は、両方向の情報の流れは可能だが、同時にはできない。片方向だけの通信を交互に行うことで双方向の通信が可能になる。全二重通信は、同時に双方向の通信を行う方式。

## LANの中継装置

### 《L2スイッチとL3スイッチは何が違うか》

LANで使用する中継機器は、リピータHUB、スイッチングHUB（L2スイッチ）、ルータの3つに大別されます。

## リピータおよびリピータHUB

**バス型トポロジ**で使用するリピータ、および**スター型トポロジ**の**リピータHUB**は、OSI基本参照モデルの**レイヤ1（物理層）**で動作するLAN間接続装置です。

リピータおよびリピータHUBは、伝送媒体を通じて減衰し、また波形が歪んだ信号を再生して中継します。すなわち伝送路を延長するときに使用します。

しかし、より高機能なスイッチングHUBが低価格化し、最近では、リピータHUBを目にすることが少なくなりました。

## ブリッジおよびスイッチングHUB

バス型トポロジで使用するブリッジ、およびスター型トポロジの**スイッチングHUB（L2スイッチ、あるいはLANスイッチ）**は、OSI基本参照モデルの**レイヤ2（データリンク層）**で動作するLAN間接続装置です。すなわちレイヤ2の**フレーム**のヘッダを識別することができます。

受信したイーサネットフレームの宛先の**MACアドレス**と、スイッチングHUBが保持している**MACアドレステーブル**とを参照して当該のポートだけに転送します。したがってコリジョンが及ぶ範囲（**コリジョンドメイン**）は、そのポートに限られます。

信号を中継するだけのリピータHUBは、複数の端末でコリジョンドメイン（伝送路）を共有しています。そのため通信が行われているときはすべての伝送路上に信号が流れ、他の端末は伝送路の空きが見つからず、通信を行うことができません。しかしスイッチングHUBは、ポートに接続された伝送路を占有しているため、スイッチングHUBに接続している複数の端末は、同時に通信を行うことができます。

CSMA/CD方式は端末数や通信量が増大すれば、伝送効率が低下するという欠点がありますが、スイッチングHUBを使用することによって、コリジョンドメインを小さくすることができ、伝送効率の低下を防ぐことができます。

メモ

**トポロジ**

ネットワークトポロジ（網構成）とは、ネットワークの外見上の接続形態のことである。代表的なトポロジには、バス型、スター型、メッシュ型、リング型などがある。バス型は図3-1のように、始点と終点があるバス路線のような1本の伝送路に、すべてのノード（端末や中継器）が繋がり、伝送路を共有する。スター（星）型は図3-2のように、複数の伝送路を装置（ハブ）で集線する、LANの一般的な形態。メッシュ（網）型は、すべてのノードを網状に相互に接続する。リング型は、環状に閉じた伝送路にすべてのノードを接続した形態。

### ルータ

**ルータ**は、OSI参照モデルの**レイヤ3（ネットワーク層）**で動作するLAN間接続装置です。すなわちIPなどのレイヤ3の**パケット**のヘッダを識別することができます。

受信したパケットの宛先の**ネットワークアドレス**と、ルータが保持している**ルーティングテーブル**とを参照して、当該のネットワークにパケットを転送します。ルータは異なるネットワーク同士を接続したいとき、またはネットワークを切り分けたいときに使用します。

リピータHUBやスイッチングHUBは、3層以上のプロトコルには依存しません。しかしルータは3層のプロトコルに依存します。すなわちIPネットワークを中継するルータはIPプロトコルに対応している必要があります。ルータの処理はリピータHUBやスイッチングHUBより高度で、遅延時間も大きくなります。

**スイッチングルータ（L3スイッチ）**は、L2スイッチのフレームを転送する機能に、L3のパケットルーティング機能を加えた機器です。L3スイッチのルーティング機能は、ルータを同じですが、ソフトウェアで行っているルータ処理を、ハードウェアで高速に処理を行います。

## VLAN《柔軟なネットワークトポロジが構築できる》

**VLAN**は、**スイッチングHUB**や**スイッチングルータ**を利用して、物理的なネットワーク構成に制約されずに、論理的にLANを構築する技術です。スイッチングHUBは、ポートに接続している端末のMACアドレスを学習し、MACアドレステーブルを作成します。フレームのヘッダにある宛先MACアドレスを調べ、MACアドレステーブルと参照して、該当のポートだけにフレームを転送します。この特徴を利用して、ポート単位に仮想的なネットワークを分割したのがVLANです。

用語解説

**VLAN (Virtual LAN)**
仮想LAN。物理的なネットワーク構成に制約されずに、論理的に構成した仮想的なLANのこと。

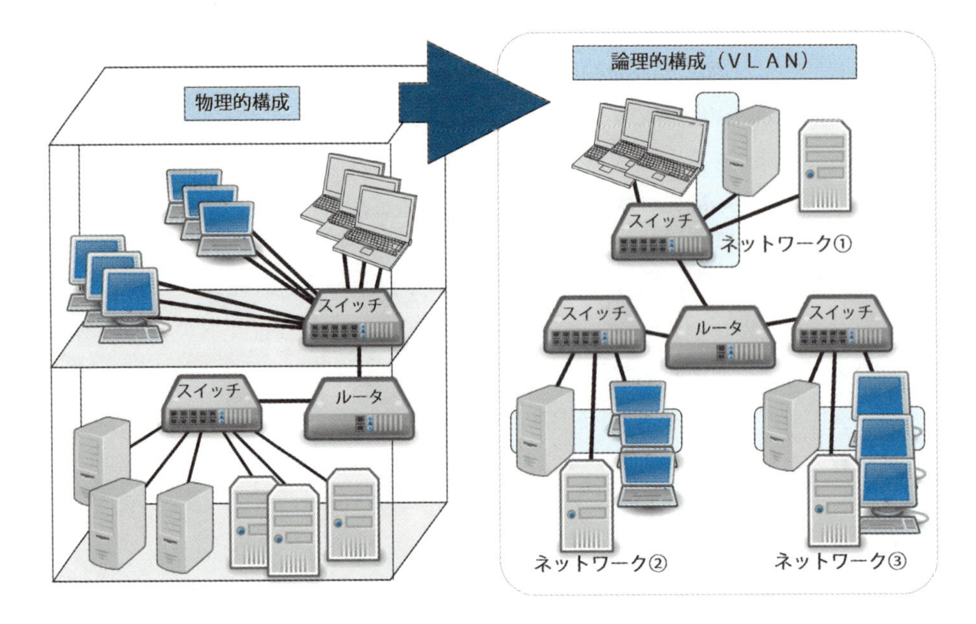


図3-2：VLANの概念図

VLAN技術を使用することで、オフィスレイアウトの変更や組織変更などに対して、柔軟なネットワークの構築が可能になります。ユーザ端末の移動などトポロジの変化が発生したとき、配線の変更や端末の移動といった物理レベルの変更が不要になります。物理的配置はそのままで、論理的な定義だけを変更すればよいことになります。また端末やサーバの追加や変更に、容易に対応することが可能になります。

VLANを移動するときは、移動先のVLANに属しているポートにケーブルを接続し、IPアドレスを移動先VLANのアドレスに手動で変更するか、DHCPでIPアドレスを取得しなおすことで、容易にネットワークの移動に対応することができます。

1つのVLANは、1つのネットワークです。したがって異なるVLANへ通信するには、ネットワークを接続する装置、すなわちルータが必要になります。

同じVLAN同士の端末が、複数のスイッチングHUBをま

**DHCP (Dynamic Host Configuration Protocol)**
第2章を参照。

**IEEE802.1qタグのフォーマット**
付録を参照。

たがった通信を行うにも、それぞれの装置に送達されたフレームがどのVLANへの通信なのか識別できなければなりません。そのため、VLANの識別をするための**タグ**と呼ばれる制御情報を、イーサネットフレームの中に付加します。

**IEEE802.1q VLAN**タグの中のTCIフィールドに、12ビットのVLANを識別するVIDなどが入っています。

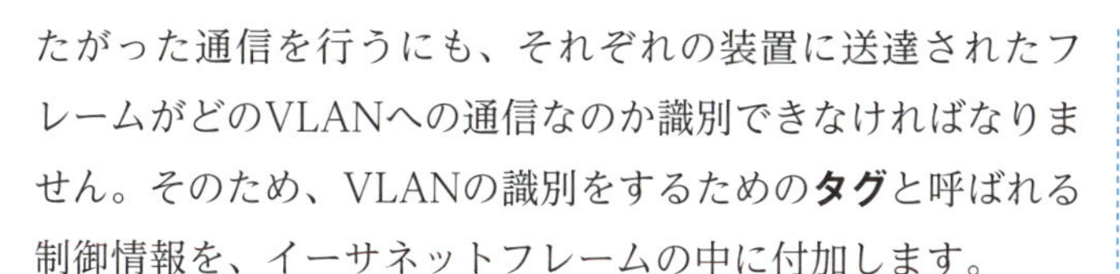

用語解説

**TCI（Tag Control Information）**
タグ制御情報。16ビットのタグ制御情報。詳しくは、付録を参照。

**VID（VLAN Identifier）**
12ビットのVLANの識別子。

# 2 無線LAN

無線は空間を媒体にしています。そのため電波が安定的に届く範囲であれば通信が可能です。無線を使用したLANは、文字通りケーブルがないため、敷設性、経済性、機動性、そして災害に強い、というメリットが挙げられます。しかし反面、常に盗聴や不正使用という危険にさらされるというデメリットもあります。

無線の技術開発は活発です。高速化した無線LANが次々と規格化されています。

## 無線LANの種類

**《無線LANの規格は活発に開発されている》**

主な**無線LAN**の規格の概要は、表3-2の通りです。

### IEEE802.11

この規格には3つの仕様があります。最大伝送速度2Mbpsの2.4GHz帯の電波を使用した**直接スペクトラム拡散方式**(DS-SS)、**周波数ホッピング方式**（FH-SS)、そして850～950nmの赤外線です。

### IEEE802.11a

周波数は5.2GHz帯、帯域幅は20MHzです。最高伝送速度は54Mbps、変調方式は**OFDM**を使用します。伝送距離は屋

参照

**直接スペクトラム拡散方式（DS-SS：Direct Sequence Spread Spectrum）**
第8章を参照。

**周波数ホッピング方式（FH-SS：Frequency Hopping Spread Spectrum）**
第8章を参照。

用語解説

**OFDM（Orthogonal Frequency Division Multiplexing：直交周波数分割多重方式）**
第8章を参照。

内のみで半径20～40mです。電波干渉が起こりにくく安定した通信ができますが、障害物には弱くなります。

### IEEE802.11b

周波数は2.4GHz帯、帯域幅は20MHzで、最高伝送速度は11Mbpsです。変調方式はDS-SS、伝送距離は屋外では半径100～150m、屋内では半径40～60mです。

### IEEE802.11g

IEEE802.11gは11bの拡張版で、互換性をもっています。周波数は2.4GHz帯、帯域幅は20MHzです。最高伝送速度は54Mbps、変調方式はOFDMです。11aに比べて障害物に強いが、電波干渉を起こしやすくなります。

### IEEE802.11n

周波数は、2.4GHzと5.2GHzが使用できます。変調方式は、OFDMで、最大伝送速度は、150Mbps（20MHz幅）です。20MHzのチャネルを2つ使用（**チャネルボンディング**で40MHz）し、4×4の**MIMO** を使用すれば、600Mbpsが可能です。

### IEEE802.11ac

最新のこの規格はIEEE802.11nの拡張版で、5GHz帯のみを使用します。変調方式は、OFDMです。8つのチャネルボンディング（160MHz幅）で、8×8のMIMOを利用すると、理論上の最大伝送速度は、6.9Gbpsが可能です。

無線LANの規格は、活発に開発が続けられています。上記の他にも、IEEE802.11adやIEEE802.11ahなどがあります。IEEE802.11adは、60GHz帯を使用し、ハイビジョン品質の映像をAV器間で通信するなど、ホームネットワークでの使用も想定しています。またIEEE802.11ahは、920MHz帯のサブギガヘルツ帯を使用し、消費電力で7.8Mbpsの伝送

**チャネルボンディング**
無線におけるチャネルボンディングとは、隣り合った複数の周波数帯域幅をまとめて占有すること。これによって高速を実現する。

**MIMO (Multiple Input Multiple Output)**
8章を参照。

**IoT（Internet of Things）**
第1章を参照。

速度を可能とし、**IoT**やセンサ向けの無線LAN規格です。

表3-2：主な無線LANの規格

| | IEEE802.11 | IEEE802.11a | IEEE802.11b | IEEE802.11g | IEEE802.11n | IEEE802.11ac |
|---|---|---|---|---|---|---|
| 周波数 | 2.4GHz帯 | 5GHz帯 | 2.4GHz帯 | 2.4GHz帯 | 2.4/5GHz帯 | 5GHz帯 |
| 変調方式 | DSSS | OFDM | DSSS (～2Mbps) CCK (～11Mbps) | DSSS CCK OFDM (～54Mbps) | OFDM | OFDM |
| 最大伝送速度 | ～2Mbps | ～54Mbps | ～11Mbps | ～54Mbps | ～400Mbps (チャネルボンディング20MHz、4×4MIMO使用) | ～6.9Gbps (チャネルボンディング160MHz、8×8MIMO使用) |
| 屋外使用 | 可 | 不可 | 可 | 可 | 2.4GHzのみ可 | 不可 |
| 電波干渉 | あり | ない | あり | あり | 2.4GHzのみあり | ない |

## 無線LANの伝送形態《APを中継するか、しないか》

無線LANの伝送形態には、図3-3のようにインフラストラクチャモードと、アドホックモードとがあります。

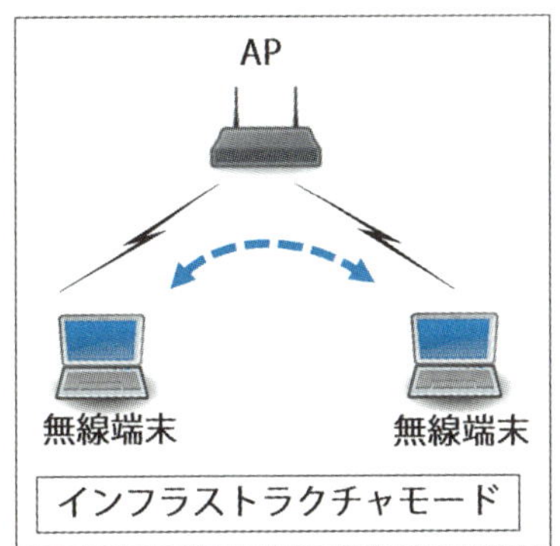


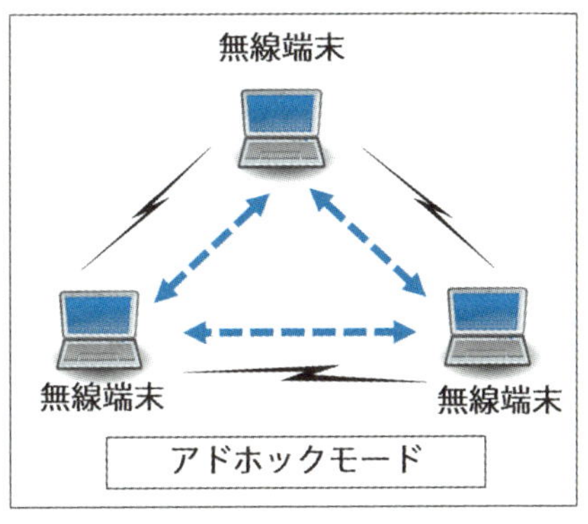


図3-3：インフラストラクチャモードとアドホックモード

**インフラストラクチャモード**とは、無線LANアダプタを付けた無線端末と、**アクセスポイント**間でデータの送受信を行うモードです。企業や家庭内、そして公衆無線LANサービスなどで使用される一般的な形態です。

**アドホックモード**とは、無線端末同士が直接通信するモードです。アドホックモードの場合、無線端末同士が互いの存在を認識できない現象が発生することがあります。こうした現象のことを**隠れ端末問題**といいます。

インフラストラクチャモードでは、すべての無線端末はアクセスポイントと通信します。無線端末が1つのアクセスポイントと通信できる範囲のことを**BSS**といい、アクセスポイントが通信を許可する無線端末を識別するためのIDを**BSS-ID**といいます。

**ESS**とは、複数のアクセスポイントを中継して、無線端末が相互に通信する範囲のことをいいます。無線端末が、ESS内のどのアクセスポイントに移動しても、認識できるようにしたIDを**ESS-ID**といいます。

## CSMA/CA方式《衝突をあらかじめ回避する》

**IEEE802.11方式**のアクセスは、**DCF**という手順で行われます。DCFは、全端末のアクセス制御を行う親局がないアクセス制御です。オプションで**PCF**という親局が集中的に制御する手順も定義されています。

DCFでは、アクセス制御を行う親局がないため、それぞれの端末が必要なときに送信を行います。そのため、複数の端末の信号が衝突するのを避ける制御が必要になります。このアクセス方式が、**CSMA/CA**です。

有線LANのイーサネットで用いられている**CSMA/CD**というアクセス方式は、衝突検出をしますが、CSMA/CAでは、衝突を回避します。これは無線の場合、送信電力と受信電力の差が激しいため、送信電力に打ち消され、衝突を検出

**アクセスポイント(AP：Access Point)**
無線LAN端末同士の通信の中継や、有線LANとの中継を行う装置。

用語解説

**BSS（Basic Service Set）**
1つのAP配下の無線LANネットワーク。

**ESS（Extended Service Set）**
複数のBSSで構成された無線LANネットワーク。

参照

**IEEE802.11のフレームフォーマット**
付録を参照。

用語解説

**DCF（Distributed Coordination Function）**
無線端末が、親局の指示によるのではなく、自動的に状況を判断してアクセスする手順。

**PCF（Point Coordination Function）**
親局が、端末のアクセスを集中的に制御する手順。

するのが難しいからです。

CSMA/CAの動作は図3-4の通りです。

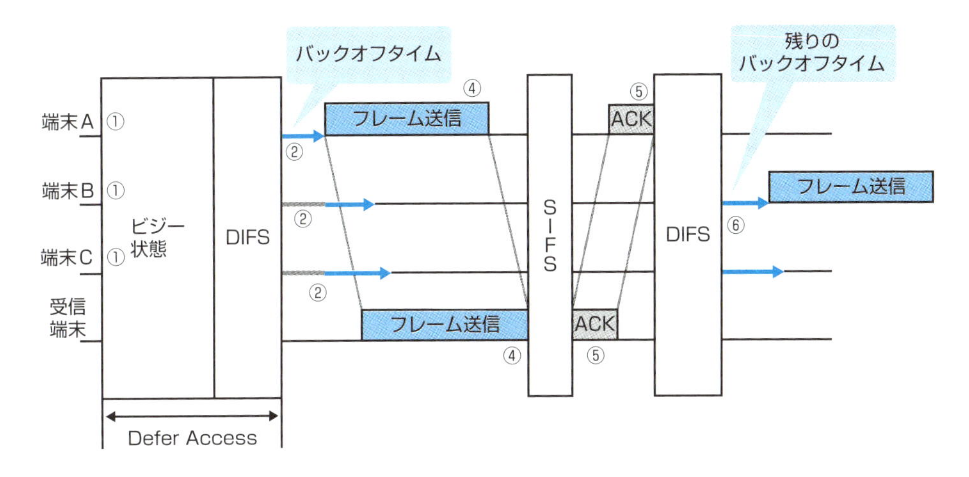


図3-4：CSMA/CAの動作

①各端末は常時、回線の常態を検知（キャリアセンス）しています。

②フレームを送信したい端末は、無線チャネルがビジー状態（チャネルを使用中）であれば、バックオフ処理をして**バックオフタイム**を決定します。バックオフ処理とは、スロットタイムという基準時間に、発生させた乱数をかけて、待ち時間を計算するもので、この時間をバックオフタイムといいます。図3-4の例では、送信したい3台の端末（端末A、B、C）が計算したバックオフタイムは、それぞれ異なっています。このバックオフ処理の方法を取ることで、衝突を回避することができます。

③無線チャネルがアイドルになると、DIFSのスペースを空けて、バックタイムを減少します。**IFS**とは、次のフレームとの間隔（スペース）のことで、DIFSの他に、PIFS、SIFSの3つのスペースを定義しています。DIFSは、最も大きい間隔で、SIFSが最も小さい間隔です。

用語解説

**CSMA/CA (Carrier Sense Multiple Access with Collision Avoidance)**
搬送波感知衝突回避。複数端末の信号衝突をあらかじめ避ける無線LANのアクセス方式。

**DIFS (Distributed IFS)**
最も大きいIFS（フレーム間隔）。

**IFS（Inter Frame Spacing）**
フレームとフレームとの時間的な間隔。

**PIFS（Point IFS）**
DIFSとSIFSの中間のIFS。

④残り時間がゼロになる前に、どの端末も送信してないアイドルの状態であれば、フレームの送出を開始します。もし他の端末が送信を開始していれば、再び待機状態となり、無線チャネルがアイドルになった時点から残りのバックオフタイムを再び減少させます。

⑤フレームの受信端末は、受信後にSIFSのスペースを空けて、応答の**ACK信号**を返します。

フレームの送信端末は、送信終了してから規定時間内にACK信号が返ってこないと、送信に失敗したと判断してフレームを再送します。

⑥端末Aと受信端末との通信が終了し、無線チャネルがアイドルになると、DIFSのスペースの後、端末Bと端末Cは、残りのバックオフタイムを再び減少させます。端末B のバックオフタイムがゼロになるときに、無線チャネルアイドルのままなので、フレームの送信を開始します。端末Cは再び待機状態に入ります。

用語解説

**SIFS（Short IFS）**
最も小さいIFS。

**ACK (Acknowledgement)**
応答。応答フレーム。

## 3 WAN

LANは、限られた場所に構築した私設網なので、伝送路の拡張、撤廃などの変更を自由に行うことができます。**WAN**は、遠隔地のLAN間の通信を行う広域網です。この通信は、電気通信事業法が適用されます。そのため、一般の組織が遠隔地の拠点とのコンピュータネットワークを構築するためには、**電気通信事業者**が提供する回線サービスを利用します。

用語解説

**WAN（Wide Area Network）**
広域網。通信事業者の回線を使用して地理的に離れたコンピュータを接続したネットワーク。

### WANの構成要素
**《通信事業者の回線を使用してネットワークを構築する》**

WANは、図3-5のようにDTE（データ端末装置）、DCE（データ回線終端装置）、通信回線、の要素で構成されます。

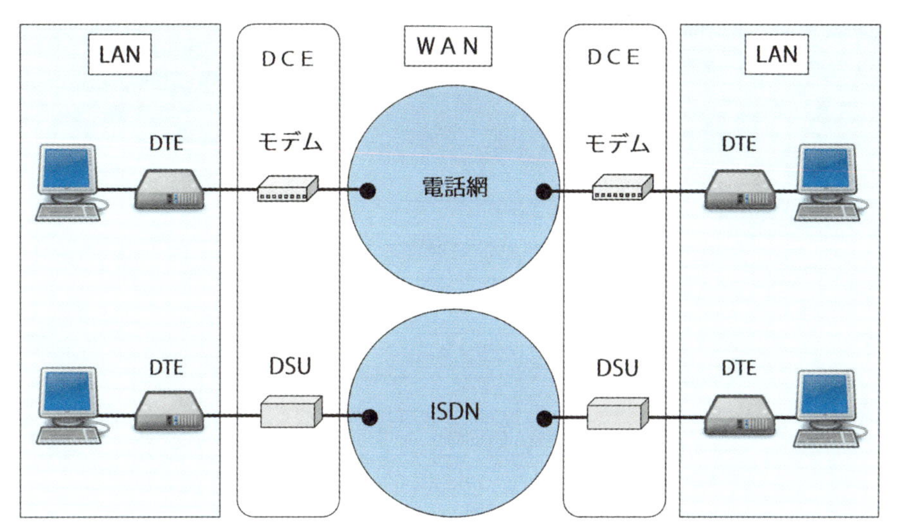


図3-5：WANの構成要素

**DTE**は、WANに接続されるルータなどの装置やコンピュータ端末のことです。

**DCE**は、回線の終端に設置され、DTEと対となる装置です。DTE側の信号やプロトコルと回線側の信号やプロトコルを相互に変換します。

主なDCEには、次のものがあります。

- **モデム（Modem）：**通信回線がアナログ回線の場合に使用される。DTEが使用するデジタル信号と、回線上のアナログ信号を相互に変復調する装置
- **DSU（Digital Service Unit）：**通信回線がISDN網のようなデジタル回線の場合に使用される。DTEが使用するデジタル信号と、回線上のデジタル信号とを相互に変換する
- **ONU（Optical Network Unit）：**通信回線が光回線の場合に使用される。宅内上の電気信号と、回線上の光信号とを相互に変換する

**電気通信事業者**

電気通信事業者とは、電気通信役務を求めに応じて提供する事業者で、総務大臣の登録を受けたもの、および届出をしたもので、一般的にキャリアと呼ばれている。ちなみに、電気通信役務とは、「電気通信設備を用いて他人の通信を媒介し、その他電気通信設備を他人の通信の用に供することをいう。」と電気通信事業法に書かれている。

**DTE (Data Terminal Equipment)**

データ端末装置。WANに接続されるコンピュータやルータなどのデータ端末装置。

**通信回線**は、電気通信事業者が提供する回線です。この回線でDTE間のデータ通信を行います。主な回線サービスは、図3-6の通りです。

DCE（Data Circuit Termination Equipment）
データ回線終端装置。回線とDTEとのプロトコルを変換する回線終端装置。

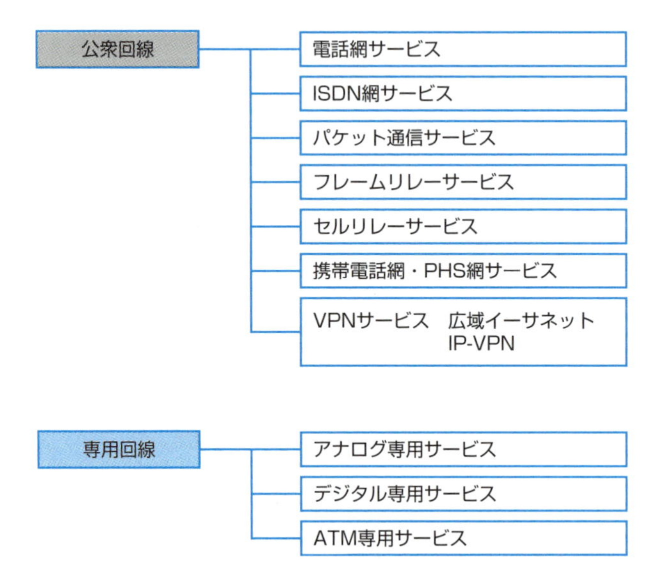


図3-6：主な回線サービス

レイヤ2のデータリンク層でのアクセス制御のことを、WANでは**伝送制御手順**といいます。伝送制御手順は、データ端末が通信回線を利用して、データを正しく転送するために取り決めた手順のことです。

伝送制御手順は、①回線の接続、②データリンクの確立、③データの転送、④データリンクの開放、⑤回線の切断、で行われます。

用語解説

**伝送制御手順（Transmission Control Procedure）**
アクセス手順。

①回線の接続で、相手を呼び出し、データ回線終端装置を伝送可能にします。
②**データリンク**の確立とは、相手端末と1対1の仮想的な通信路（データリンク）を確立します。相手端末との認証や、相手の準備状態の確認などを行います。

③データの転送で、確立したデータリンクを通じてデータを転送します。このとき回線上で発生する符号誤り制御や、到着確認などを行います。
④データリンクの開放で、データ転送の終了を確認し、データリンクを開放し、初期状態に戻します。
⑤回線の切断で、接続していた回線を切断します。

## WANのプロトコル《回線交換型とパケット交換型》

WANのプロトコルには、回線のサービスによって回線交換型プロトコル、パケット交換型プロトコルがあります。

**回線交換型**は、伝送制御手順において、回線の接続、データリンクの確立から開放、回線の切断まで、1対1で回線を占有して通信を行います。このプロトコルには、HDLCやPPPがあります。

パケット交換型は、ヘッダにアドレスを付加して多重化通信を可能にした方式です。このプロトコルには、**フレームリレー**や**ATM**などがあります。

これ以外に、LANのイーサネット技術を使用した**VPN**サービスや、**FTTH**などのブロードバンドサービスのWAN回線もあります。

HDLC手順は、ISOが標準化しました。それ以前の手順では、文字や数字のキャラクタ形式のデータだけを転送する手順でした。HDLC手順は、フレーム単位で任意のビットパターンを透過的に伝送します。また高速な伝送や、全二重通信が可能になりました。

## HDLCとPPP《リモートアクセスする》

**HDLC**は、上位レイヤ（レイヤ3）のプロトコルを識別するフィールドがないため、限定されていました。HDLCを改良して、マルチプロトコルに対応させたのが、IETFが標準化

**フレームリレー**

公衆網のサービスでありながら、通信先を固定するPVC（Permanent Virtual Circuit:相手固定接続）サービスを行い、多拠点のLAN間接続に有効な回線サービスであったが、最近では、より高速なVPNサービスへと乗り替わっている。

**ATM（Asynchronous Transfer Mode:非同期転送モード）**

セルと呼ばれる53バイトの極めて小さな固定長のデータを、高速に転送することで、あらゆるアプリケーションのQoSを制御した通信を可能にするサービス。

**VPN（Virtual Private Network）**

第4章を参照。

**FTTH（Fiber To The Home）**

第4章を参照。

したPPPです。

**PPP**は、認証や、圧縮などの機能もサポートしています。PPPのフレーム構成は、HDLCのフレームをベースにしています。

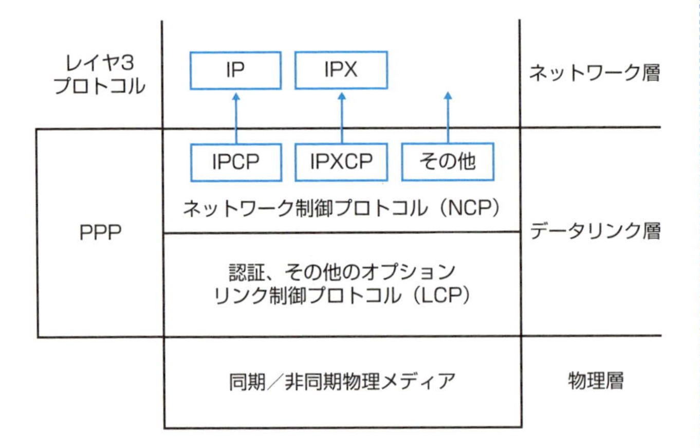


図3-7：PPPのプロトコル構成

PPPのプロトコル構成は、図3-7のように、上位プロトコルに依存しない**LCP**と、上位プロトコルに依存する**NCP**の2階層のプロトコル構成になっています。

LCPには、次の機能があります。

- **リンク接続：**ポイントツーポイントのリンク接続を確立、設定、維持、切断を行う
- **認証：PAP**や**CHAP**によって、リンクの発呼側を認証する
- **圧縮：**データ量をコンパクトにするため、発信側でデータを圧縮し、受信側で伸長する
- **マルチリンク：**マルチリンク間での負荷分散を行う

NCPの機能は、ネットワーク層プロトコルの確立などです。NCPで行うネットワーク層プロトコルの確立では、上位

**フレームフォーマット**

HDLC（High Level Link Control Procedure）とPPP（Point to Point Protocol）のフレームフォーマットについて詳しくは、付録を参照。

**LCP（Link Control Protocol）**

PPPの下位のリンク制御プロトコル。

**NCP（Network Control Protocol）**

PPPの上位のネットワーク制御プロトコル。

**PAP（Password Authentication Protocol）**

認証プロトコルの1つ。ユーザIDとパスワードは暗号化されないままやり取りされる。

**CHAP（Challenge Handshake Authentication Protocol）**

認証プロトコルの1つ。暗号技術を利用する。

プロトコルの確立、設定を行います。上位のプロトコルがIPの場合のNCPは、IPCPといいますが、端末に自動的にIPアドレスを割り当てるなどのネゴシエーションを行います。

**IPCP（Internet Protocol Control Protocol）**
レイヤ3でIP通信を行うためのPPPのネットワーク制御プロトコル。

# 第4章

# インターネットアクセスとVPN

## －プロバイダに繋いでインターネットの一部になる－

インターネットは、ISPやIXを経由して、多種多様な情報をIPパケットで発信し、受信し、交換するワールドワイドなIPネットワークです。そこにはPCやスマートフォン、そしてIoTでさまざまなデバイスが繋がっています。そして収集された膨大なデータを蓄積したストレージや、そのデータを加工して新たな価値を付加し提供するサーバなど、無数といえるほどの端末や装置が繋がっています。

これらの端末は、ISPに接続することでインターネットを形成し、データの交換を行っています。

# 1 インターネット接続

インターネットにあるのは端末だけでなく、**ビッグデータ**と呼ばれる、とてつもなく膨大な情報があり、この瞬間にも蓄積を重ねています。

数年後には、インターネットユーザは世界の人口の約半分（36億人）になり、インターネット上に流通するトラフィック量は、全世界で年間1.4**ゼタ**バイトになるという予想もあります。この1.4ゼタバイトという数値は、インターネットが本格的に誕生した1984年から28年間の累計トラフィック量を越える数値です。

端末がインターネットの一部になるためには、ISPへ接続することが必要です。ISPへ接続するアクセスネットワークは、さまざまな媒体を使用した回線サービスがあり、いずれも高速（ブロードバンド）化が進んでいます。

電話回線（より対線）を使用したDSL（デジタル加入者線）、同軸ケーブルを使用したCATV通信、光ファイバを使用したFTTH、そして無線を使用した3.9G（3.9世代）と呼ばれるLTEやBWA（無線ブロードバンドアクセス）の1つであるWiMAXなどです。

**ビッグデータ (Big Data)**

従来のソフトウェアでな処理できないほど、とてつもなく膨大で、複雑な情報の集合体。刻々と収集されるビッグデータを解析し、科学やマーケティングなどさまざまな問題解決が期待されている。

**ゼタ（Z：zetta）**

10の21乗。

**ISP（Internet Service Provider）**

インターネット接続業者、電気通信事業者の1つ。

## ADSL《既設の電話線を使って高速デジタル通信を行う》

**DSL（デジタル加入者線）**は、電話で使われる既存のメタルケーブルを使用し、高速なデジタル通信を行う技術です。

平衡2線式ケーブルは本来、周波数帯域幅4KHzのアナログ電話信号を伝送する目的で作られた伝送媒体ですが、音声周波数帯を超えた高い周波数帯に、デジタル化した信号を伝送します。

メタルのペア線（平衡2線式ケーブル）を利用して、デジタル通信を行う方式として最初に実用化されたのが**ISDN**の

**DSL（Digital Subscriber Line）**

デジタル加入者線）加入者線を使用したデジタル通信。

**ISDN（Integrated Services Digital Network）**

サービス統合デジタルネットワーク。NTTが提供するサービスには、INSネット64とINSネット1500とがある。

基本サービスです。ISDNの基本サービスは、144Kbpsのデジタル信号を伝送しますが、デジタル信号処理技術の進歩によって、伝送可能な情報量を飛躍的に高めることが可能になりました。

DSLは、伝送速度や伝送形態に違いによって、いくつかの方式があります。主なDSLには、ADSL、VDSL、などがあります。

**ADSL**は、ユーザ宅から加入者線収容局への上りチャネルの速度と、逆の下りチャネルの速度が、非対称のDSLです。

**VDSL**は、最高速のDSLです。52Mbpsだと300mという短い伝送距離ですが、ホテルやマンション内の高速通信に使用できます。電話局から建物や電柱までを光ファイバを使用し、建物内や電柱からユーザ宅までをペア線を使用する仕様です。

ADSLの周波数は、25KHzから最大3.75MHzを使用しますが、VDSLでは、0.9MHzから12MHzという高い周波数を使用します。

ADSLは図4-1の通り、**スプリッタ**、**ATU-R**、**DSLAM**、などで構成されます。

用語解説

**ADSL (Asymmetric Digital Subscriber Line)**
非対称速度デジタル加入者線。

**VDSL (Very high bit rate DSL)**
最も高速なDSL、マンション内などで使用する。

**ATU-R (ADSL Transceiver Unit at the Remote terminal end )**
ユーザ宅に設置するADSL装置。

**DSLAM (Digital Subscriber Line Access Multiplexer)**
DSL集合モデム。局内に設定するADSL装置。

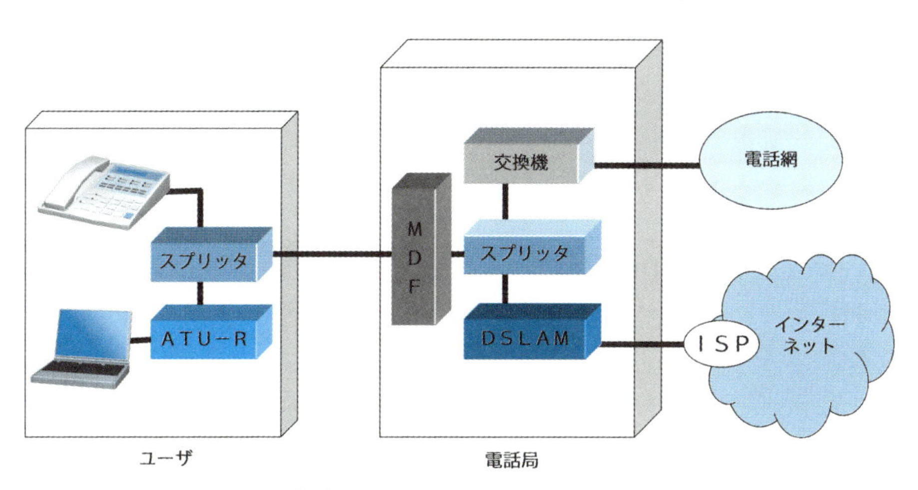


図4-1：ADSLのネットワーク構成

**スプリッタ**は、電話回線に流れる音声信号が使用する周波数と、インターネット通信で使用する周波数を分離します。

電話局の**MDF**（主配線盤）を経由して流れた信号は、スプリッタで電話の信号と、データの信号とに分離されます。電話の信号は、局では電話交換機から電話網へと接続され、データ信号は、ISPへと接続されます。ユーザ宅でも、電話機への信号とコンピュータへの信号に分離します。したがってインターネットと電話通信を同時に行うことができます。

ATU-Rは、ユーザ宅に設置するADSLモデムです。パソコンからのIPパケットをADSL信号に変換します。

DSLAMは、局内に設置するADSL装置です。ADSL事業者が、ADSLサービスを提供するためのモデムの集合装置です。このように事業者の施設内に他の事業者の設備を設置することをコロケーションといいます。

DSLAMは、ユーザ宅のATU-Rとで信号のやり取りを行います。ATU-Rから受信した信号を、データパケットにしてISPネットワークへ転送します。

メタリックの電話回線は、伝送する信号の周波数、および伝送距離に比例して、信号の減衰が増大します。減衰が大きくなれば、符号誤りが多くなり、**スループット**が低下します。

したがって、高い周波数を使用しているADSLは、局からユーザ宅までの伝送距離によってスループットが変わります。すなわち伝送距離には限度があります。そのため、ADSLの伝送速度は、**ベストエフォート型**です。帯域を保証したものではありません。

ADSLの伝送方式は、**DMT方式**です。これは図4－2で示すように、大きな周波数の搬送波を使うのではなく、使用帯域を細かく分割し、並列で伝送します。約4KHzの細かいサブキャリア（ビン）の周波数チャネルを**QAM**で変調し、各ビンに最大15ビットを割り当てます。

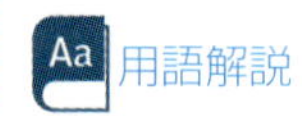

**MDF (Main Distributing Frame)**
主配線盤。電話回線を引き込む設備。

**スループット (Throughput)**
誤り訂正、再送やプロトコルヘッダのオーバヘッドなどを考慮して、最終的に転送されたデータ量のことで、bpsの単位で表す。データ転送速度、あるいは実行速度ともいう。

**ベストエフォート型**
ベストエフォート（Best Effort）すなわち速度や性能などの品質を保証しないサービス。保証するサービスは、ギャランティ型という。

**DMT（Discrete Multi Tone）**
ADSLの伝送方式の1つ。ほとんどがこの方式を使用している。

**QAM（Quadrature Amplitude Modulation）**
直角位相振幅変調。デジタル変調方式の1つ。詳しくは、第8章を参照。

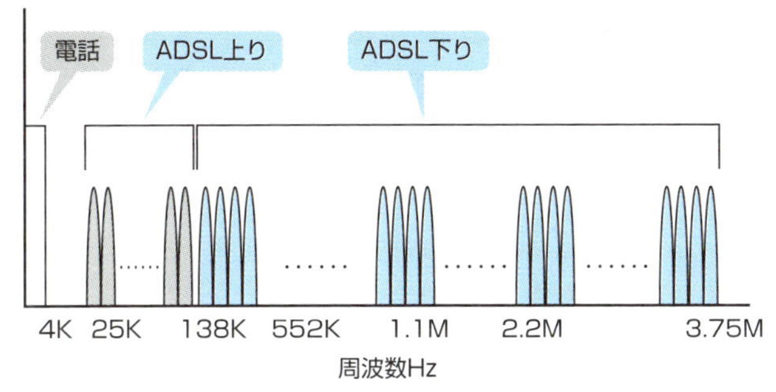

図4-2：ADSLの使用周波数帯域

## CATV
### 《光ファイバと同軸ケーブルをハイブリッドさせて通信を行う

従来の**CATV**の伝送媒体は、同軸ケーブルだけでした。現在では図4-3のように、同軸ケーブルと光ファイバを混合した**HFC**を使用しています。HFCでは、**O/E変換器**で光信号と電気信号とを相互に変換します。

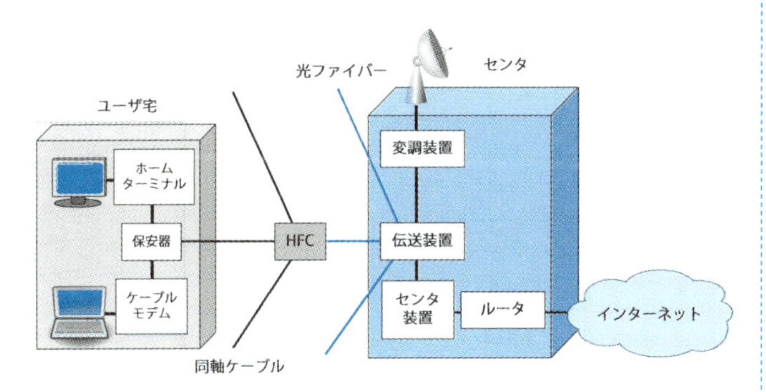

図4-3：CATV通信の構成

CATVセンタからユーザエリアのHFCまでを、光ファイバをスター型に配置し、HFCからユーザ宅は同軸ケーブルを使用します。HFCは、光ファイバ用の光信号と同軸ケーブル用の電気信号とを相互に変換します。

光ファイバは低損失と広帯域という特長があります。低損

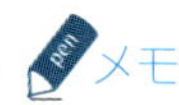


**CATV**

CATVは、Community Antenna Televisionの略であり、従来は地上放送の受信が不良な地域、あるいは放送局がない地域に、テレビ放送を送信するために、山のなどに地域共同のアンテナを設置し、そこから同軸ケーブルでテレビ信号を伝送するシステムだった。しかし現在では、そうした役割のシステムでなくなったため、Cable Televisionの略としている。

用語解説

**HFC（Hybrid Fiber and Coaxial）**

光ファイバと同軸ケーブルとのハイブリッド。

**O/E（Optical / Electronic signal converter）変換器**

光／電気変換器。

失とは、信号の減衰が少なく、長距離伝送が可能になります。また広帯域とは、使用の周波数帯域幅が広いということで、デジタル通信でいうと、大容量通信、すなわち高速通信が可能ということです。

したがって同軸ケーブルだけを使用するのではなく、光ファイバとのHFCを使用することで、長距離伝送が可能になり、提供エリアが拡大しました。またHFCを使用することで、広帯域伝送が可能となりました。同軸ケーブルだけを伝送媒体としていた従来の最高周波数は450MHzでした。TV映像は、音声を含めて1チャンネル分に、約6MHzが必要です。しかしHFCを使用することで、最高周波数が大幅に拡大し、多チャンネル化が可能になりました。

CATVはセンタからユーザへの伝送だけでなく、ユーザからセンタへの伝送も行う双方向の伝送方式です。CATVの周波数は、ケーブルモデムによって異なりますが、図4-4で示すように、ITU-Tの日本仕様では、上り方向は10~55MHz、下り方向は70~770MHzです。**DOCSIS規格**では、上りは5M~42MHz、下りは88M~860MHzとなっています。

用語解説

**DOCSIS (Data Over Cable Service Interface Specification)**

ITU-Tが規格化した同軸ケーブルでの通信サービスの国際規格。

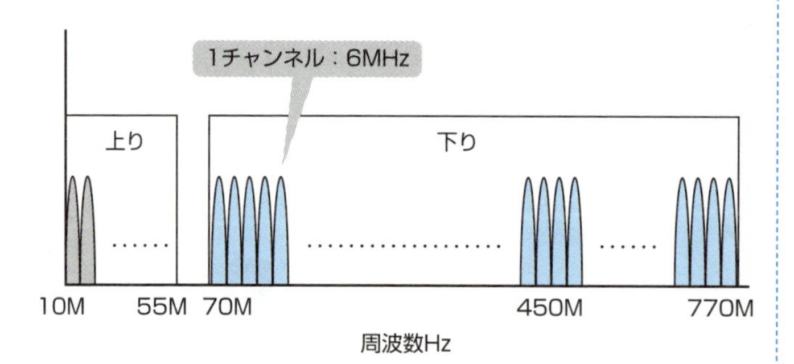


図4-4：CATVの使用周波数帯域

日本では、テレビ放送用には600MHz以下を使用しますが、CATV通信の下りには、600M~770MHzの間のテレビ1チャンネル分（6MHz）を使用し、通信速度は約30Mbps、上り通信には、10M~55MHzの間の任意の1.6M~6.4MHz

を使用し、128K～数Mbpsの非対称の通信速度です。帯域を共有している方式のため利用者が多くなると、通信速度も低下します。

また、数チャンネルを束ねる**チャネルボンディング**を使用し、高速通信を実現しています。

各家庭で発生した電気的ノイズが中継器で増幅され、センタに集中することを**流合雑音**といいます。そのため、下り方向に主に使用されるデジタル変調方式は、64QAM方式ですが、上り方向には、流合雑音の影響を少なくするため、QAM方式より雑音に強いQPSK変調方式が主に使用されます。

またCATV通信は、地域内でバス型のイーサネットを形成しているのと同様の構成です。データもイーサネットフレームに、制御用ヘッダを付け使用します。

集合住宅では、マンション内の電話線を使用するVDSL、あるいはDSLと同じように電話線を使用して家庭内LANを構築する**HomePNA方式**を利用します。

**QPSK (Quadrature Phase Shift Keying)**

四位相偏移変調。デジタル変調方式の1つ。詳しくは、第8章を参照。

**HomePNA (Home Phone Networking Alliance)**

HomePNAという非営利団体が規格化した家庭内の電話線を使用した高速デジタル通信の規格。ちなみに、同じ電話線を使用した高速デジタル通信のDSLはITU-Tの規格。

## FTTH《ラストワンマイルは光ファイバ》

**FTTH**とは、設備センタとユーザ宅とを光ファイバで接続するシステムです。通信事業者のバックボーンに使用されていた光ファイバを、設備センタからユーザ宅へ**ラストワンマイル**の回線として利用するシステムです。

光ファイバは、低損失という特長があり、ADSLのように距離に影響されません。また他のケーブルとの信号干渉もありません。また光ファイバの特長は、広帯域です。したがってFTTHは、高品質で高速の通信が可能です。

光ファイバのアクセス構成には、図4-5のように、SS（シングルスター）構成、ADS（アクティブダブルスター）構成、PDS（パッシブダブルスター）構成、の3方式があります。

**FTTH (Fiber To The Home)**

**ラストワンマイル (Last one mile)**

通信事業者の最寄りの局からユーザ宅までの最終回線のことだが、ユーザ宅から見ると、局までのアクセス回線で、ファーストワンマイルともいう。

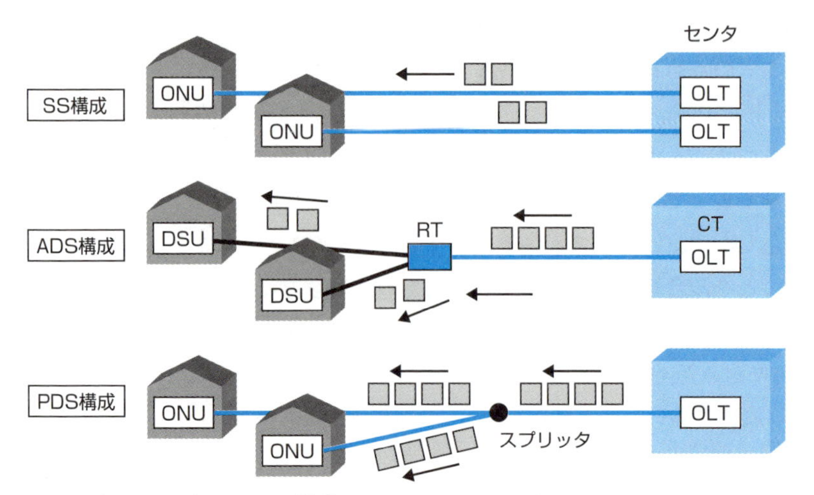


図4-5：光ファイバのアクセス構成

**SS（シングルスター）構成**は、設備センタの終端装置（**OLT**）と、ユーザ宅の終端装置（**ONU**）を1対1で結ぶ方式です。すなわちユーザは、光ファイバを占有して通信を行うことができます。

**ADS（アクティブダブルスター）構成**は、光ファイバを複数のユーザで共有する方式で、**CT/RT方式**とも呼ばれています。RT（遠隔多重装置）は、ユーザ宅の近くに設置されます。RTは、設備センタに設置したCTからの多重化された光信号を分離し、電気信号に変換して各ユーザに伝送します。また各ユーザからの電気信号を光信号に変換し、多重化してCTへ伝送します。このように複数のユーザで回線を共有します。局からRT、RTからユーザ宅と、2重のスター型を構成するので、ダブルスターといいます。

**PDS（パッシブダブルスター）構成**もダブルスター構成ですが、電気的手段でなく光スプリッタ（スターカプラ）という受動素子で光信号を分岐・合流します。

ADS方式では、信号の分離はいったん電気信号に変換し、データをそれぞれに振り分けますが、PDSは、光信号のまま分岐します。そのため効率的な伝送を行うことができます。

用語解説

**SS（Single Star）構成**
シングルスター。光ファイバ占有型のFTTH方式。

**OLT（Optical Line Terminal）**
光加入者端局装置。

**ONU（Optical Network Unit）**
ユーザ宅の回線終端装置。

**ADS（Active Double Star）**
CT/RT方式とも呼ばれている2重のスター型構成のFTTH方式。現在この方式は使用されてない。

**CT/RT（Central Terminal / Remote Terminal）**
ADS方式の別名。

**PDS（Passive Double Star）**
現在主流のFTTH方式。PONとも呼ばれている。

PDSは、PONともいいます。

## PON《終端装置には他ユーザのデータも届いている》

PDSは、**PON**ともいいます。PONシステムは、スプリッタまでの1本の光ファイバを分岐し、最大32のユーザで共用します。したがって一層の低コスト化が実現できます。また、ユーザ近くの電柱まで光ファイバが配置され、ユーザに対する引き込み工事も、電柱からの工事だけになり、工事期間も従来の電話並みに短縮されます。

PONは1本の光ファイバを2つの波長に分割し（**波長分割多重**）、両方向伝送に使用しています。センタからユーザ宅への下り方向には1.5**μm**の波長、ユーザからセンタへの上り方向には1.3μmの波長を使用します。

下り方向の通信は放送型で、すべてのユーザにすべてのデータパケットが届きますが、パケットに付加された識別子によってデータを取り入れます。上り方向の通信は、センタの制御によって送信のタイミングを計る**時分割多重**で行います。

PONには、**ATMセル**の形式で伝送する**A-PON（B-PON）**と、イーサネットフレーム形式で伝送する**E-PON**とがあります。A-PONは、B-PONともいわれ、改良を加えてギガビット級の高速化をしたB-PONのことを、G-PONといいます。また、ギガビット級のE-PONを、**GE-PON**といいます。

**PON（Passive Optical Network）**
PDSの別名。こちらの呼び方の方が一般的。

**波長分割多重（WDM:Wavelength Divisioon Multiplexing）**
第7章を参照。

Aa 用語解説

**μm（マイクロメートル）**
μは$10^{-6}$、すなわちマイクロメートルは、0.000001m、0.001mm。

**時分割多重（TDM：Time Division Multiplexing）**
第6章を参照。

## PPPoE《ユーザを認証し、アドレスを割り当てる》

**PPPoE**は、イーサネット上で**PPP**を実現するプロトコルです。PPPは、2点間を接続してデータ通信を行うWANプロトコルで、認証の機能をサポートしています。

図4-6のように、ISPのRASサーバでは、ダイヤルアップユーザの認証を、PPPの認証機能を利用して行っています。

Aa 用語解説

**PPPoE（PPP over Ethernet）**
LANのイーサネット上でWANのプロトコルであるPPPを実現させるプロトコル。

一方、ADSLやFTTHなどのブロードバンドサービスを契約しているユーザの宅内では、イーサネットを使用しています。そのためイーサネットのフレームの中にPPPフレームを格納して、PPPを実現させます。これをPPPoE といいます。

これによってISPは、ブロードバンドユーザもダイヤルアップユーザと同じ認証システムを利用してユーザ認証することができます。

**PPP（Pont to Point Protocol）**
第3章を参照。

**RAS（Remote Access Service）**
ダイヤルアップ回線などを利用して、遠隔地のコンピュータ資源を利用すること。

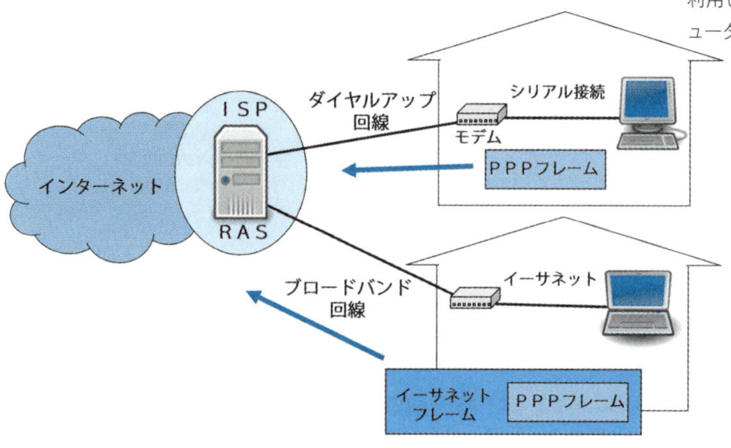


図4-6：PPPoE

## モバイルWiMAXとLTE《契約者数が増え続けているブロードバンド》

**WiMAX**は当初、固定無線アクセスの仕様でしたが、いくつかの仕様バージョンを経て、IEEE802.16-2004とIEEE 802.16eの2つの仕様が策定されました。

IEEE802.16-2004は、周波数2～66GHz帯の固定無線の仕様です。20MHzの帯域幅を使用した最大伝送速度は約150Mbps、またチャンネルボンディング（20MHz の帯域幅を2つ利用）で40MHzの帯域幅を使用して、約300Mbpsです。最大伝送距離は半径50Kmです。

またIEEE802.16eは、モバイルサービスを提供するために策定されました。

**WiMAX（Worldwide Interoperability for Microwave Access）**
高速無線通信の規格の1つ。

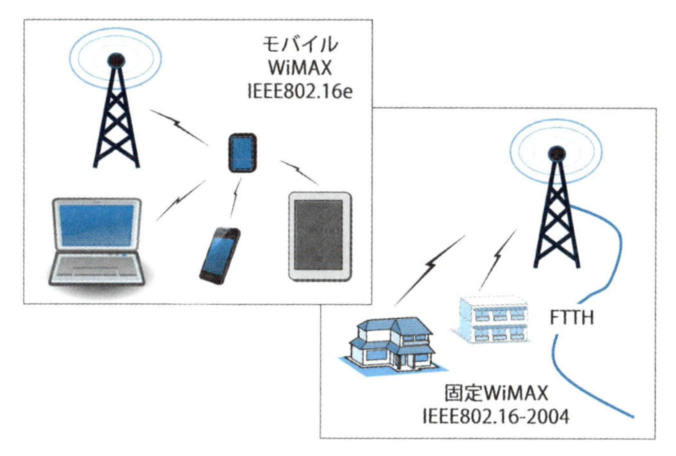


図4-7：モバイルWiMAXと固定WiMAX

WiMAXが使用する主な技術は、OFDM、OFDMA、適応変調、MIMO、適応アンテナです。

**OFDM**と**MIMO**については、第8章を参照してください。

**OFDMA**はOFDM技術を使用した多重アクセスです。無線キャリア（搬送波）を複数のサブキャリアチャネルに分割し、1つの無線キャリアを同時に、複数ユーザと共有します。そしてサブキャリアの数を変えることで、個々のユーザの伝送帯域の割り当てが変えることができます。つまりユーザ単位で、伝送速度を動的に変更することができます。

**適応変調**は、変調方式を動的に変更する技術です。WiMAXでは、BPSK、QPSK、QAMという複数のデジタル変調方式を使用します。ノイズの多い電波空間の環境では、ノイズに強いが伝送速度が遅いBPSKを使用し、ノイズが少ない環境では、伝送速度が速いQAMを使用します。これらの変調方式を、環境によって柔軟的に変更します。これによって信号の品質レベルにあった効果的な伝送を行います。

**適応アンテナ**は、通信が開始されると、ユーザ端末を正確に追跡し、指向性を高めた電波で送受信する技術です。これによって通信距離を拡大することができ、また信号品質を向上させることができます。

用語解説

**OFDM (Orthogonal Frequency Division Multiplexing)**

直交周波数分割多重。搬送波（キャリア）の周波数帯域幅を細かく分割して数多のサブキャリアを作り、帯域幅を共有して使用する技術。詳しくは、第8章を参照。

**MIMO (Multiple Input Multiple Output)**

複数のアンテナで異なるデータを同時に送受信する技術。詳しくは、第8章を参照。

用語解説

**OFDMA (OFDM Access)**

直交周波数分割多重アクセス。OFDM技術を使用した多重アクセス。

**BPSK (binary phase-shift keying)**

二位相偏移変調。デジタル変調方式の1つ。詳しくは、第8章を参照。

用語解説

**適応アンテナ (AAS：Adaptive Antenna System)**

自動的な制御を行い信号品質を向上させるアンテナ技術。

WiMAXはプロトコルをIPベースで設計されているため、インターネットアクセスに適しています。

固定WiMAXは、地域**デジタルデバイド**（情報格差）解消のシステムとして期待されます。つまり、山間部など光ファイバの敷設が採算的に困難な場所や、電話局から遠くADSLが利用できない場所など、ブロードバンド過疎地域への解消として、通信範囲の広いWiMAXの導入は有効だと考えられます。

WiMAXは、日本における**無線ブロードバンドアクセス(BWA)**のシステムの1つとして採用されました。IEEE802.16eは、モバイルサービスを提供するために策定され、周波数2～6GHz帯の仕様で、20MHzの帯域幅を使用します。最大伝送速度は約40Mbps、伝送距離は半径1～5Kmとなっています。日本のモバイルWiMAXでは、2.5GHz帯を使用します。

**LTE**は、**3GPP**が標準化した携帯電話の通信規格であり、将来の第4世代携帯電話（4G）に限りなく近い技術ということで、第3.9世代携帯電話（3.9G）とも呼ばれます。

LTEでは、アップリンク(ユーザから局への上りの伝送路)には、ユーザごとに1つのキャリア（シングルキャリア）を使った多重アクセス（SC-FDMA）を使用します。ダウンリンク（局からユーザへの下りの伝送路）には、OFDMの技術を利用したOFDMAを使用します。また、複数アンテナを使用するMIMOで、大容量伝送を行います。変調方式は64QAMです。表4-1はLTEの理論上の諸元ですが、表中の変調方式16QAMは、1回のキャリア（搬送波）の変調で4ビットを伝送し、64QAMは6ビットを伝送します。

日本におけるLTEは、1.5GHz帯を使用しますが、15MHzの周波数幅を使用すれば、下り120Mbps、上り40Mbpsを越える通信が可能です。

**BWA（Broadband Wireless Access）**
高速無線通信システム。

**LTE（Long Term Evolution）**
携帯電話の通信規格。第3.9世代携帯電話と呼ばれる。

**3GPP (3rd Generation Partnership Project )**
第3世代携帯電話（3G）システムや第4世代移動通信システムの仕様を検討する標準化プロジェクト。

**4G (4th generation)**
第4世代移動通信システム。

**SC-FDMA (Single-Carrier Frequency-Division Multiple Access)**
周波数多重アクセスの1つ。

表4-1：LTEの諸元

| | | 下り | | 上り | |
|---|---|---|---|---|---|
| 変調方式 | | 16QAM | 64QAM | 16QAM | 64QAM |
| MIMO | | 2×2 | 4×4 | なし | |
| 帯域幅 | 5MHz | 42.5Mbps | 80.3Mbps | 14.4Mbps | 21.6Mbps |
| | 10MHz | 85.7Mbps | 161.9Mbps | 28.8Mbps | 43.2Mbps |
| | 15MHz | 128.9Mbps | 243.5Mbps | 43.2Mbps | 68.8Mbps |
| | 20MHz | 172.1Mbps | 325.1Mbps | 57.6Mbps | 86.4Mbps |

変調方式、MIMOのアンテナ数、帯域幅の種別による理論的伝送速度

**WiMAX2**は、次世代のWiMAXでIEEE802.16mとして規格化されました。主な改良点は、MIMOを最大8×8に拡張し、MIMOの組み合わせによって、下り通信に6つのMIMOモード、上り通信に5つのMIMOモードを規定しました。それらのモードは、回線状況によって動的に切り換えられます。

周波数の帯域を、最大40MHzに拡張しました。また、フレーム構造を改良して伝送遅延を短縮しました。これらによって、下りの最大の伝送速度は330Mbps（40MHz、4×4MIMO）を実現します。

その他に、**ハンドオーバ**の遅延時間を30msに短縮し、最大移動速度350km/hを可能にしました。また電力効率を改善し、端末バッテリーの省電力化を図っています。

またLTE-Advanced は、次世代のLTEで、3GPPが規格化し、**ITU**が**第4世代移動通信システム（4G）**として採用しました。

**LTE-Advanced**では、**キャリアアグリゲーション**として、複数の搬送波を束ね、最大100MHz幅を規定しました。また、MIMOについても、下り8×8、上り4×4を規定しました。伝送遅延は、5ms以下に抑え、これらによって下り最大3Gbps、上り最大1.5Gbpsを実現します。当面の目標は、下り1Gbps、上り500Mbpsです。

また、複数の基地局が協調して、移動端末に送信する**多地点協調（CoMP）**という技術や、基地局から移動端末への通

Aa 用語解説

**ハンドオーバ（Hand Over）**
移動中に通信を切断することなく、基地局を切り換えること。

**ITU（International Telecommunication Union）**
国際電気通信連合。電気通信、無線通信の国際機関。

メモ

**キャリアアグリゲーション**
LTEでは、キャリアアグリゲーションというが、WiMAXでのチャネルボンディングと同じ仕組み。

Aa 用語解説

**多地点協調（CoMP：Coordinated Multipoint transmission/reception）**
スループットを改善するために、複数の基地局が協調して共同で通信する技術。

信を、中継局を設定してリレーする**リレー技術**などが織り込まれています。これらによって、最大移動速度を350km/hを可能にしています。

表4-2に、WiMAX、WiMAX2、そしてLTE-Advancedの諸元を示します。

表4-2：次世代WiMAXと次世代LTEの諸元

| | WiMAX | WiMAX2 | LTE-Advanced |
|---|---|---|---|
| 規格名 | IEEE802.16e | IEEE802.16m | 3GPP Release11 |
| 周波数帯域幅 | 10MHz（現行） | 最大40MHz | 最大100MHz |
| 最大伝送速度（下り） | 64Mbps（10MHz、2×2） | 300Mbps（20MHz、4×4） | 1Gbps（40MHz、8×8） |
| 最大伝送速度（上り） | 28Mbps（10MHz、2×2） | 112Mbps（20MHz、4×4） | 500Mbps（40MHz、4×4） |
| 最大移動速度 | 60～120km/h | 350km/h | 350km/h |
| 遅延（ハンドオーバ） | 35～50ms | 30ms | 5ms |
| 最大MIMO（下り） | 2×2 | 4×4 | 8×8 |
| 最大MIMO（上り） | 2×1 | 2×4 | 4×4 |

## 2 VPN

**VPN**とは公衆網を私設網のように利用する技術です。VPNは、**ユーザ構築のVPN**と**通信事業者（キャリア）のVPNサービス**に、大別することができます（第1章の図1-24を参照してください）。

ユーザ構築のVPNとは、世界中に広がったIPネットワークであるインターネットを、私的なネットワークとして利用するVPNです。これを**インターネットVPN**といいます。キャリアのVPNサービスには、レイヤ3レベルのVPNサービスである**IP-VPN**と、レイヤ2レベルのVPNサービスである**広域イーサネット**があります。組織内に閉ざされたIPネットワークであるイントラネット同士を繋ぐのに利用されます。

**VPN（Virtual Private Network）**
ポイントツーポイントで固定されたWAN回線を仮想化し、公衆網をあたかも専用線のように利用する仮想私設網。

インターネットVPNでは、エンドユーザのサイトからエンドユーザのサイトまで、インターネットを私的に使用する仮想的なトンネルを構築する必要があります。しかしキャリアのVPNサービスでは、キャリアがネットワークをトンネリングするためのパスを提供します。またインターネットVPNでは、暗号化などのセキュリティ確保が必須ですが、キャリアのVPNサービスでは必ずしも必要ではありません。

## インターネットVPN《プライベートアドレスのまま通過する》

**インターネットVPN**で使用する公衆網は、世界を網羅した巨大なネットワークです。したがって拠点がどこであろうと、各拠点の最寄りのISP（インターネット接続事業者）と契約すれば、VPNを構築することができます。

しかし不特定多数のユーザと共有し匿名性が高いネットワークを利用するため、セキュリティを確保しなければ私設網として利用することができません。セキュリティ確保のため、**IPsec**というセキュリティプロトコルを使用し、**暗号化**と**トンネリング**を行います。

IPsec（Security Architecture for Internet Protocol）
第9章を参照。

インターネットVPNで使用する**VPN装置**は、これらの処理を行います。暗号技術によって、通信データを暗号化しインターネットでの盗聴を防ぎます。トンネリングとは、IPパケット化したデータを別のIPパケットの中に格納（カプセル化）することですが、この技術によってインターネットに仮想的なトンネルを構築して、元来のデータを覆い隠したまま通過させます。

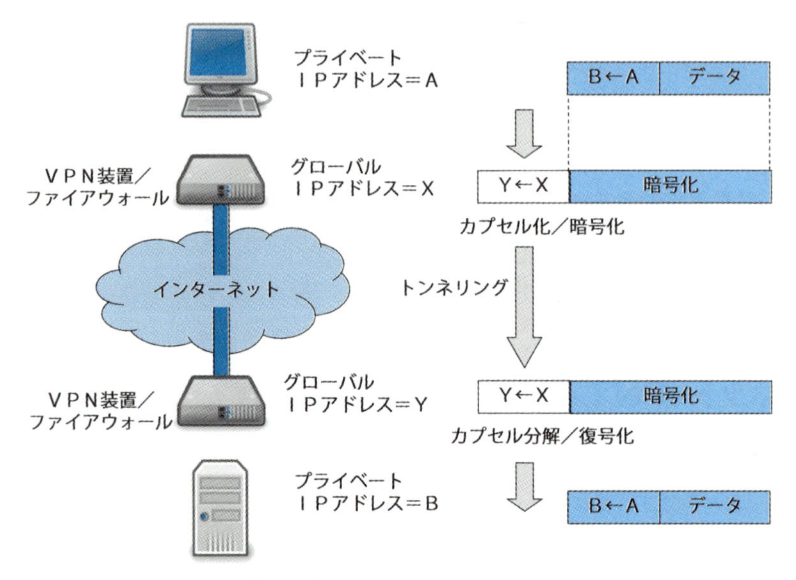


図4-8：インターネットVPNのイメージ

図4-8の例では、プライベートアドレス「A」を使用しているイントラネット上の端末が、プライベートアドレス「B」を使用している離れた拠点にあるサーバへ通信します。送信側のVPN装置は、「A」から「B」宛のIPパケットを受け取ると、IPパケット全体を暗号化し、VPN装置が作る新たなIPパケットの中に格納します。この新たなIPパケットの送信元IPアドレスは、送信側VPN装置のグローバルアドレスで、宛先IPアドレスは、受信側VPN装置のグローバルアドレスです。このようにプライベートアドレスを送信元や宛先にした本来のIPパケットを暗号化し、新たなIPパケットの中に格納して、インターネットを通過させます。

インターネットを経由して受信したIPパケットを、受信側のVPN装置はカプセルを外し、暗号処理したデータを復号化し、宛先サーバへと転送します。

このように送信端末、宛先端末とも、プライベートアドレスのまま送受信し、途中にインターネットを介していることを意識せずに通信することができます。

## IP-VPN《MPLSの技術を使用したVPN》

**IP-VPN**サービス、および広域イーサネットサービスは、ユーザが構築するインターネットVPNと異なり、インターネットとは独立した専用のネットワークを使用します。したがって通信路がはっきりとして高い通信品質が可能です。**SLA**（サービス品質保証契約）を保証しているサービスもあります。

**SLA（Service Level Agreement）**
サービス品質保証契約。第1章を参照。

IP-VPNは、キャリアがVPN用のIPネットワークを構築し、ユーザのVPNを実現させるサービスです。ユーザはキャリアのIPネットワークまでのアクセスを、専用線やFTTHなどを利用して接続します。図4-9は、IP-VPNサービスのイメージです。

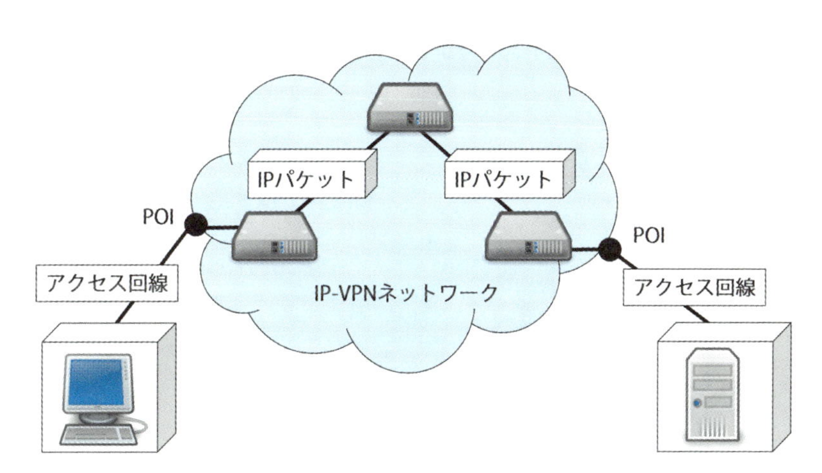


図4-9：IP-VPNのイメージ

IP-VPNサービスには、インターネットVPNで使用する**IPsec**というセキュリティプロトコルを使用するキャリアもあります。しかし、キャリアが提供しているIP-VPNサービスの多くは、MPLSというレイヤ3スイッチの技術を使用しています。

## MPLS《ラベルを見てルーティングを行う》

**MPLS**は、IPアドレスを見て転送するのではなく、IPパケットに**ラベル**を貼り付け、そのラベルに従って転送するという方法です。転送されたIPパケットの宛先アドレスを調べ、アドレステーブルを検索し、ヘッダを書き換えながらルーティングする方法に比べて、付与されたラベルだけを参照して転送する方法の方が、はるかに高速に転送することができます。

MPLSは、通信の2点間に**LSP**という仮想的なパス（通信路）を構成します。LSPへの転送は、ルータである**LSR**によって、ラベル配布プロトコルで作成されたラベル転送テーブルを参照することで行われます。ラベル転送テーブルは、ラベル配布プロトコルによって作成され、そこにはラベルの値と、次に転送するLSRなどの対応付けが書かれています。

**MPLS (Multi Protocol Label Switching)**
パケットにラベルを付加し、ラベルによって転送するパケット転送技術。

**LSP (label Switching Path)**
MPLSネットワークの仮想的なパス。

**LSR (Label Switching Router)**
MPLSネットワークのルータ。

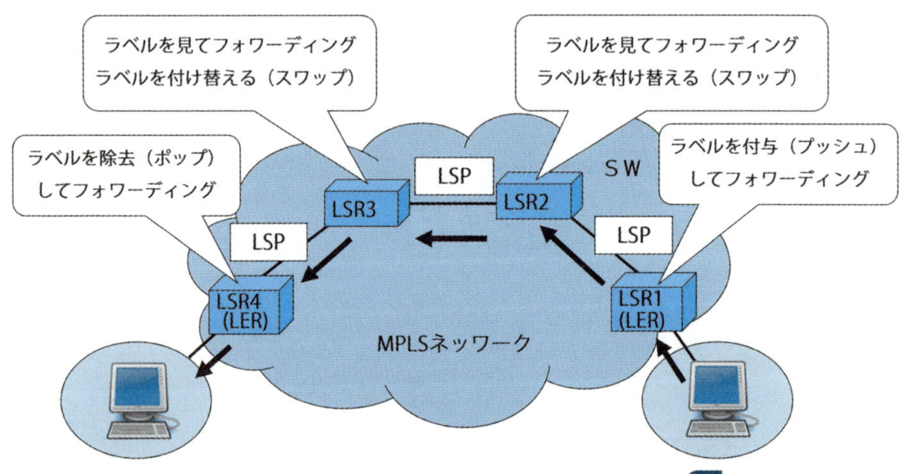


図4-10：MPLSのプッシュ、スワップ、ホップ

**LER (Label Edge Router)**
MPLAネットワークとユーザ側のネットワークとの境界ルータ。

MPLSネットワークとのエッジ（境界）に位置するLSRを**LER**（エッジルータ）と呼びます。図4-10のように、MPLSネットワークの入り口のLER で、IPパケットにラベルを付与

（**プッシュ**）します。MPLSネットワーク内のLSRではラベルを付け替え（**スワップ**）、最後に出口のLSR（エッジルータ）でラベルを取り外（**ポップ**）します。

図4-11の例に従って説明します。

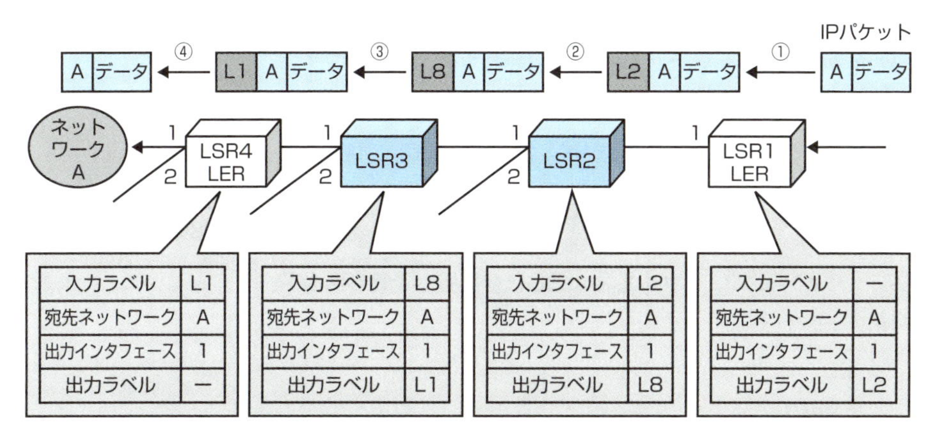


| 入力ラベル | L1 |
|---|---|
| 宛先ネットワーク | A |
| 出力インタフェース | 1 |
| 出力ラベル | ー |

| 入力ラベル | L8 |
|---|---|
| 宛先ネットワーク | A |
| 出力インタフェース | 1 |
| 出力ラベル | L1 |

| 入力ラベル | L2 |
|---|---|
| 宛先ネットワーク | A |
| 出力インタフェース | 1 |
| 出力ラベル | L8 |

| 入力ラベル | ー |
|---|---|
| 宛先ネットワーク | A |
| 出力インタフェース | 1 |
| 出力ラベル | L2 |

図4-11：MPLSの転送処理

①右のLER（LSR1）へ転送されたネットワークA宛のIPパケットは、ラベル転送テーブルに従って、L2というラベルを付与（プッシュ）し、インタフェース1から出力し、LSR2へ転送します。

②パケットを転送されたLSR2は、L2というラベルを確認し、インタフェース1から出力します。そのときラベルをL8に付け替え（スワップ）します。

③LSR3も②と同様に、ラベルをL1に付け替え、インタフェース1から転送します。

④LER（LSR4）は、転送されたパケットのラベルを取り外（ポップ）し、インタフェース1から出力すると、パケットはネットワークAへ転送されます。この間、ルータはIPパケットのヘッダを確認することなく、付与されたラベルだけを参照して転送を行います。

MPLSはマルチプロトコルに対応しています。IP以外の3層プロトコルにもラベルを割り当てることができます。またATMやフレームリレーなど、さまざまなネットワークで使用することができます。**イーサネット**や**PPP**では、**シムヘッダ**という32ビットのヘッダを、2層と3層のヘッダの間に付け、ラベルとして使用します。

MPLSを利用したVPN（**MPLS-VPN**）サービス（図4-12）では、エッジにあるLERのことを**PEルータ**、MPLS内にあるLSRのことを**Pルータ**と呼びます。またユーザ側のルータを**CEルータ**と呼びます。また、経路情報とラベル情報の交換に、インターネットバックボーンでプロバイダ同士が使用するルーティングプロトコルである**BGP**を拡張した**BGP-MP**を使用します。

**PPP（Point to Point Protocol）**
WANのプロトコル。詳しくは第3章を参照。

**シムヘッダフォーマット**
付録を参照。

**PEルータ（Provider Edge Router）**
MPLS-VPNでのエッジルータの呼称。

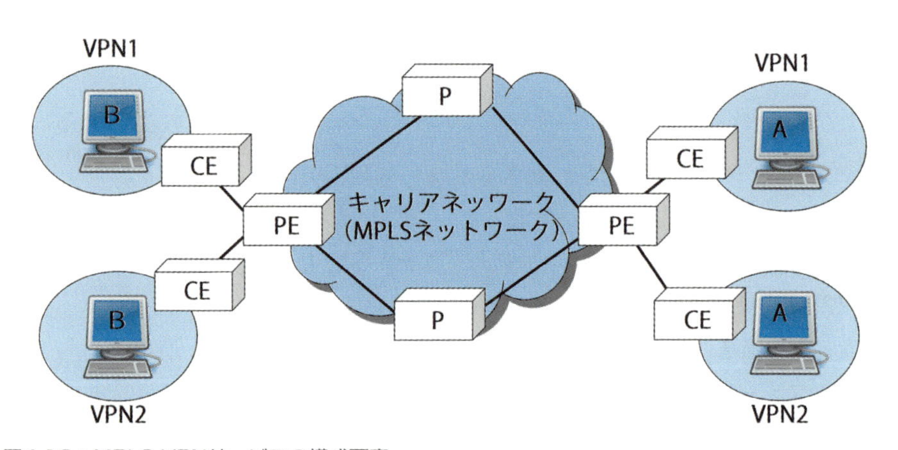


図4-12：MPLS-VPNサービスの構成要素

ラベルは、複数重ねて使用することができます。MPLS-VPNでは、ラベルを2段に重ねて使用します。先頭のラベルは、図4-11で説明した通り、転送するLSPを識別するために使用します。LSRはこのラベルだけを参照して、高速に転送します。

2段目のラベルは、ユーザ（顧客）を識別するために使用します。キャリアが提供するVPNサービスは、多数のユーザ

**Pルータ（Provider Router）**
MPLS-VPNでのルータの呼称。

**CEルータ（Customer Edge Router）**
MPLS-VPNでのユーザ側ルータの呼称。

が利用します。これらのユーザのVPNサービスを特定します。

イントラネットでは、プライベートアドレスを使用するケースが多く、異なる企業（ネットワーク）で同一のアドレスが数多く存在します。しかしMPLS-VPNでは、LSRはラベルしか見ないので、IPヘッダのアドレスが同一のアドレスを使用したとしても問題は生じません。

図4-13は、MPLS-VPNで2段に重ねたラベルを示しています。先頭のラベルは転送するLSPを識別するため、2段目のVPN20というラベルは、ユーザを識別します。

**BGP (Border Gateway Protocol)**

EGPsルーティングプロトコルの1つ。詳しくは、第2章を参照。

**BGP-MP（Border Gateway Protocol Multiprotocol Extensions)**

BGPを拡張したプロトコル。

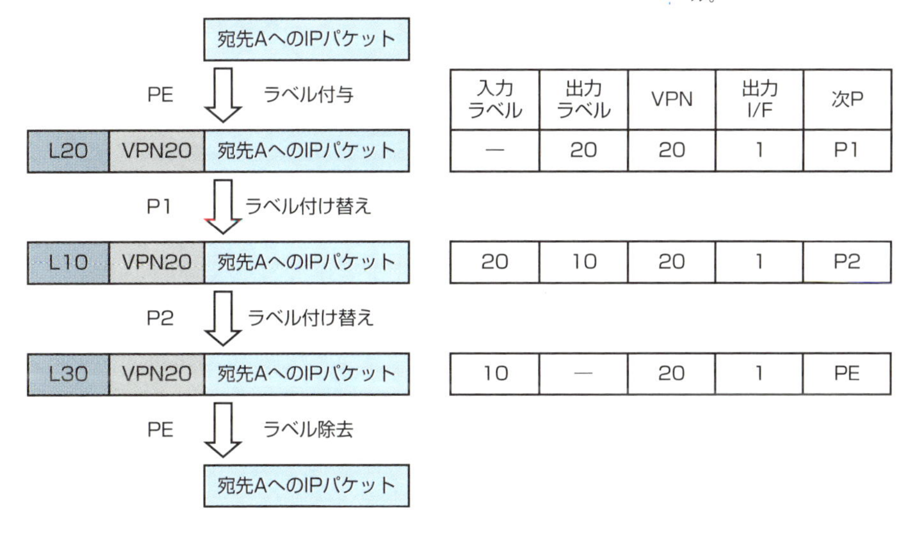


| 入力ラベル | 出力ラベル | VPN | 出力I/F | 次P |
|---|---|---|---|---|
| — | 20 | 20 | 1 | P1 |
| 20 | 10 | 20 | 1 | P2 |
| 10 | — | 20 | 1 | PE |

図4-13：MPLS-VPN

## 広域イーサネット

### 《Q-in-Q、MAC-in-MAC、VPLSの3つの仕様》

**広域イーサネット**は、イーサネット（LAN）の通信方式を利用したレイヤ2レベルのVPNです。LANで使用しているイーサネットフレームをそのまま伝送するので、上位のプロトコルはIPに限りません。しかも拠点間は同じイーサネットとして扱えるので、ユーザ側に特別なルータは不要です。

広域イーサネットには、Q-in-Q、MAC-in-MAC、VPLS、の3つの方式があります。

**Q-in-Q（IEEE802.1ad）**は、**タグVLAN**の技術を利用した**スタックドVLAN**とも呼ばれる方式です。イントラネットで使用しているイーサネットのフレーム（レイヤ2フレーム）を、そのまま広域に透過（トランスペアア）させるVPNです。キャリアが構築するネットワークは、レイヤ2スイッチで構成したイーサネットです。VLANタグをスタック（付与）して、キャリアのイーサネットをトンネリングします。

**タグVLAN**
第3章を参照。

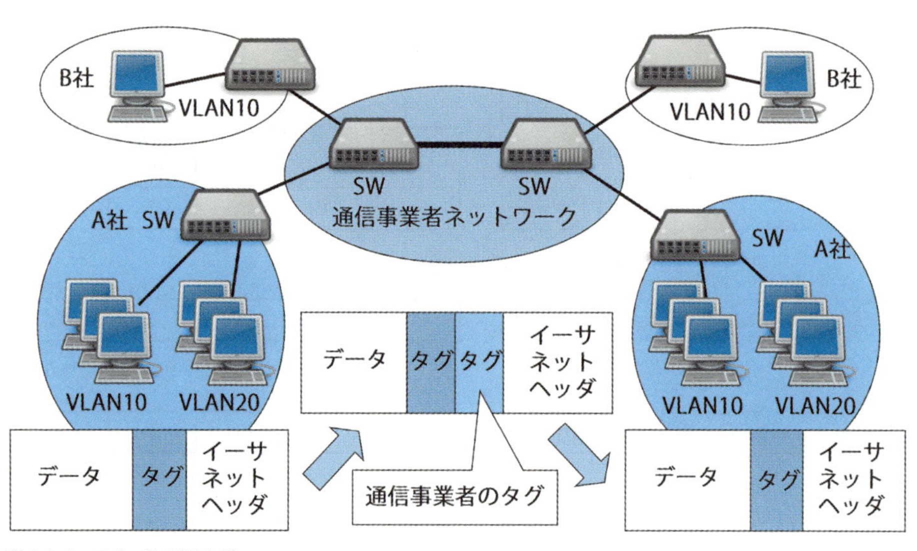


図4-14：Q-in-Qの概念図

図4-14は、Q-in-Qの概念図ですが、ユーザから転送されたイーサネットフレームには、ユーザ（顧客）が付けたユーザネットワークのVLANを識別するタグが含まれています。このタグ付きのフレームを受信したキャリアのスイッチは、ユーザを識別するための2つ目のVLANタグ（サービスVLANタグ）をスタックし、ネットワーク内のスイッチへと転送します。着信側のスイッチでは、サービスVLANタグを除去してユーザのスイッチへと転送します。

**MAC-in-MAC（IEEE802.1ah）**は、**PBB**ともいわれ、新たに定義したキャリアのMACフレームの中に、ユーザのMACフレーム（イーサネットフレーム）を埋め込む（カプセリング）方式です。

Q-in-Qでは、ユーザ識別のためのVLANタグは、ユーザが付けるVLANタグと同じ形式のため、VLAN-IDフィールドは12ビットしかなく、約4000の識別しかできません。また、キャリアネットワーク内のスイッチは、ユーザ端末のMACアドレスで転送テーブルを検索し、転送先を決定します。そのため、多数の端末がネットワークに接続すると、スイッチの転送テーブルは膨大な数のMACアドレスを学習し管理しなければなりません。

MAC-in-MAC では、図4-15で示すように、ユーザのMACフレームを事業者のMACフレームでカプセル化します。そのヘッダには、事業者のスイッチの宛先アドレス（DA）、送信元アドレス（SA）、そして中継VLANタグ（Bタグ：4バイト）が付けられます。さらにサービスインスタンスタグ（Iタグ：6バイト）が付けられます。このIタグの中には、ユーザを識別するための3バイト（24ビット）のサービスインスタンス識別子が含まれます。したがって、1000万以上のユーザを識別することができます。

また、MAC-in-MACでは、事業者ネットワーク内のスイッチは、中継先のMACアドレスを参照するだけで、ユーザ端末のMACアドレスを参照しません。したがってネットワーク内の装置のMACアドレスだけを学習し管理することができます。

用語解説

**PBB（Provider Backbone Bridges）**

IEEE802.1ahとして標準化されたイーサネット技術を使用した広域イーサネットサービスの1つ。

参照

**VLAN-ID**

付録を参照。

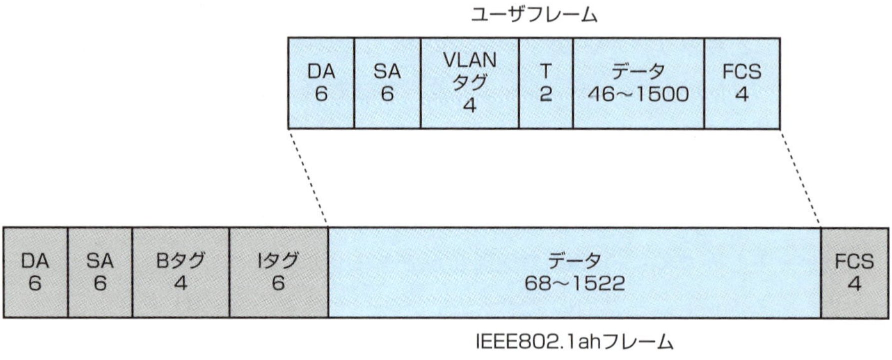

ユーザフレーム

| DA | SA | VLANタグ | T | データ | FCS |
|---|---|---|---|---|---|
| 6 | 6 | 4 | 2 | 46～1500 | 4 |

| DA | SA | Bタグ | Iタグ | データ | FCS |
|---|---|---|---|---|---|
| 6 | 6 | 4 | 6 | 68～1522 | 4 |

IEEE802.1ahフレーム

図4-15：IEEE802.1ahフレーム

**VPLS**は、MPLSプロトコルを利用した方式で、**EoMPLS**と呼ばれます。MPLSネットワーク上にイーサネットフレームを転送させる広域イーサネットサービスです。

事業者のエッジルータは、ユーザごとに学習したMACアドレステーブルをもちます。どのパスにどのユーザのどのMACアドレスのフレームを転送すればいいかの情報をもつことで、MPLSネットワーク上で仮想的なイーサネットスイッチを動作させます。

図4-16で示すように、ユーザから転送されたイーサネットフレームは、事業者のエッジルータ（PE）で、FCS（エラーチェックのフィールド）が除去され、2つのラベルがスタックされます。外側のT（トンネル）ラベルは、PE-P-PE間のトンネルを転送するためのラベルです。内側のVC（バーチャルコネクション）ラベルは、ユーザのイーサネットを識別するラベルです。ラベルフィールドは20ビットで100万ものユーザを識別することができます。そして、新たなFCSを付加してフレームを形成します。

用語解説

**VPLS (Virtual Private LAN Service)**

MPLS技術を使用した広域イーサネットサービスの1つ。

用語解説

**EoMPLS (Ethernet over Multi Protocol Label Switching)**

MPLSネットワーク上でイーサネットを実現させる技術。

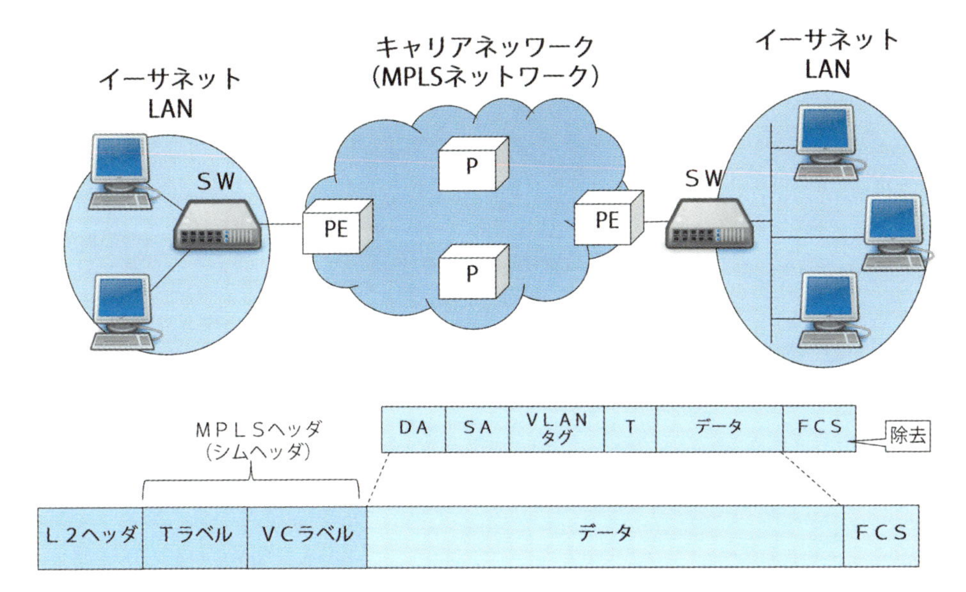


図4-16：VPLSの概念図

# 第 5 章

# 音声通信サービス

## ー音声をどうやって伝えるかー

電気的な手段で情報を通信するサービスは、音声サービス、すなわち電話サービスから始まりました。日本では、1890年から加入者電話サービスが開始されました。

1979年には、携帯電話の前身となる電波を使用した移動電話サービスが始まり、2001年には、インターネットアクセス回線（ブロードバンドアクセス）を使用し、IPパケットで音声を伝達するIP電話サービスが開始されました。

この章では、加入者固定電話、携帯電話、およびIP電話の技術について解説します。

# 1 加入者電話

ネットワークは、複数の端末を接続し、相互に情報を交換するシステムです。この複数の端末の中から、特定の相手を選択し、情報を交換する方法に、回線交換方式とパケット交換方式という2つの方式があります。回線交換方式は、電話などのリアルタイムの通信に適し、パケット交換方式は、正確性が要求されるデータ通信に向いています。

加入者電話は、120年以上も前からサービスを提供している回線交換方式を使用した音声のネットワークサービスです。

## 回線交換方式《リアルタイム通信に適した交換方式》

**回線交換方式**は、相手端末との間に専用の通信路を形成して情報を伝達する方法です。パケット交換方式は、情報を細切れにして、それぞれに通信相手（宛先）を表示して情報を伝達する方法です。

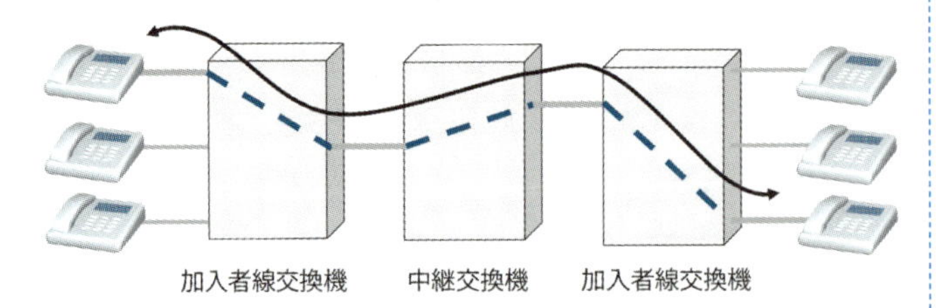


図5-1：回線交換方式

例えていうと回線交換方式は、消火ポンプからホース繋いで火災現場へ放水する方式で、パケット交換方式は、水をバケツに汲んで、複数の人間でリレーする方式です。あるいは、コンテナトラックなどの車両を借り切って、引っ越し荷物を運送するのが回線交換方式、小分けにした荷物に送り状を付け、宅配便の集配所を中継しながら運送するのが、パケット交換方式です。

回線交換方式は、回線をスイッチして通信する方法です。通信するときに発信・着信の端末間に通信回線を物理的に設定し、通信が終了すると回線を切断します。その間、回線を占有して使用します。

回線交換方式の特徴は、次の通りです。

- 回線を占有するため、他の通信に影響されない
- 回線を占有するため、回線容量が限定される
- 連続的に発生するデータ転送には適しているが、間欠的に発生するデータ転送は効率が悪くなる
- パケット交換方式に比べると、交換機の負担は少なくなる
- 伝搬遅延は小さくて済む
- 情報の種類や形式の制約がほとんどない
- 送信速度と受信速度は同一の必要がある
- 誤り制御などの通信処理は行われない

**パケット交換方式**は、データユニットに付加した制御情報を調べ、交換機間をリレーして通信する方法です。各交換機はデータユニットをいったん記憶装置に蓄積し、誤り検出などの処理を行いながら転送します。

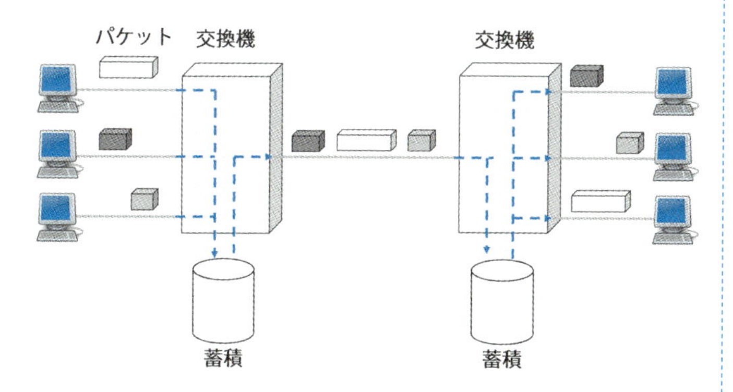


図5-2：パケット交換方式

パケット交換方式の特徴は、次の通りです。

- ネットワークはパケットが転送されたときだけパケット処理をするので、回線を効率的に使用することができる
- 間欠的に発生するデータ転送に有効
- 宛先の異なる複数のデータを、回線を切り換えることなく通信することができる
- ヘッダ処理を行うため、交換機の負担は多くなる
- 記憶装置に蓄積するため、遅延が生じる
- データを蓄積するとき、速度の変換や伝送制御手順など変換を行うことができるため、異種端末間の通信も可能
- 蓄積時に誤り制御や再送制御などを行うため、信頼性の高い通信ができる

回線交換方式とパケット交換方式の特徴を比較すると、表5-1のようになります。

表5-1：回線交換方式とパケット交換方式の比較

| | 回線交換方式 | パケット交換方式 |
|---|---|---|
| 他通信からの影響 | 回線を占有しているため影響がない | ある |
| 同時複数通信 | 回線切り換えが必要 | ヘッダ情報により可能 |
| 伝送遅延 | 小さい | 大きい |
| 間欠的データ転送 | 回線を占有しているため使用効率が悪い | 有効 |
| 交換機の負担 | 軽い | 重い |
| データの透過性 | 情報の種類や形式の制約はほとんどない | 各交換機でデータをチェックできる |
| 異種端末間通信 | 同じ速度、同じ伝送手順のものでないとできない | 速度の変換、伝送制御手順の変換ができる |

## 交換機の動作《発呼の検出から通話路切断まで》

交換機の基本的な動作は、かつて交換手が目、耳、口、手を用いて行った回線接続、切り換えなどの交換動作と本質的には変わりません。ただし、かつて交換手によって行われて

いた動作は、交換機では信号よって行われます。

交換機に必要な機能は、図5-3で示します。

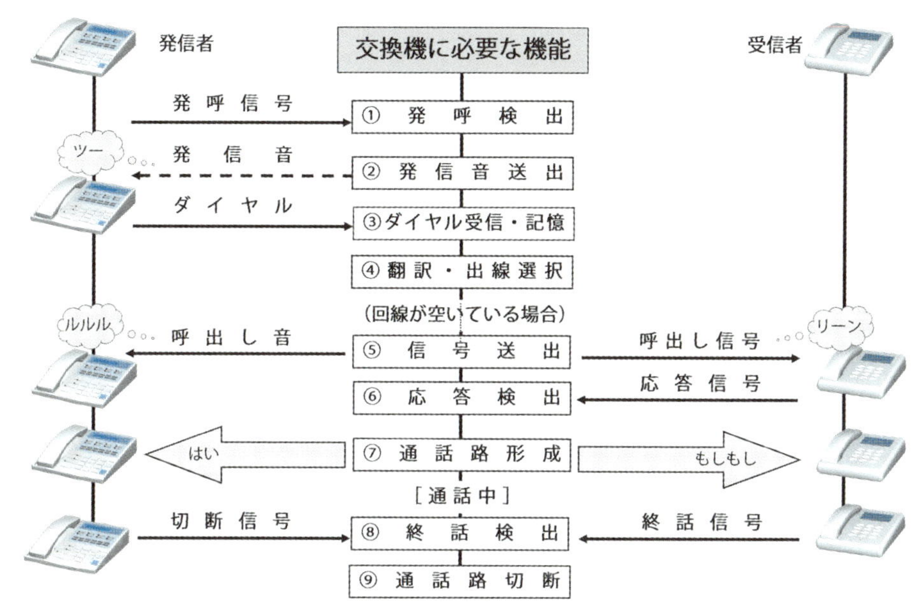


図5-3：交換機の接続動作

①発呼検出は、発信者が受話器を上げることによって発呼信号が流れ、通話を要求している発信者を特定することができます。

②発信音送出によって、発信者は交換機の準備ができていることが確認でき、ダイヤルをすることができます。

③ダイヤル受信・記憶によって、発信者からのダイヤル信号を受信し蓄積します。

④翻訳・出線選択によって、ダイヤル信号から、受話相手を特定し、スイッチする回線を選択します。

⑤信号送出によって、受信者を呼び出します。図では、説明を簡単にするために、同じ交換機に繋がっている電話機同士の通話にしています。他局に繋がっている電話機との通話の場合は、中継交換機への回線に接続して、受信者を呼

び出します。

⑥応答検出は、受信者が受話器を上げることによって、応答したことを確認します。

⑦通話路形成によって、発信者と受信者との間に、専用の通話路を形成します。

⑧終話検出は、発信者が受話器を下ろすことによる切断信号、また受信者が受話器を下ろすことによる終話信号によって確認します。

⑨通話路切断で、今まで発信者と受信者とで占有していた通話路を開放し、初期の状態に戻します。

## 交換機の機能

### 《デジタル交換機はサービス機能も提供している》

電話交換機には、通話を可能にするために、回線を選択し接続するという機能の他に、伝送路の節減、ネットワーク制御、サービスの提供という機能もあります。

**伝送路の節減**とは、交換機よって伝送路を大幅に少なくすることができるということです。電話は、いつでも任意の相手と通話を行うことが必要ですが、1対1の通信システムでは、膨大な量の伝送路が必要となります。

利用者数がnである場合には$n(n-1)/2$本の伝送路が必要となります。しかし、利用者からの伝送路をすべて交換機に収容し、希望する利用者間をスイッチで接続すれば、伝送路は大幅に節減することができ、利用者間の通信を行うことができます。

図5-4は、交換機が通話相手との回線を選択し接続するイメージと、1対1のシステムだと6本が必要な伝送路が、交換機を使用することで4本に節減できることを示しています。

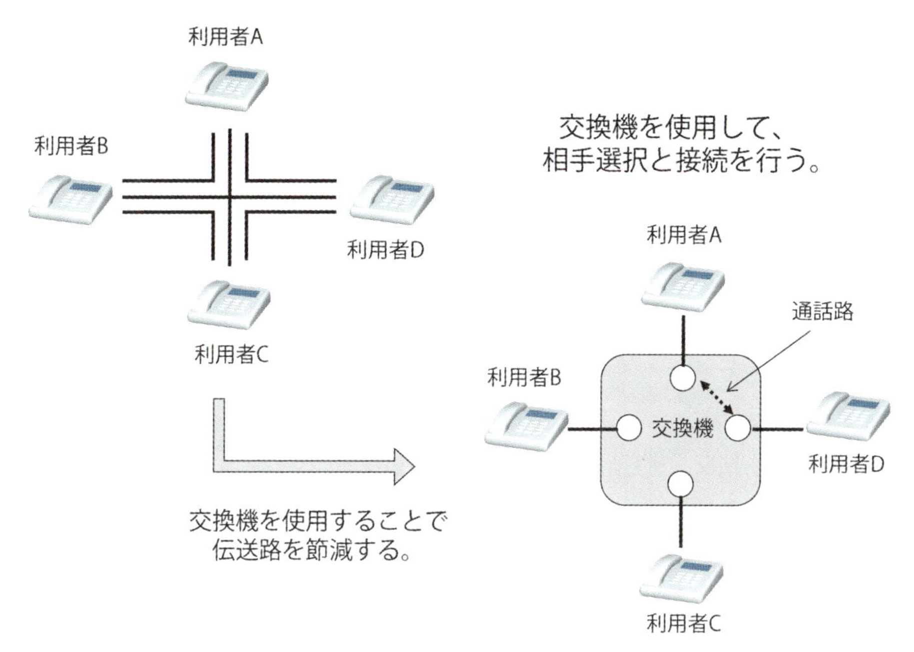


図5-4：相手の選択と接続、および伝送路節減のイメージ

**ネットワーク制御**には、迂回制御機能と、輻輳（ふくそう）制御機能があります。**迂回制御機能**とは、発信交換機と着信交換機の間の複数の伝送ルートに、あらかじめ迂回する順位を決めておくということです。伝送路の故障などで信頼性を損なわないため、決められた順位によって、代替ルートに迂回します。

また**輻輳制御機能**は、災害などで電話が集中的に発生して、**輻輳状態**になったとき、発信や着信などの規制をして、電話網全体への影響を抑えます。

**サービスの提供**とは、交換機の接続動作の過程で機能を附加し、サービスを提供することをいいます。主なサービスには、**ボイスワープ**、**なりわけサービス**、**ナンバーディスプレイ**、**キャッチホン**、**コレクトコール**などがありますが、これらのサービスは交換機によって実現しています。

メモ

**輻輳状態**

電話の輻輳状態とは、電話が集中的に発生して、交換機の処理能力を大幅に超え、正常な交換動作が行えない状態のことである。輻輳状態を放置すると、ネットワーク全体を麻痺させる恐れがあるので、このような異常トラフィックを制御し、ネットワーク全体への影響を抑える必要がある。

## 交換機の構成《人による電話交換からデジタル交換機へ》

交換機は、発信者からの要求に応じて、着信相手を選択し、適切な回線に接続します。初期の交換動作は人（交換手）の手によって行われていましたが、やがて自動交換機が開発されました。やがて、コンピュータ技術、デジタル技術を導入したデジタル交換機へと進化しました。

デジタル交換機の構成を、図5-5で示します。

### 通話路スイッチ網

通話路スイッチ網は、通話路の形成、切断を行います。交換手によって交換動作を行っていたときでは、手でプラグを差し込んで回線を繋ぎ、プラグを抜いて回線を切断して復旧させていました。この役割を行うのが通話路スイッチ網です。

### 制御装置

制御装置は、受信したダイヤル信号を翻訳し、要求内容を分析し、出線の選択や通話路の形成などの指示を通話路スイッチ網に行います。いわば交換手でいうと、頭脳の役割です。

### 加入者回路

加入者回路は、加入者線を収容し、発呼や応答を監視、検出を行います。いわば交換手が回線を収容したオペレータ席にいて、目や耳で発呼要求を検出するといった役割です。

### 加入者線信号装置

加入者線信号装置は、電話機に発信音や呼び出し信号などの送受信を行います。いわば交換手が耳や声で、通話要求を聞き、また相手からの通話要求を伝える役割です。

**ボイスワープ**
かかってきた電話を、あらかじめ交換機に登録した電話番号へ、自動的に転送するサービス。

**なりわけサービス**
あらかじめ交換機に登録した電話番号からの呼びし出信号を、通常と異なる音にするサービス。

**ナンバーディスプレイ**
呼び出し信号とともに、発呼者の電話番号を被呼者の電話機に表示させるサービス。

**キャッチホン**
通話中に別の電話がかかってきたことを、交換機が信号で知らせ、通信を切り換えることができるサービス。

**コレクトコール**
着信者側に課金させるサービス。

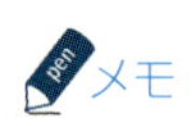


**加入者回路**
デジタル交換機の加入者回路には、次の7つの機能をもたせている。
①通話電流供給機能(Battery feed)、②過電圧保護機能(Over voltage protection)、③呼び出し信号送出機能(Ringing)、④監視機能(Supervision)、⑤アナログ信号デジタル信号変換機能(Coder-decoder)、⑥2線4線変換機能(Hybrid)、⑦試験引き込み機能(Testing)。この7つの機能のことを、それぞれの機能の頭文字を集めてボルシュト(BORSCHT)と呼んでいる。

### 共通線信号装置

共通線信号装置は、他の交換機との間で、ダイヤル信号や終話信号などの送受信を行います。いわば他所にある交換台の交換手との間で、通話要求などを伝える役割です。

### 交換機用ソフトウェア

交換機用ソフトウェアは、交換機の制御手順や加入者データなどを記憶する機能を行います。いわば接続動作の手順や加入者情報を記録した書類といった役割です。

交換機用ソフトウェアには、多数の電話機からランダムに発生する接続要求に対して、リアルタイムに処理する性能が必要です。また、交換機の設置場所やユーザのサービス条件も一様でないため、必要時において柔軟に変更できる性能も必要です。そしてライフラインという社会的な要請から、高い信頼性が必要です。

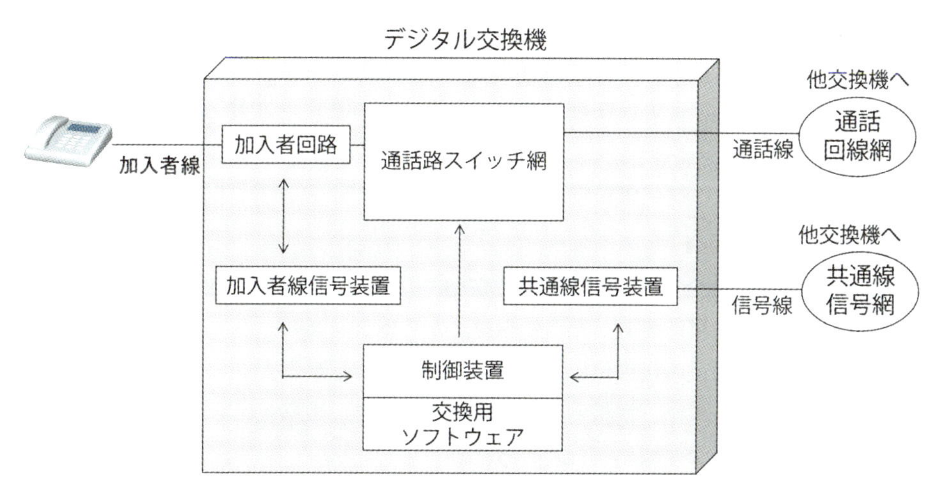


図5-5：デジタル交換機の一般的構成

### NGN《加入者電話網からIP網へ》

携帯電話の契約者の急増や、IP電話への乗り換えによって、加入者電話の契約者数もトラフィック量も、大幅に減少しました。そのため、トラフィック量に対する、交換機を始めとした加入者電話網の設備を維持する管理費用が占める割合は、大幅に高くなります。

しかも、キャリア（通信事業者）のバックボーンに流れているトラフィックは、音声のトラフィックよりもIPトラフィックの方が、はるかに上回っています。

そのため、キャリアは次世代のネットワークとして**NGN**を推進しています。基幹部分をIP化し、パケットベースのネットワークにすることで、音声通信だけでなく、高速インターネット通信、テレビ放送のサービスを、NGNを通じて提供できます。

**加入者電話網**からNGPへの移行は、中継網のIP化から始まり、電話網へのIP化へと進んでいます。交換機についても、既存の加入者交換機から、回線交換処理とパケット交換処理を行う装置へと置き換えて、IP網への移行を進めています。

**NGN（Next Generation Network：次世代ネットワーク）**
第1章を参照。

用語解説

**加入者電話網（PSTN：Public Switched Telephone Networks）**
公衆交換電話網とも表記される。

## 2 携帯電話

携帯電話は、自動車に搭載した自動車電話から始まりました。その後、電気通信の自由化により多くの新規の通信事業者が参入しました。また、携帯型端末の提供が始まり、本格的な携帯電話サービスが開始されるようになりました。

やがてアナログ方式からデジタル方式へと変わり、高品質な通話、小型軽量化、周波数の利用効率も向上しました。また、それまではレンタルだった移動端末が自由に売買できるようになり、携帯電話が身近なものになりました。やがて、ブラウザを搭載してインターネット通信ができるようになり、ますます身近な情報端末へと進化しました。

移動電話は、2000年には加入者電話サービスの固定電話の契約数を抜き、音声サービスの主役となりました。その後、日本での**スマートフォン**、**フィーチャーフォン**の加入契約者数が、全人口の数を越えて久しくなります。

しかし、携帯電話の台数は大幅に増加しましたが、音声の通話量は減少しています。今日では、コミュニケーションの主役は、FacebookやTwitterなどの**SNS(ソーシャルネットワーキングサービス)**、**ブログ**、そしてLineなどのメッセージングサービスによる方法へと移ってしまいました。

また動画共有サイトや情報共有サイトの閲覧や投稿、あるいはネットゲームや音楽ソフトなどのコンテンツ購入など、スマートフォンを中心とした携帯電話は、こうしたインターネットサービスを利用するためのツールとしての位置付けとなっています。

用語解説

**フィーチャーフォン(Feature Phone)**
スマートフォン以外の携帯電話やPHSのこと。

**SNS(Social Networking Service)**
Web上で、人と人との繋がりを構築する場を提供する、会員制サービス

**ブログ(blog)**
個人的な日記や特定の事柄への感想を投稿するWebサイト。

## 各世代の携帯電話《世代別の複信方式と多重化アクセス》

表5-2で、第1世代～第3世代、および**PHS**の複信方式、多重アクセスを比較します。

第1世代のアナログ方式の携帯電話では、**複信方式**は**FDD(周波数分割複信方式)**、**多重アクセス**(多元接続)は**FDMA(周波数分割多重アクセス)**でした。

複信方式とは、送信と受信とを同時に行う方式のことで、FDDは基地局と端末間の上り通信と下り通信で、それぞれ異なる周波数の電波を使用して、双方向通信を行います。

多重アクセスとは、複数の端末が同時に、基地局との間の通信の伝送路を共有して通信を行う方法のことです。FDMAとは、周波数帯域を複数のチャネルに分割して、複数の端末がそれぞれチャネルを占有して通信する方法です。ただし、チャネルとチャネルの周波数の間に、干渉を防止するための隙間の周波数が必要なため、周波数利用効率が悪くなります。

用語解説

**PHS(Personal Handy-phone System)**
家庭のコードレス電話の技術をベースにした移動電話システム。

**FDD(Frequency Division Duplex：周波数分割複信方式)**
第8章を参照。

**FDMA(Frequency Division Multiple Access：周波数分割多重アクセス)**
第8章を参照。

また周波数には限りがあるため、ユーザ数が制限されます。

表5-2：各世代の携帯電話とPHS

| | 第1世代 | 第2世代 | 第3世代 | PHS |
|---|---|---|---|---|
| 日本でのサービス開始年 | 1987～ | 1993～ | 2001～ | 1995～ |
| アナログ／デジタル | アナログ | デジタル | デジタル | デジタル |
| 複信方式 | FDD | FDD | FDD | TDD |
| 多重アクセス | FDMA | TDMA | CDMA | TDMA |

第2世代のデジタル方式の携帯電話は、1993年からサービスが開始されました。日本で標準化したデジタル方式の携帯電話システムである**PDC**では、TDMA/FDD方式を採用しました。

**TDMA（時分割多重アクセス）**という多重アクセスは、1つの周波数帯域を時間軸に沿って複数のチャネルに分割し、複数のユーザで同時に通信を行う方式です。

PHSは、コードレス電話をデジタル化して、屋外でも使用できるようにという発想で開発され、1995年よりサービスを開始し、TDMA/TDD方式を採用しています。

**TDD（時分割複信方式）**という複信方式は、基地局と端末間の上り通信と下り通信は、同じ周波数の電波を使用します。上りと下りの通信を極めて短い時間間隔で切り換え、双方向通信を行います。

PHSは、多数の無線基地局を設置することにより、1つの基地局がカバーするエリアを小さくし、弱い電波を使って通信ができるため、電話機や基地局を小型化し、省電力が可能です。

PHSは、基地局からの通信半径が100～500mと、携帯電話に比べて極めて狭くなっています。これを極小ゾーン、あるいはマイクロセルと呼んでいます。ゾーンが狭いため、端末からの送信電力を低く抑えることができます。また、短い

**PDC（Personal Digital Cellular）**
日本で開発した第2世代の携帯電話。

**TDMA（Time Division Multiple Access：時分割多重アクセス）**
第8章を参照。

**TDD（時分割複信方式）**
第8章を参照。

時間間隔で切り換え、双方向通信を行うTDD方式が可能です。

携帯電話の普及は、世界中で急速に普及しましたが、第2世代の携帯電話は、各国での仕様が異なっていました。周波数帯域も音声符号化も多重アクセス方式もなり、互換性がありません。そのため、同じ携帯電話機を、さまざまな地域で使うことができませんでした。

**IMT-2000**は、1999年にITU-Tが定めた第3世代携帯電話の規格です。その目的は、世界標準となるべく統一した規格を定めることでした。場所を限定せずに、世界のどこからでも、どの相手にも、同じ携帯電話を使って通信できるという規格です。また、マルチメディア通信が可能な高速通信を行うこと、固定網と同様な音声品質を確保し、固定網で提供されるサービスもシームレスで利用できることも目的としていました。

しかし、既存システムの活用面で、各国の同意が得られず、規格統一はできませんでした。最終的には、表5-3の通り、5つの異なる方式が採用され、その後2007年には、**WiMAX**が6番目の規格として追加されました。

**IMT-2000（International Mobile Telecommunication 2000）**
ITU-Tが定めた第3世代携帯電話の規格。

**WiMAX（Worldwide Interoperability for Microwave Access）**
第4章を参照。

表5-3：IMT-2000の規格

| 規格名 | 別名 | 多重アクセス/複信方式 |
|---|---|---|
| IMT-DS（IMT-Direct Spread） | W-CDMA | CDMA/FDD |
| IMT-MC（IMT-Multi Carrier） | cdma2000 | CDMA/FDD |
| IMT-TC（IMT-Time Code） | TD-CDMA、TD-SCDMA | CDMA/TDD |
| IMT-SC（IMT-Single Carrier） | UWC-136 | TDMA/FDD |
| IMT-FT（IMT-Frequency Time） | DECT | TDMA/TDD |
| IMT-2000 OFDMA TDD WMAN | WiMAX | OFDMA/TDD |

第3世代の携帯電話は2001年より、サービスを開始しました。日本では、NTTドコモ、ソフトバンク、イーモバイル

が、CDMA/FDDのW-CDMA方式を採用し、auグループがCDMA/FDDマルチキャリアのcdma2000方式を採用してサービスを提供しています。

W-CDMA（IMT-DS）とcdma2000（IMT-MC）との大きな違いは、キャリアの帯域幅です。W-CDMAは5MHzという広い帯域幅のキャリアを1つ使用するのに対し、cdma2000は、マルチキャリアという語句が表している通り、1.25MHzの狭い帯域幅のキャリアを複数使用します。

**CDMA（符号分割多重アクセス）**という多重アクセス方式は、周波数帯域を数百から数千倍に拡散する**スペクトラム拡散**を利用します。スペクトラム拡散に使用する異なった拡散符号を、ユーザそれぞれに割り当てることで、多数の同時通信を可能にします。例えていうと、複数のユーザデータを、それぞれの異なる鍵を使って暗号化し、同一時間に同一周波数を使って通信します。

**CDMA（Code Division Multiple Access：符号分割多重アクセス）**
第8章を参照。

## 第3世代携帯電話の技術
### 《スペクトラム拡散を使った通信》

第3世代携帯電話の主な技術には、**スペクトラム拡散通信**、**CDMA**、**可変速符号化**、**レイク受信**、**送信出力制御**、などがあります。

### スペクトラム拡散通信

スペクトラム拡散通信とは、情報信号を、本来の信号がもつ周波数帯域よりはるかに拡散させて通信する方式です（第8章を参照）。

第3世代携帯電話でのスペクトラム拡散通信は、**直接拡散方式**を採用し、100倍以上に占有周波数帯域幅を拡散します。

図5-6で概要を説明します。

**直接拡散方式（DSSS：Direct Sequence Spread Spectrum）**
直接スペクトラム拡散機。
第8章を参照。

①携帯電話からのアナログの音声信号をデジタル信号に変調します。これを1次変調といいます。周波数スペクトラム

とは、周波数と電力の成分分布ですが、縦軸が電力密度、横軸が周波数の表で表します。

②1次変調で変調されたデジタル信号AとBに、拡散符号aとbをそれぞれ掛け合わせます。デジタル信号A、Bは、変化が細かい信号A'、B'になり、周波数が拡散され、それに伴い電力密度は極めて微弱に低下します。これを2次変調（拡散変調）といいます。拡散した後の高速データをチップといい、1秒間のチップの数を**チップレート**（単位：cps）といいます。すなわちチップレートとは、1秒間の拡散後の信号速度のことです。

③ユーザごとに異なった拡散符号で2次変調した信号を多重化し、同時に伝送します。

④多重化された信号に、（逆）拡散符号aとbをそれぞれ掛け合わせると、その拡散符号で拡散した信号だけが逆拡散され、元の信号が再現されます。

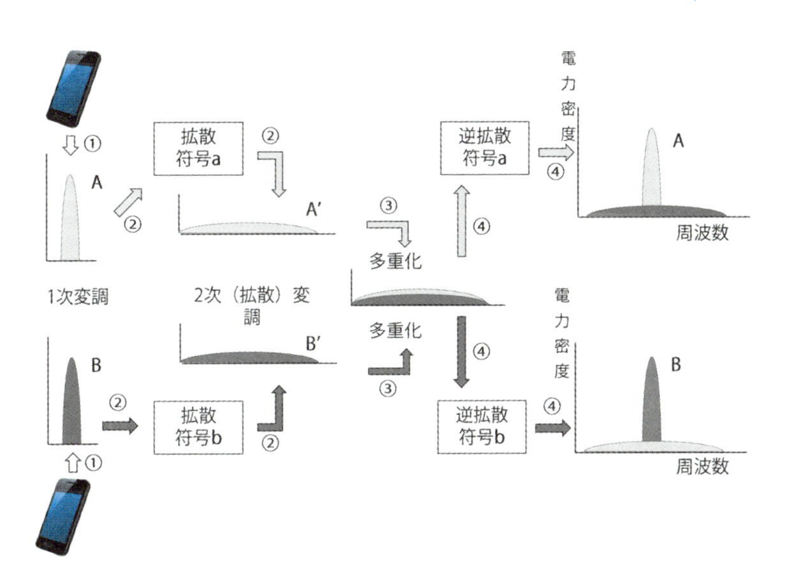


図5-6：スペクトラム拡散とCDMA

## CDMA（符号分割多重アクセス）

CDMAは、直接拡散方式の技術を基盤とした多重アクセス方式です。拡散符号を、利用者ごとに違えることで、複数の利用者が同一時間に同じ周波数帯域を利用して多重アクセスを行います。CDMAの特徴は、次の通りです。

- **秘匿性が高い：**拡散符号は、一種の暗号符号となり、同じ符号を使用しないと拡散した信号を復調できないため、秘匿性が高く、通話に向く
- **雑音に強い：**逆拡散すると、元の電力密度の高い信号が再現するため、途中で妨害や雑音の干渉を受けても、その影響は少なくなる
- **周波数の使用効率が高い：**複数の通信で、同じ帯域の周波数を使用することができるため、周波数の使用効率は高くなる
- **多重数が多い：**スペクトラム拡散を利用することで、複数の利用者がそれぞれの拡散符号を使用して同時にアクセスすることができる。そのアクセスの多重数は、拡散符号の数だけ設定することができる。そのためTDMA方式よりかなり多く取ることができる
- **周波数設計が容易：**これまでの方式では、隣接セル（エリア）は、干渉を避けるため同一周波数が利用できなかった。しかしCDMAの方式では隣接セルで同一周波数の利用が可能なため、周波数の配置設計が不要になる
- **ハンドオーバが容易：**エリア（セル）を移動しながらの通話で、通話を切断することなく基地局を切り換えることをハンドオーバという。CDMAの方式では異なるエリア（セル）でも同一周波数のため、スムーズなハンドオーバが可能になる

### 可変速符号化

可変速符号化とは、あらかじめビットレートが異なる4～8段階の音声符号化を用意し、通話環境によって柔軟的に音声符号化を変更して、一定の品質を保つ方法です。

環境がよければ、ビットレートが高い符号で効率的な伝送を行い、悪ければビットレートが低い符号に変更します。ビットレートを低くすれば、拡散率が高くなり、他の利用者からの電波干渉の影響が低くなり、また電力の出力も小さくなります。

### レイク受信

レイク受信とは、複数の電波を同時に受信し、それらの電波を合成させて**マルチパス現象**を救済する**ダイバーシチ**の1つで、パスダイバーシチといいます。マルチパス現象とは、同じ信号が、ビルの反射などで複数の方向から遅れて届き、干渉を及ぼす現象です。

レイク受信では、受信機に複数の回路を用意し、それぞれの回路が受信します。そして、逆拡散した信号の遅延時間を調整し重ね合わせます。

またレイク受信で、複数の電波を同時に受信できるため、複数のエリア（セル）からの信号を時間的にオーバラップして受信することで、スムーズなハンドオーバ（**ソフトハンドオーバ**）が実現します。

### 送信出力制御

送信出力制御とは、CDMAの遠近問題を解消する技術です。同じエリア（セル）に属している複数の移動端末は、基地局との間で同じ周波数帯域を使用して、同時に通信をします。

基地局に近い場所にいる端末からの信号と、遠くにいる場所にいる端末からの信号とでは、基地局が受信する電力に大きな差が出ます。基地局に近い端末からの受信電力は強く、遠い端末からの受信電力は弱くなります。そのため、弱い電力の信号が、高い電力の信号に埋もれ、品質が劣化する可能性があります。これをCDMA遠近問題といいます。

通信品質の劣化を防ぐために、CDMAでは、送信電力制御

Aa 用語解説

**ダイバーシチ（Diversity）**
フェージング対策方法の1つ。詳しくは、第8章を参照。

Aa 用語解説

**送信電力制御（TPC：Transmission Power Control）**
移動端末の送信電力を基地局から指示すること。

が必要になります。すべての移動端末からの受信電力が一定になるように、移動端末の出力電力を最適に制御することです。基地局は、近くにいる端末には出力電力を弱く、遠くにいる端末には出力電力は強くするように指示をします。この動作を0.625msに1回（1600回/秒）という高速で行っています。

## ゾーン《ゾーンが小さいと省電力化できる》

**ゾーン**とは、基地局からの電波が安定的に届く範囲のことをいいます。ゾーンの大きさによって、**大ゾーン方式、小ゾーン（セル）方式、極小ゾーン（マイクロセル）方式**があります。

### 大ゾーン方式

大ゾーン方式は、基地局の数は少なく済み、小ゾーン方式に比べ制御が容易です。しかし基地局および移動端末の送信出力を大きくしなければなりません。

また限られた周波数帯を広いゾーンで使用すると、同時に通信できる数は小ゾーンより限定されます。大ゾーン方式を採用した移動通信システム(ページャ)では、約半径10～15Kmでした。

用語解説

**ページャ（pager）**
呼び出しやメッセージを受信する無線サービスで、現在は廃止されている。日本ではポケベルと呼ばれていた。

### 小ゾーン方式

小ゾーン方式は、大ゾーン方式に比べて、多くの基地局を設置しなければなりません。また通話しながら、他のゾーンに移動することが多くなり、基地局を自動的に切り換えるハンドオーバなどの制御が複雑となります。

しかし、小ゾーン方式は、基地局、移動端末とも送信電力を少なくすることができ、移動端末の軽量小型化が可能です。

図5-7の例で示すように、サービスエリアを複数の小ゾーンで構成すれば、同じ周波数帯を使用するゾーンを離れたと

ころに設定することができます。そうすれば同じ周波数帯を別のゾーンに再利用することができ、ゾーン方式に比べて、同時に通信できる数が多くなります。

携帯電話は、1つのサービスエリアを複数のセルで構成する**セルラ方式**を採用していますが、そのゾーンは約半径1.5～3Kmです。

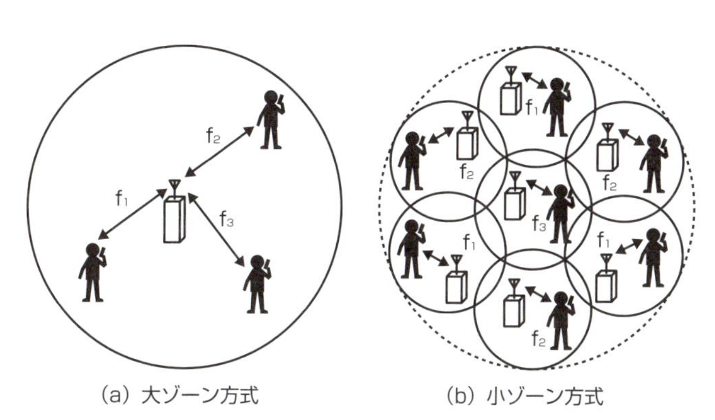


図5-7：ゾーン方式

### 極小ゾーン方式

極小ゾーン方式は、小ゾーン方式よりさらにゾーンが狭いため、基地局、移動端末の送信電力をさらに少なくすることができます。基地局も小型化でき、移動端末も低消費電力化できます。

ゾーンが狭いため、高速で移動すると、瞬間にゾーンを移動することになります。そのため基地局を自動的に切り換えるハンドオーバが間に合わず、切断してしまいます。

PHSは、極小ゾーン方式を採用しています。そのゾーンは約半径100～300mです。

## 位置登録《位置がわからないと繋げない》

チャネルとは、仮想的な通信路のことです。携帯電話には、情報チャネルと制御チャネルを設けています。

Aa 用語解説

**セルラ方式**
(Cellular Communication System)
一定のセルに区分けし、セルごとに基地局を配置する無線通信システム。

Aa 用語解説

**情報チャネル（TCH：Traffic Channel）**
通話などを行うチャネル。

**制御チャネル（CCH：Control Channel）**
基地局との制御信号をやり取りするチャネル。

**情報チャネル**は、音声などのユーザ情報を転送するためのチャネルで、**制御チャネル**は、制御信号を転送するためのチャネルです。代表的な制御チャネルに、**報知チャネル**、**呼び出しチャネル**、**個別セル用チャネル**、があります。

### 報知チャネル

報知チャネルは、基地局から移動端末に向けて転送されます。移動端末がどのエリアにいるか、どんなタイミングで信号を発信すればいいかなど、移動端末が通信を始めるのに必要な情報を転送します。

### 呼び出しチャネル

呼び出しチャネルは、基地局から移動端末に向けて転送されます。移動端末に着信があるとき、位置登録エリア内のすべてのセルに、一斉に呼び出しをかけます。

### 個別セル用チャネル

個別セル用チャネルは、接続に必要な情報を、基地局・移動端末双方でやり取りします。

固定の加入者電話の場合は、電話機は、電話局の**加入者線交換機**に収容されています。そのため、電話機からの発呼信号によって、発信端末を特定することができ、またダイヤル信号（宛先の電話番号）によって、着信端末までの経路を設定することができます。

しかし携帯電話をはじめとして移動体通信は、端末が移動することが前提です。そのため携帯電話機（移動端末）がどこにいても、呼び出せなければなりません。

移動端末は、一定周期で、またはエリアを移動するごとに、現在位置しているエリアをネットワークに登録することが必要です。そしてネットワーク側では、各移動端末の位置情報を管理します。この機能を**位置登録**といいます。

**加入者線交換機（LS：Local Switch）**
単位局（UC）や群局（GC）に設置してある交換機。詳しくは、第1章を参照。

また、移動端末の現在の位置に関わりなく、加入者情報を管理しているデータベースのことを**加入者データベース(HLR)**といいます。

移動端末の現在位置を登録する最小の単位を、**位置登録エリア**といいます。効率的な位置登録を行うために、1つの位置登録エリアには複数のセルが属し、おおむね県単位となっています。位置登録は、図5-8のように行われます。

**加入者データベース(HLR：Home Location Resister)**
加入者情報を管理するデータベース。

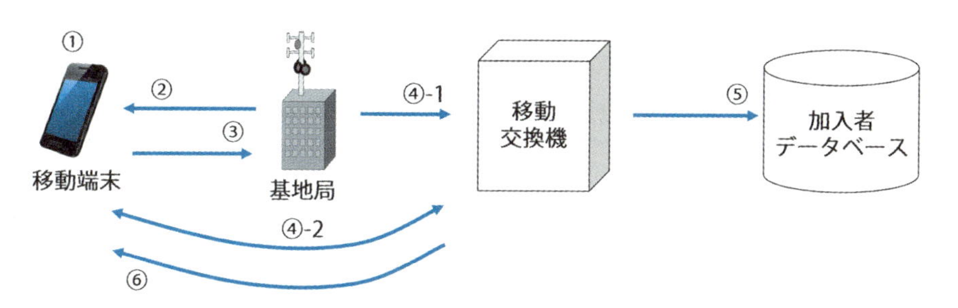


図5-8：位置登録の動作

①移動端末は、前にいた位置登録エリアの識別コードを記憶しています。基地局が一定周期で送出している報知チャネルには、位置登録エリアの識別コードが含まれています。
②移動端末は、報知チャネルで受信した位置登録エリアの識別コードと、記憶しているものとを照合します。
③移動端末は、記憶している識別コードと異なる識別コードを受信すると、異なる位置登録エリアに移動したことがわかり、基地局に対して位置登録要求を出します。
④基地局は、移動端末からの位置登録要求を、移動交換機に転送します。移動交換機は、移動端末との間で認証を行います。
⑤端末が改造などで不正使用していないなど、無事に認証を終えると、加入者データベースに登録してある今までの位置情報を書き換えます。
⑥同時に、移動端末に位置登録の完了を知らせ、移動端末は、新しい位置登録エリアの識別コードを記憶します。

## 発信・着信接続《携帯への着信、携帯からの発信》

**発信接続**は、図5-9のように行われます。

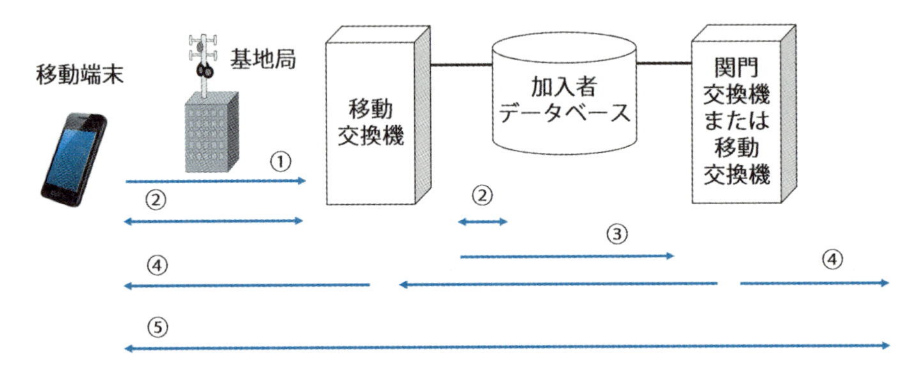


図5-9：発信接続

①移動端末は、アンテナ受信レベルが十分で、圏外でないことを確認します。ダイヤルを入力してフックボタンを押すと、発呼設定メッセージが基地局経由で移動交換機に送信されます。

②移動交換機は、加入者データベースの情報と照合し、移動端末の認証を行います。この認証の前に、移動端末と移動交換機間で、情報チャネルの要求、空チャネルの割り当てが行われます。

③認証の結果、正当な端末だと判断すると、相手のダイヤル番号を分析し、着信端末への交換接続を行います。

④着信端末への呼び出しを開始し、発信端末へは、呼び出し音の信号（リングバックトーン）を送信します。

⑤着信端末が応答すると、応答の通知を受け、通話が開始されます。

加入者電話網からの**着信接続**は、図5-10のように行われます。

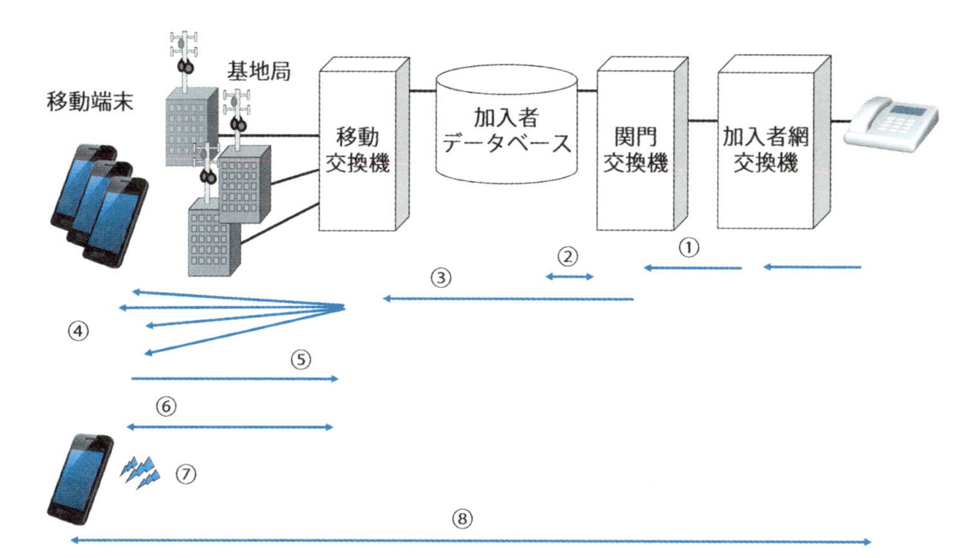


図5-10：着信接続

①関門交換機は、加入者電話網の交換機から着信信号を受信します。

②関門交換機は、ダイヤル番号から加入者データベースに問い合わせを行います。

③移動端末が位置登録をしている移動交換機に接続します。

④移動交換機は、位置登録エリアに属している全ての基地局に、一斉に呼び出し信号を送ります。これを一斉呼び出し機能といいます。

⑤着信の移動端末は、呼び出しチャネルに自分の番号があるのを見つけ、応答信号を移動交換機に送信します。

⑥移動端末と移動交換機間で、情報チャネルの要求、空チャネルの割り当てが行われます。同時に移動交換機は、応答した移動端末の認証を行います。

⑦認証が完了すると、移動端末は呼び出しベルを鳴らし、着信を知らせます。

⑧着信者が応答して、通話が開始されます。

## ハンドオーバ《移動しながら基地局を切り換える》

移動端末が、最初にいたセルから移動したとき、通話が切断されるのを防がなければなりません。通信中に隣のセルに移動したとき、通話を切断することなく、基地局を切り換えることをハンドオーバといいます。

TDMAを採用した第2世代携帯電話のPDCでは、周辺ゾーンからの信号レベルを比較し、チャネル切り換えの判定を行います。移動端末が、隣のゾーンから受信する信号レベルが大きくなり、ゾーン移動を検出すると、ネットワーク側に報告します。

ネットワーク側では、切り換え先ゾーンの空きチャネルがあることを確認し、その中から割り当てるチャネルを選択します。その結果、切り換え先ゾーンの基地局で、該当チャネルに切り換えるように通知します。移動端末が該当チャネルに切り換えて、切り換え先ゾーンの基地局との間で通信チャネルを確立します。

ハンドオーバは、図5-11のように行われます。

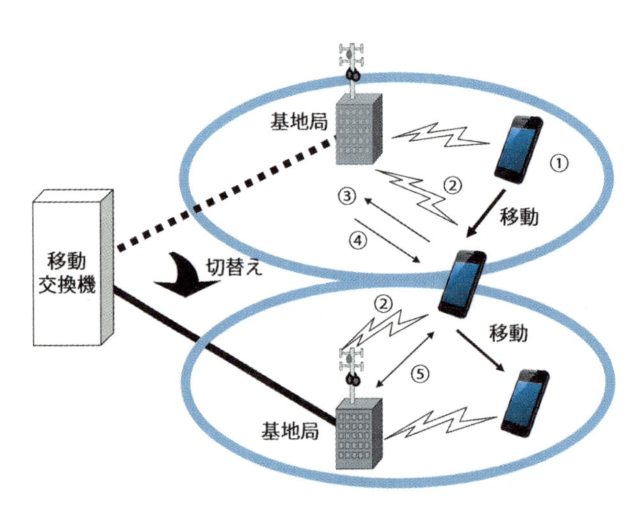


図5-11：ハンドオーバの動作

①通話中の移動端末は、常に受信電力のレベルを監視しています。
②受信電力があるレベルを下回ると、新しい報知チャネルの選択をし始めます。そのとき、あるレベルを上回る報知チャネルがあれば、その報知チャネルから位置情報を受信します。もしあるレベルを上回る報知チャネルがなければ、「圏外」表示を行います。
③新たな報知チャネルを選択した移動端末は、元いた基地局に情報チャネルの切り換え要求をします。
④元いた基地局から、情報チャネルの切り換え指示を受けます。
⑤新たな基地局との間で情報チャネルの設定を行い、元の情報チャネルから新しい情報チャネルに切り換え、通話を続けます。

第3世代携帯電話のCDMAでは、すべての基地局で同じ周波数を使用します。そのため複数の基地局からの電波を受信し、それぞれの信号を合成します。移動中に1つ目の基地局からの電波が弱くなったら、電波の強い他の基地局の電波を加えて受信します。このようなゾーンの切り換え制御を**ソフトハンドオーバ**、またはダイバーシチハンドオーバといいます。

## 携帯電話のIP化《All-IP化で通話料金が下がるか?》

第3世代携帯電話の目的の1つは、マルチメディア通信が可能な高速通信を行うことでした。データ通信速度を高速化させた**3.5G**や**3.9G**といわれる通信規格が登場しました。**HSPA**や**DC-HSDPA**や**CDMA2000 1xEV-DO**という通信規格が3.5Gと呼ばれています。また、**LTE**という通信規格が、3.9Gと呼ばれています。3.5Gや3.9Gを4Gと呼ぶ場合もあります。

用語解説

**3.5G（3.5th Ganeration)、3.9G（3.9th Generation)**
3.5世代、3.9世代携帯電話。

**HSPA (High Speed Packet Access、High Speed Packet Access)**

**DC-HSDPA（Dual Channel High Speed Downlink Packet Access)**

**CDMA2000 1xEV-DO1xEV-DO (CDMA 1x Evolution Data Only)**
それぞれ3.5世代携帯電話規格の1つ。

**LTE（Long Term Evolution)**
第4章を参照。

LTEの登場により、**VoLTE**という音声通信の方式が実用化されました。データ通信を高速化したLTEで、音声データをパケット化し、パケット網でやり取りする方式です。この方式により、低コスト、高音質の通信サービスが期待されています。

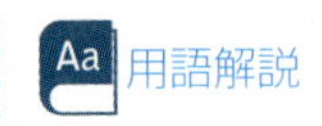

**VoLTE（Voice over LTE：ボルテ）**
LTEを使用した音声通信システム。

従来の携帯電話では、音声通信は回線交換方式、データ通信はパケット交換方式と、1台で2つの方式を使用していました。

携帯電話の台数は大幅に増加しましたが、音声の通話量は減少し、音声通信以外の通信が大半を占めています。スマートフォンを中心とした携帯電話は、インターネットへの通信端末という位置付けになりました。SNSや、ブログや、メッセージングサービスによるコミュニケーションツールの利用、動画共有サイトや情報共有サイトの閲覧や投稿、ネットゲームや音楽ソフトなどのコンテンツ購入など、インターネットサービスの利用が、大きなウェイトを占めています。

そのため、携帯電話の音声通信をIP化することで、ネットワークを1本化することができ、経済的にも効率的にも効果が上がります。加入者電話網のと同様、携帯電話網も、基地局から先をIP化するIP網への移行が進んでいます。

VoLTEに対応しているスマートフォンでは、携帯電話からIPによる音声通信を行い、VoLTEに対応していていない携帯電話では、基地局の先に、3GとIP網とのゲートウェイを設置し、音声データをIP網でやり取りさせます。こうした動向を、**ALL-IP化**と呼んでいます。

## 3 IP電話

**IP電話**は、**VoIP**技術を使用した通話システムです。相手を呼び出し、通話の準備を整えるという**呼び制御（シグナリング）**や、通話の音声データをIPパケットに格納し、インターネットやイントラネットなどのIPネットワークで転送します。

総務省は、IP電話について2種類の定義をしています。1つは「インターネット電話」で、もう1つは「インターネット電話以外のIP電話」と命名しています。「インターネット電話」とは、インターネットというIPネットワークを利用したIP電話です。一部でもインターネットを経由したIP電話は「インターネット電話」です。インターネット以外のIPネットワークには、企業や組織のイントラネットや、通話サービスを提供するために構築したIP電話網などがあります。「インターネット電話以外のIP電話」とは、こうしたインターネット以外のIPネットワークを利用するIP電話です。

IPは**コネクションレス型通信**を行います。コネクションレス型通信は事前に通信路を設定せずに通信を行うため、品質を保証しない**ベストエフォート型**です。したがってIPネットワークで、音声通信のようにリアルタイム性を要求する通信を実施するには、いくつかの課題を解決する必要があります。

音声データを転送するには、**RTP**、**UDP**、IPなどのプロトコルを使用します。また呼び制御を実現するには、**H.323**や**SIP**などのプロトコルを使用します。

IP電話を導入するメリットには、経済性、運用管理の容易性、拡張性が挙げられます。しかし反面、音声品質という課題があります。

### 経済性

インターネットやイントラネットなどのIPネットワークの発展によって、ルータやスイッチやVoIP機器は高機能化し低価格化しました。加入者電話の交換機などに比べ低価格です。

また企業や団体などの組織では、ほとんどがIPネットワークを導入し、また個人ユーザにおいても、ブロードバンド回線を利用してインターネット接続を行っています。そのため企業などのバックボーンネットワークや、通信事業者のバックボーンネットワークにおいて、IPのトラフィックは急激に

**VoIP (Voice Over IP)**
IPネットワーク上で音声通信を行う技術。

**コネクションレス型通信**
第2章を参照。

**ベストエフォート型**
第2章を参照。

用語解説

**RTP (Real-time Transport Protocol)**
音声や動画などリアルタイム性を要求される情報の通信に使用されるプロトコル。

**UDP (User Datagram Protocol)**
レイヤ4、トランスポート層のプロトコル。

**H.323**
ITUが標準化したシグナリングプロトコル。

**SIP (Session Initiation Protocol)**
IETFが策定したシグナリングプロトコル。

増加しています。

したがって音声トラフィックとIPトラフィックとを別個のネットワークで通信するより、統合することでコストを削減することができます。企業組織や一般ユーザにとって、また通信事業者にとっても、電話網とIPネットワークとを1本化した方が効率的・経済的です。

### 運用管理の容易性

企業などでは、IP電話を導入することで、音声データとLANデータとを､IPネットワークに統合することができます。ネットワークを単純化することで、運用管理を容易にすることができます。

また、電話網のように集中管理を行わないため、管理はより簡易で柔軟的にネットワークを構築することができます。

### 拡張性

IP電話では、音声をIPデータ化してIPネットワークで転送するため、動画や他のアプリケーションのIPデータと連携した通信を行うことができます。テレビ電話やデータを表示させながらの通話など、多様な付加価値サービスを提供することが可能になりました。

また加入者電話は、加入者線という平衡対ケーブルを使用した通話サービスであり、携帯電話は、電波を使用した通話サービスでした。しかしIP電話は、こうした物理的な条件に依存しません。つまり、平衡対ケーブルでも光ケーブルでも、またCATV（Cable Television）の同軸ケーブルでも､さらに無線でも可能です｡それは音声データを格納するIPパケットは、下位ネットワークに依存しないからです。ネットワークの種類や形態、および媒体などは、何であっても構いません。

### 音声品質

IPネットワークはベストエフォート型のため、音声品質を一定に保つのが難しい通信です。音声データを格納したパケットの消失や、遅延時間のバラツキが発生しやすく、音声品質の課題があります。そのため音質劣化に対応した制御が必要になります。

## VoIPの流れ《音声データをIPパケットに格納する》

送話者側が発した音声を受話者側が受話するまでのVoIPは、図5-12のような流れとなります。

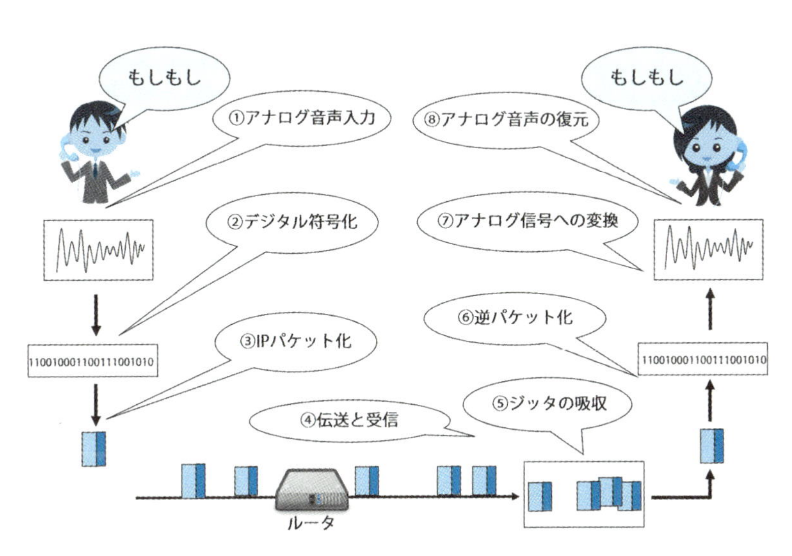


図5-12：VoIPの流れ

①アナログ音声入力：電話の送話者が発する音声は、人間の器官で発せられた空気振動です。発せられた空気振動を電話機に入力すると、アナログの電気信号に変換されます。

②デジタル符号化：入力されたアナログ信号の音声データは、「0」「1」の2進数で表されるデジタル符号に変換します。

③IPパケット化：デジタル化した音声データは、効率がいい周期単位でIPパケットに組み立てます。

④伝送と受信：IPパケットに組み立てられた音声データは、

IPネットワークへ送出されます。IPネットワークでは、ルータがIPパケットのヘッダ部に記した、宛先アドレスなどの制御情報に従って、次の経路へと転送を行います。この転送処理を重ね、IPパケットは相手端末へ到達します。

⑤ジッタの吸収：相手端末へ到着するIPパケットの時間間隔は、それぞれが微妙な誤差が生じる可能性があります。この到着時間のバラツキのことを、遅延の「ゆらぎ」、あるいはジッタといい、到着間隔を等しく均等化することを、ジッタの吸収といいます。場合によって、受話者側のVoIPアダプタで、ジッタの吸収を行います。

⑥逆パケット化：受話者側では、受信したIPパケットを分解して、パケットからデジタル符号化した音声データを取り出します。

⑦アナログ信号への変換：デジタル符号をアナログの電気信号に変換します。デジタル符号化が圧縮符号であれば、その伸長も行います。

⑧アナログ音声の復元：アナログの電気信号を、空気振動である音声に復元して出力します。

## 音声符号化とIPパケット化
### 《1秒間に数十個のパケットを送り出す》

音声符号化には、表5-4で示すように、いくつかの方式があります。IP電話で使用されるのは、64Kpbsの**G.711**（**PCM**）、および8Kbpsの**G.729a**（**CS-ACELP**）が一般的です。

ブロードバンド型のIP電話では、G.711を採用しています。G.729aは、CS-ACELP方式（G.729）を改良した方式ですが、G.711の1/8のビットレートです。企業の内線IP電話では、LANのトラフィックと音声トラフィックがネットワークを共有しています。そのため内線IP電話では、音声トラフィックを抑えるために、G.729aを多く採用していました。しかし最近では、ネットワークの高速化と音質の向上要求により、圧縮をしないG.711の採用が主流となっています。

**PCM**

PCM（Pulse Code Modulation）は、デジタル符号化の1つ。G.711は、ITU-Tによって策定された音声周波数帯域信号のPCM符号。G.711には、音声信号の振幅の大きさによる解像度の対応方法によって、A-Lawとμ-Lawとがありますが、日本ではμ-LawのG.711を採用している。

**CS-ACELP (Conjugate Structure-Algebraic Code Excited Linear Prediction)**

音声符号化方式の1つ。ITU-TによってG.729として策定された。G.729aは、その拡張版。

表5-4：音声符号

| 符号化方式 | 名称 | 規格 | ビットレート | 用途 |
|---|---|---|---|---|
| 波形符号化方式 | PCM | ITU-T G.711 | 64Kpbs | ISDN、VoIP |
| | ADPCM | ITU-T G.726 | 32Kbps（16～40Kbpsのビットレートもある） | PHS |
| ボコーダ方式 | ― | ― | ― | ― |
| ハイブリッド符号化方式 | CS-ACELP | ITU-T G.729a | 8Kbps | VoIP |
| | VSELP | ARIB STD-27 | 6.7Kbps | PDC |
| | PSI-CELP | ARIB STD-27 | 3.45Kbps | PDC |

デジタル化した音声データは、効率いい周期単位でIPパケット化します。5ms～80ms周期の音声データに、RTPヘッダ、UDPヘッダ、IPヘッダを付加し、IPパケットに組み立てます。IPパケットに組み立てられた音声データは、さらに下位プロトコルのヘッダを付加されて、ネットワークに送出されます。LAN（イーサネット）上で伝送させると、**イーサネットフレームのヘッダとトレーラ**が付加されます。

IPパケット化する周期は、遅延時間とネットワークの帯域に関わります。パケット送出周期が短ければ、パケットを組み立てる遅延時間は少なくなりますが、パケット数は多くなり、ルータなどの中継機器の負荷が大きくなります。またパケットに占めるヘッダの部分、いわばオーバヘッドの比率は高くなります。逆に周期が長ければ、パケット数は少なくすることができ、中継機器の負荷は軽くなります。またオーバヘッドはより小さくなりますが、パケットを組み立てる遅延時間が長くなります。

例えば、64KbpsのPCMを10ms間隔でパケット化すると、パケット化の遅延は、10msで済みますが、1秒間に100個のパケットを組み立てて伝送することになります。1個のパケットの音声データは、640ビット、つまり80バイトですが、こ

**RTPヘッダ**

付録を参照。

**UDPヘッダ**

付録を参照。

**IPヘッダ**

付録を参照。

**イーサネットフレーム**

イーサネットフレームのヘッダは22バイト、トレーラ（エラーチェックのFCSは4バイト、合計26バイト。VLANのタグが入ると、4バイトが加わる。イーサネットフレーム、VLANタグについて詳しくは、付録を参照。

れにRTPヘッダ12バイト、UDPヘッダ8バイト、IPヘッダ20バイトのオーバヘッドが付加され、計120バイトのIPパケットになります。

100ms間隔でIPパケット化すると、パケット化の遅延は100msがかかります。1秒間のパケット数は10個で、1個のパケット音声データは800バイト、これにRTP、UDP、IPヘッダの40バイトのオーバヘッドを加えると、1個のIPパケットは840バイトとなます。通常、20msごとに、すなわち1秒間に50個の細かいデータにして、IPパケットに格納し、送出するのが一般的です。

図5-13は、G.711（PCM）の符号を、1秒間に50パケット化（20ms間隔）した例を表しています。

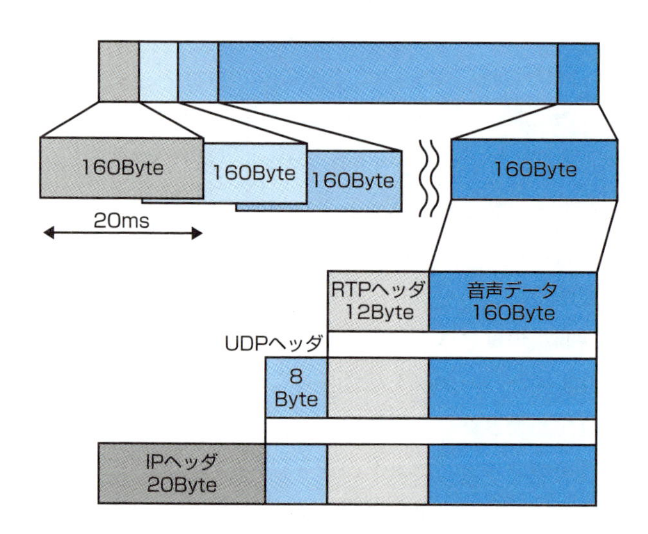


図5-13：音声データのIPパケット化(G.711、50パケット/秒の場合)

## RTPとRTCP

**《RTPの役割はシーケンス番号とタイムスタンプ》**

**RTP**というプロトコルは、音声や動画などリアルタイム性が要求されるデータを送信するために使用され、UDPの上位プロトコルとして動作します。UDPは、データ交換の確実性よりも、通信処理の高速性を目的としたコネクションレス型のプロトコルです。そのためプロトコル処理を簡単にするために、UDPのヘッダには、TCPにある送信するパケットの順番を示すシーケンス番号などがありません。IPもまた、コネクションレス型のプロトコルです。

そのため、先にネットワークへ送出したパケットが後に到着し、後から送出したパケットが後から到着する可能性もあります。しかしシーケンス番号をもたないため、パケットの到着順序が乱れても、それを確認することができません。そのためRTPというデータ転送プロトコルが使用されます。

RTPのヘッダには、パケットの**順序番号（シーケンス番号**：16ビット）が含まれます。これにより、順番通りのパケット組み立てや、パケットロスの検出が可能になります。またヘッダには、**時刻情報（タイムスタンプ**：32ビット）が含まれます。これにより、受信先で再生の同期を取ったり、遅延の大きいパケットを破棄したり、ジッタを検出することができます。

また**RTCP**は、RTPパケットのパケットロスがどれくらい発生しているか、あるいはジッタがどの程度などかなどの統計情報を通知するプロトコルです。すなわちRTPをサポートするため、受信側から送信側の上位アプリケーションにフィードバックします。

またRTP、RTCPに、暗号化、認証の機能をもたせたプロトコルがSRTPとSRTCPです。

## シグナリングプロトコルH.323
### 《ITUが標準化したプロトコル》

IP電話を実現させる呼び制御のプロトコルには、H.323とSIPとがあります。**H.323**は、ITUが電話網技術をベースに標準化したバイナリー形式のプロトコルです。SIPは、IETFがインターネット技術をベースにして策定したテキスト形式のプロトコルで、H.323より遅れて標準化されました。

用語解説

**RTCP（RTP Control Protocol：RTP制御プロトコル）**
RTPを送信者にフィードバックし制御するプロトコル。

**SRTP（Secure RTP）**
RTPに認証、暗号化の機能をもたせたプロトコル。

**SRTCP（Secure RTCP）**
RCTPに認証、暗号化の機能をもたせたプロトコル。

H.323の主な構成要素は、図5-14の通り、**H.323エンドポイント**、**H.323ゲートキーパ**です。

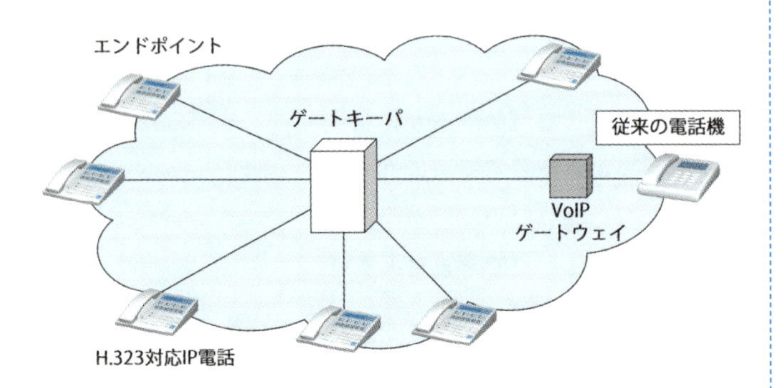


図5-14：H.323の構成要素

### H.323エンドポイント

H.323エンドポイントは、VoIP処理をする装置のことです。これにはIP電話機などのH.323端末や、H.323ゲートウェイ（VoIPゲートウェイ）などがあります。IP電話機はアナログの音声信号とIPパケットとの相互変換を行い、H.323ゲートウェイは既存の電話網、既存の電話機などと接続し、音声信号とIPパケットの変換を行います。

### H.323ゲートキーパ

H.323ゲートキーパの主な機能は、監視です。H.323エンドポイントの電話番号とIPアドレスを登録し、問い合わせに対して、宛先電話番号のIPアドレスを解決します。また、帯域幅の制御や通信の可能性を判断し、通話の許可を与え、状態を監視します。

## シグナリングプロトコルSIP
《IETFが標準化したプロトコル》

**SIP**はIP電話の呼び制御プロトコルだけでなく、インターネット上で**IM（インスタントメッセージ）**や動画などをリア

用語解説

**IM（Instant Message：インスタントメッセージ）**
インターネットを利用して、会話のようにリアルタイムのメッセージを交換するソフト。

ルタイムでやり取りするためのプロトコルです。SIPは、HTTPなどのインターネットプロトコルなどと親和性が高く、プロバイダなどがサービスを提供しているIP電話サービスは、SIPを使用しています。また、多くの企業の内線IP電話でもSIPが採用されています。今では、主流の呼び制御プロトコルということがいえます。

SIPの主な構成要素は、図5-15の通り、**ユーザエージェント（UA）**、**レジストラ（登録サーバ）**、**リダイレクトサーバ**、**プロキシサーバ**、**ロケーションサーバ**です。**SIPサーバ**とは、レジストラ、リダイレクトサーバ、プロキシサーバの機能をもつサーバの総称です。

**ユーザエージェント（UA：User Agent）**
後述。

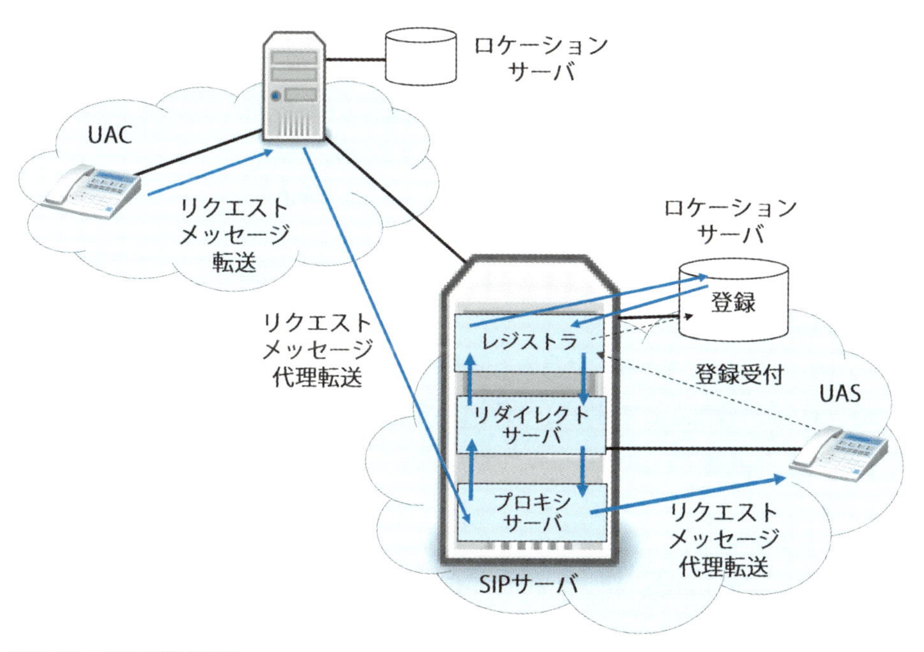


図5-15：SIPの構成要素

## ユーザエージェント（UA）

ユーザエージェントとは、SIP電話機やVoIPゲートウェイなどのエンドシステムのことをいいます。SIPは、クライアントがリクエストメッセージを送り、サーバがそれに答えてレスポンスを返すという**C/S（クライアント/サーバ）型**モデルのプロトコルです。そのためSIPのエンドシステムは、クライアントとサーバの両方の機能をもちます。クライアントの役割をするUAを**UAC**、サーバの役割をするUAを**UAS**といいます。

参照

**C/S（Client/Server）**

第1章を参照。

### レジストラ

レジストラは、UAの位置情報の登録や変更を受け付ける機能をもちます。レジストラは、受け付けた位置情報をロケーションサーバに登録し、リダイレクトサーバやプロキシサーバへの問い合わせに応答します。

### リダイレクトサーバ

リダイレクトサーバは、通信相手の所在を確認し、もしネットワークを移動していたら、通信を可能にするために移動した通信先の情報を返送して、再ルーティングを促す機能をもちます。

### プロキシサーバ

プロキシサーバは、SIPサーバの中心的な役割をするサーバです。UACの代理としてメッセージをUASに転送し、レスポンスをUACに転送する機能をもちます。

### ロケーションサーバ

ロケーションサーバは、レジストラの指示によって、UAの位置情報を登録するサーバです。

H.323とSIPとの機能上の大きな違いは、H.323ではゲートキーパが中心となってメッセージを送出します。そしてネットワークを管理し、通信の許可を与えます。しかし機能を分散したSIPでは、UAがメッセージを発行し、SIPサーバはそれを代行して中継します。そのため、新たなサービスの追加などが生じても、UAがそれに対応していれば、SIPサーバに機能を追加しなくても通信が可能になります。このように、SIPは拡張性が高く、異なるネットワークとの通信も可能となります。

音声データの交換には、レイヤ4のプロトコルは、UDPを使用しますが、これらのSIPの制御手順は、TCPを使用して行われます。

SIPの制御手順を、図5-16で示します。

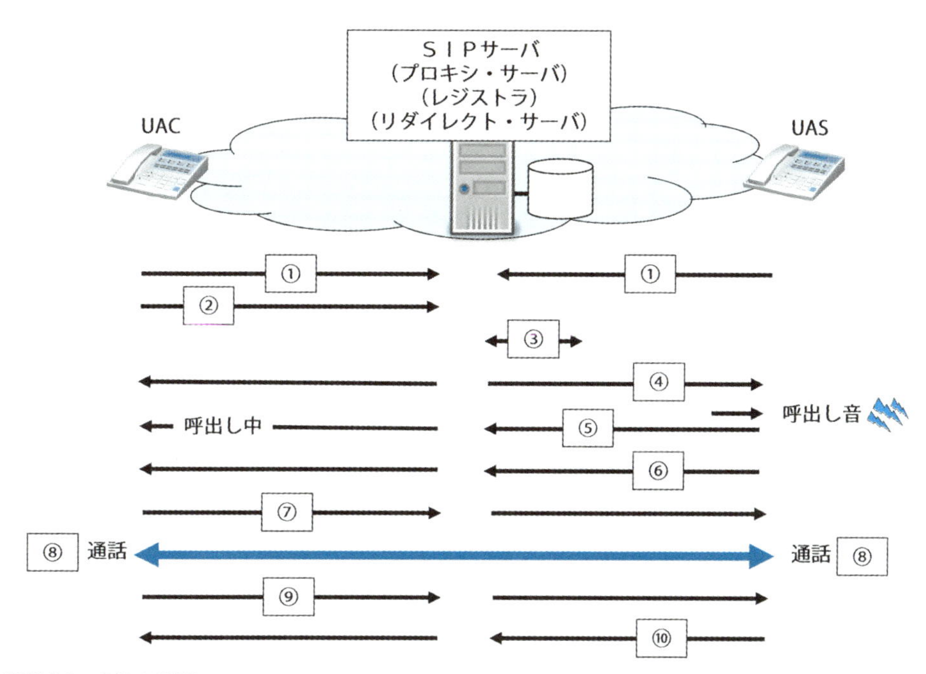


図5-16：SIPの手順

①UA（ユーザエージェント）は、SIPサーバに「SIP **URI**」とIPアドレスを登録します。

②送信元のUACは、プロキシサーバに対して、メッセージ「INVITE」を送信して接続要求をします。この「INVITE」の中には、送信元のIPアドレス、ポート番号、符号化方式、

そして宛先の「SIP URI」などの情報が入っています。

③接続依頼を受けたプロキシサーバは、「INVITE」をリダイレクトサーバに転送し、宛先のIPアドレスなどを問い合わせます。

④宛先のIPアドレスを得たプロキシサーバは、送信元の「INVITE」情報に、経路情報などを付加して、宛先のユーザエージェント（UAS）に転送します。送信元のUACには「100 Trying」の処理中であることを通知します。

⑤「INVITE」を受信したUASは、呼び出し中を示す「180 Ringing」を返信し、同時に端末に呼び出し音を鳴らします。

⑥受信側が呼び出音に応答して受話器を上げると、「200 OK」を送信します。

⑦送信元が、応答を確認したことを示す「ACK」を送信します。

⑧実際の通話が開始されます。

⑨通話が終わると、終了通知の「BYE」を送信します。

⑩「BYE」を受け「200 OK」を返信します。

**URI/URL/URN**

URI（Uniform Resource Identifier）は、ネットワーク上のリソース（資源）を示す識別子の書式である。URL（Uniform Resource Locator）は、リソースの名前を識別する書式で、URN（Uniform Resource Name）は、リソースの場所を識別する書式である。URIの概念は、この2つを含んでいる。

## 音声品質の劣化要因

### 《ジッタとはパケット到着時間のバラツキ》

回線交換方式による加入者電話は、送話端末と受話端末との間の回線を繋いで通話を行います。いわば音声信号を連続した「線」として取り扱います。それに対して、パケット交換方式によるIP電話は、音声信号を格納したパケットを、IPネットワーク上の中継機器がリレーをすることで、通話を行います。いわば音声という連続した「線」を、複数の「点」に分解して取り扱います。1秒間に数十に切り離した音声信号を、それぞれパケットに詰め込んで転送し、IPネットワーク上にある複数の中継機器は、パケットに添付された制御情報にしたがって1つずつ転送処理します。

加入者電話では、電気通信事業者が集中的に回線の接続制御を行い、同時に伝送品質の制御も行います。そのため加入電話サービスは、安定した品質を保持します。それに対しIP電話では、パケットを転送する制御は、それぞれの中継機器が行います。つまり制御は分散化していて、ネットワークの状況によって、パケットを処理する時間も異なり、伝送経路も異なる可能性もあります。しかもIPネットワークはベストエフォート型のため、パケットの伝達を保証するものではありません。

IP電話はコストが安く、拡張性が高いというメリットがありますが、反面、音質が一定しないというデメリットがあります。この音質が一定しないというデメリットは、上記のような、パケット交換方式に起因しています。

IP電話における音声品質を劣化する主な要因には、**遅延**、**ジッタ**、**パケットロス**があります。

### 遅延

電話の音声が送話器から受話器まで伝播する時間ができるだけ短いことが、円滑な会話のために必要な条件の1つです。

**遅延**は、図5-17のように、VoIP処理と、ネットワーク上での転送処理で発生します。

VoIP処理には、送信側で、**デジタル符号化遅延**（圧縮符号の場合は、音声圧縮遅延も含まれる）、**パケット化遅延**が発生します。受信側では、**ゆらぎ吸収遅延**、**逆パケット化遅延**、**アナログ信号変換遅延**が発生します。

ネットワーク上では、ルータ処理遅延、ルータがパケットを受信してからネットワークへ送出するまでの、すなわちルータが処理するトラフィック量に関わる**伝送待ち遅延**、伝送路のビットレートに関わる**伝送遅延**、信号が伝搬する距離に関わる**伝搬遅延**があります。

ルータ処理遅延、や伝送待ち遅延は、経由するルータの数に、比例します。しかし、ネットワーク上の遅延は、ルータの性能、帯域幅、優先制御によって、ある程度対応すること

**遅延**
同期伝送方式では電話信号は125μsごとに1バイトの割合で送出され、この信号が伝送されるパスは通話が続いている間、音声の有無に関わらず、送信端末から受信端末まで確保されている。アナログ信号を64Kbpsにデジタル化符号化する遅延（0.8ms以下）と、伝送路における遅延の積み重ねを総合すると、国内通信であれば数10ms程度の遅延と考えられる。

ができます。

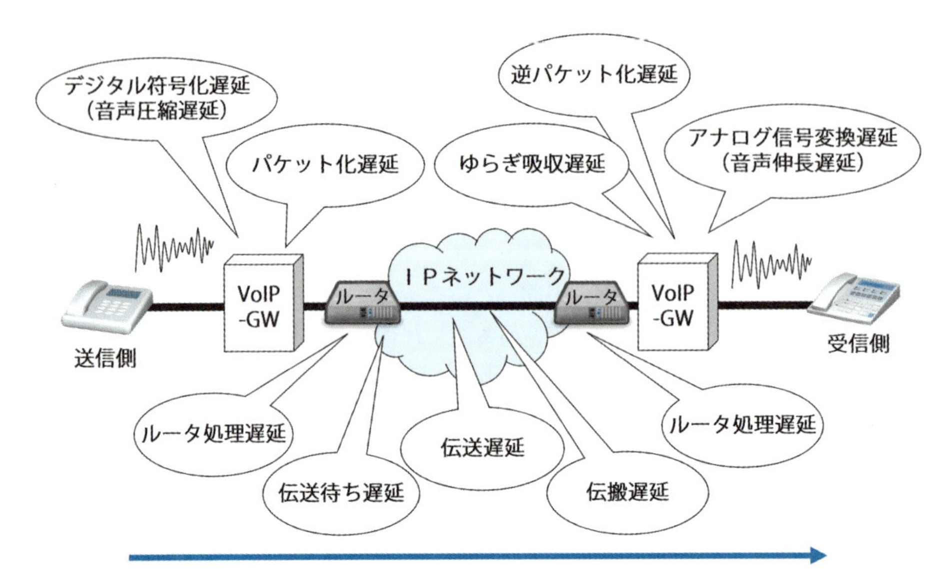


図5-17：遅延要因

## ジッタ

ジッタとは、パケットの到着時間のバラツキのことで、**遅延のゆらぎ**ともいいます。パケット交換方式の場合、ルータでの待ち合わせ時間は、通信の輻輳状態や、待ち合わせ中のパケットの長さなどによって変動が生じます。

コンピュータ間でのデータの送受では問題にならない変動でも、音声や動画像の場合は一定の周期でデータを送らないと通信の途切れや波形の乱れを生じるため、この遅延のゆらぎを少なくする必要があります。受信端末で、ジッタが生じたまま処理すると、音声が途切れたり、歪んだりします。

ジッタによる音声品質の劣化を抑えるために、ルータでVoIPパケットを優先的に処理する優先制御や、受信側で**ゆらぎの吸収**を行います。

図5-18は、ゆらぎの吸収の概念図です。受信側のVoIPゲートウェイやIP電話端末で、バッファメモリを用意し、

用語解説

**ジッタ（Jitter：遅延のゆらぎ）**

ジッタとは、デジタル信号のパルス列の位置が時間的にゆらぐこと。VoIPでは、パケットの到着時間が一定でないことをいう。

ジッタの程度に応じてパケットを遅延させ、一定の周期での遅延にし、バラツキを解消します。

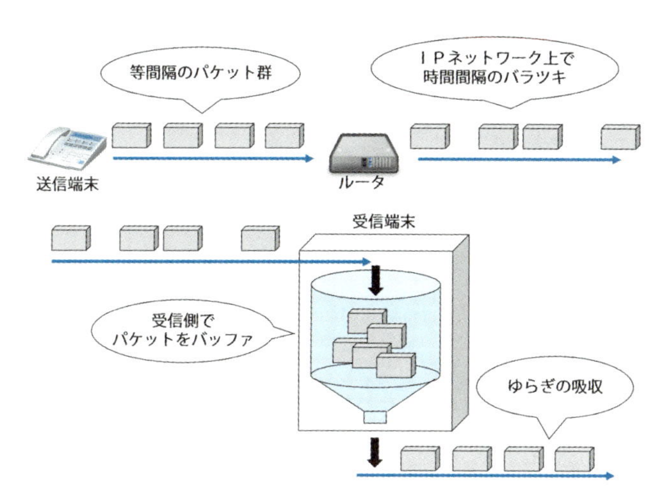


図5-18：ゆらぎとゆらぎの吸収の概念

## パケットロス

パケットロスとは、パケットが何らかの理由によって受信側に到着しないことをいいます。VoIPではレイヤ4のプロトコルはUDPを使用します。信頼性を向上させるレイヤ4のプロトコルであるTCPには再送の機能があり、パケットロスを検知すると送信側に再送要求を行います。しかしUDPはコネクションレスで高速処理を目的としているため、消失したパケットについては、そのままで再送制御を行いません。

VoIPは送信側で発した音声を、細分化してIPパケットを形成し、受信側に送信します。その伝送の途中でパケットが消失すると、その音声は復元されません。

パケットの消失は、図5-19のように、IPネットワーク上、および受信側のVoIPゲートウェイで発生します。IPネットワーク上では、ノイズなどの要因によって伝送中にビットエラーが発生し、IPパケットのヘッダ部などが正しく識別できなくなる場合があります。その場合、パケットの転送先が不

メモ

**パケットロス**

データ通信ではパケットロスには厳格ですが、音声通信の場合はそれほど厳格ではない。1%以下のパケットロスでは、人間の耳で補正しほとんど気付かないといわれ、3%以上だと途切れを感じるといわれている。

明になり、破棄します。

またネットワークやルータなどのネットワーク機器の障害によってパケットが消失することもあります。あるいはネットワークやネットワーク機器にトラフィックが集中して輻輳状態になり、オーバフローによってパケットが破棄されることもあります。また、ゆらぎ吸収の待ち時間を大幅に超え、バッファされないことでも消失します。

パケットロスの対応として、過去のパケットを複製して、消失した部分に補充する方式もあります。

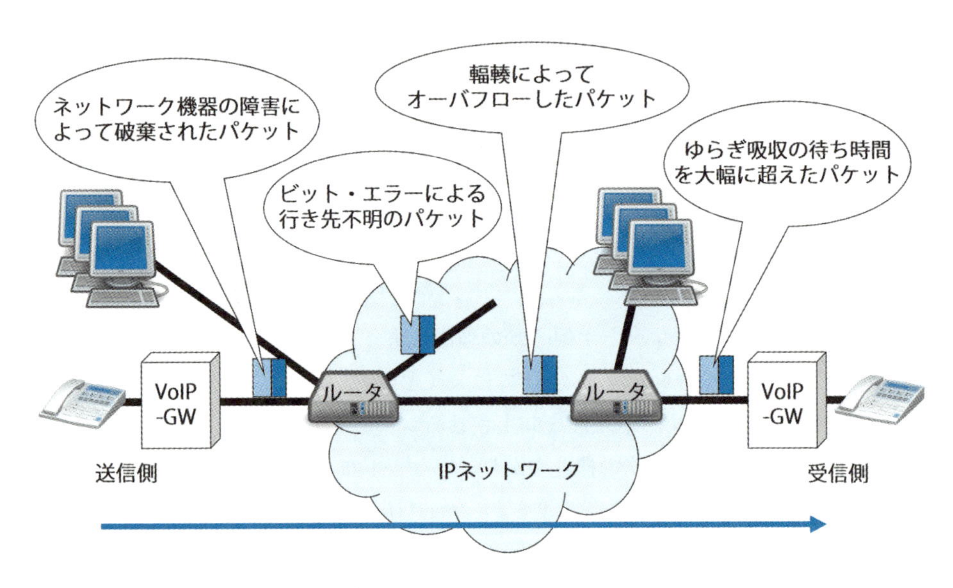


図5-19：パケットロスが発生する箇所

## 0AB～J番号
### 《加入者電話番号のままで使用するIP電話》

IP電話の品質は、エンドツーエンドの品質ですが、ネットワークの伝送品質と、IP端末の特性から決まります。

総務省はユーザが適切なサービスを選択できるよう、事業者が提供するIP電話サービスをわかりやすい形で提示するために、表5-5のように「クラスA（固定電話並み）」、「クラス

B（携帯電話並み）」、「クラスC（それ以外）」の3つのクラスに分けています。

表5-5：IP電話の品質クラス

| | クラスA<br>（固定電話並み） | クラスB<br>（携帯電話並み） | クラスC |
|---|---|---|---|
| 総合音声伝送品質<br>（R値） | >80 | >70 | 70>50 |
| エンドツーエンド<br>遅延 | <100ms | <150ms | <400ms |
| 呼損率（参考値） | ≦0.15 | ≦0.15 | ≦0.15 |

ちなみに、R値は、ITU-TのG.107でのR値の定義、およびG.109の分類を元に**TTC（情報通信技術委員会）**が仕様を作成したものです。

「事業用電話通信設備規則」では、公衆網接続用のIP番号である「050」のIP電話サービスは、クラスCを最低の総合品質基準に規定しています。

IP電話番号は、IP電話加入者を識別する番号です。IPネットワークをルーティングするには、IPアドレスを元に行います。一般の加入者電話からIP電話へと接続するとき、あるいはIP電話同士が接続するとき、相手のIP電話番号をダイヤルすると、電話番号をIPアドレスに変換する機能をもつゲートウェイ（SIPサーバ）に接続し、アドレス変換を行います。このように電話番号が、IP電話の番号であることを識別できる専用の番号を付与する必要があります。

IP電話サービスには、050型IP電話と、0ABJ（または0AB～J）型IP電話とがあります。050型の電話番号は「050-CDEFGHJK」です。CDEFは事業者番号、GHJKは加入者番号です。0ABJ型の番号は加入電話の番号です。IP電話に、下記の条件を満たせば、0ABJ番号を使用することができると規定しています。

- IP電話用の交換装置をネットワーク事業者が用意する

用語解説

**TTC（Telecommunication Technology Committee：社団法人情報通信技術委員会）**

日本国内における情報通信技術の標準化を行う機関。

- 一定の品質基準をクリアする（クラスA）
- 端末を1箇所に固定し、他の場所で使えないようにする
- ユーザ分の電話番号だけを申請する
- 緊急電話を可能にする
- NTT地域会社の加入電話網と接続する
- ユーザが端末の設定を変更できないようにする
- アクセスなどに他の事業者の回線を使用するとき、上記の項目を合意する

## スマートフォンでの無料電話《無料電話アプリ》

インターネットを経由するインターネット電話には、電話アプリを使用した通話サービスがあります。AndroidやiPhoneのスマートフォンやタブレットを使用した無料の通話サービスです。

**無料電話アプリ**には、NHN Japanが提供しているLineや、Microsoftが提供しているSkypeなどがあります。Lineは、SIPサーバを利用したIP電話で、Skypeは、**P2P**形態のIP電話です。

この2つ以外にも数多くの無料電話アプリがあり、これらのアプリに登録し、利用しているユーザは数多くいます。これらのアプリは、それぞれの企業が独自に開発したアプリケーションです。そのため、音声符号、プロトコル、サーバなど、仕組みは、ブラックボックスのままで明確にされていません。

これらの無料電話アプリによるインターネット電話は、インターネットを経由するため、インターネット利用と同様のメリット、デメリットがあります。すなわち、無料や柔軟性というメリットもありますが、信頼性、セキュリティ上での安全性、音声品質など不安もあります。

用語解説

**P2P**
**(Peer To Peer)**
サーバが集中的に制御する形態ではなく、ユーザ端末同士が対等な関係で通信する形態。

# 第6章

# デジタル伝送

## ー通信とは信号を通わせることー

コンピュータは電流のON、OFF、すなわち2進（Binary）のパルスしか理解できません。そのため入力データも、またそのデータを演算するプログラムも、「0」「1」という数値で書かれた機械語（Machine Code）です。

数値の羅列であるデジタルデータを、コンピュータに入力し、数値の羅列であるデジタルでプログラミングされた手順や命令に従って、演算し出力する。こうして無機質な数値が、飛躍的に価値を高めた情報となり、私たちの生活に欠かせないものへと進化を遂げます。データの情報化です。

プログラムをデジタルの数値の羅列で作るには、手間がかかりすぎるため、現在の数多くのプログラム言語は、人間が使う言葉に近い言語を使っています。そうした言語を、機械語に翻訳して演算を行います。無機質なバイナリ言語のプログラムから、意味ある言葉のプログラムへの変革、いわばプログラミングの情報化ともいうことができます。

情報通信もまた、コンピュータ技術、プロトコル技術、ネットワーク技術によって大きく進化しました。これらの技術は、デジタルによる技術です。

この章では、デジタル伝送のためのさまざまな技術を解説します。

# 1 情報通信システム

「20世紀3大の発明は?」という問いに、人によって異なるさまざまな答えが返ってきますが、その答えの中には、必ずといっていいほどコンピュータが含まれます。

コンピュータやコンピュータで処理された情報は、例を挙げれば切りがないぐらい膨大なものになってしまいます。それほど私たちの生活に身近で、切っても切れないものとなっています。今や、デジタルのコンピュータで加工され、発信された情報がない生活や社会は、想像することができません。この世界は、「0」「1」のデジタルで覆われているといっても過言ではありません。

## 通信システムの構成要素

### 《情報を信号にする端末設備》

情報をやり取り（交換）する形態には、1対1の形態、放送のような1対多、あるいは多対多の形態もあります。しかし一般的には、多数の中から特定の相手を選択して1対1で通信する形態です。

情報通信を1対1のシステムで捉えると、**送信者**（情報源）、**送信機**、**伝送路**、**受信機**、**受信者**、という5つの基本的な構成で成り立っています。

- 送信者は、伝送しようとする情報を送る人間や機械である
- 送信機は、送信者からの情報を、電気信号や光信号に変換し、送り出す装置である
- 伝送路は、送信機からの信号を、受信機に伝えるためのケーブルや、電波などを伝搬させる空間である
- 受信機は、伝送路からの信号を受けて情報に変換し、受信者に伝える装置である

- 受信者は、送信者からの情報を受ける人間や機械である

情報通信システムの設備構成を、ハードウェアの面から見て、図6-1に示します。前述の「送信機」と「受信機」を**端末設備（ターミナル）**といい、「伝送路」、および信号を伝送させる装置を、**伝送設備（リンク）**といいます。また、不特定多数の中から相手を特定するための装置を**交換設備（ノード）**といいます。これらを情報通信システムの**設備構成の3要素**といいます。

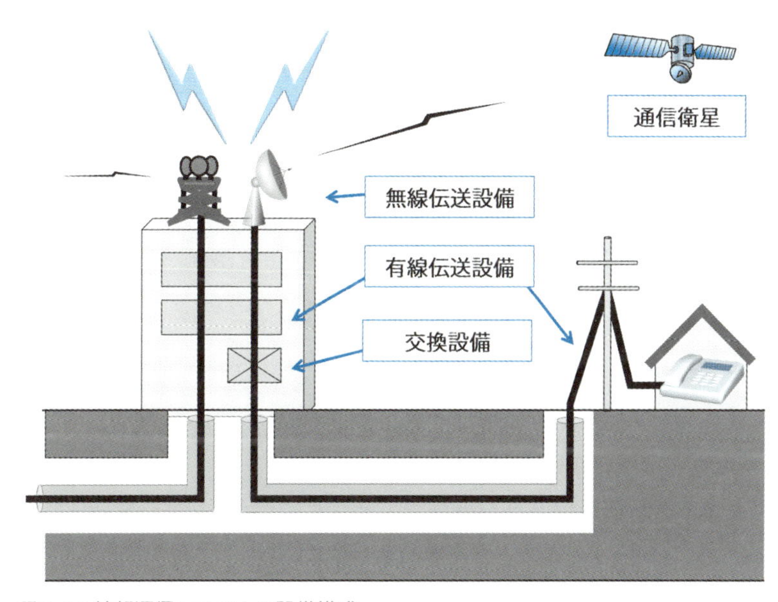


図6-1：情報通信システムの設備構成

情報通信網とは、文字通り「情報」を「通信」する「網（ネットワーク）」のことです。ネットワークとは、複数の装置を有機的に結び付けた物理的な集合体のことですが、情報通信システムでいうと、端末設備を除いた伝送設備と交換設備で構成される部分をいいます。

### 端末設備

端末設備は、文字・数字などの符号、音声、画像などの情報を、通信するための信号に変換し、また信号を元の情報に逆変換します。コンピュータや電話機、ファクシミリ(FAX)などの装置です。これらは、人間に最も近い装置であり、**ヒューマンインタフェース**の機能をもちます。

### 伝送設備

伝送設備は、端末設備と交換設備、または交換設備同士を接続し、端末設備からの信号を伝送します。 伝送路はリンクともいいますが、情報を変換した信号を、離れた場所に効率よく正確に伝えます。伝送路には電気信号や光信号をケーブルで伝送する有線伝送路と、電波や赤外線などを空間に伝送する無線伝送路とがあります。

伝送設備には、伝送しやすい信号に変換する信号変換機能、1本の伝送媒体で多くの情報を効率的に伝送する多重化機能、そして正確に安定的に長距離伝送するための中継機能をもちます。

### 交換設備

交換設備はノードともいいますが、通信する相手への経路を選択し中継します。電話網の場合は交換機で、インターネットやLANなどコンピュータ・ネットワークの場合はルータなどのネットワーク機器です。

## PCM《アナログ信号をデジタル符号に変える》

私たちが目や耳など五感で捉える絵や音という情報は、アナログ情報です。図6-2で示すように、アナログ情報とは、大きさを表す振幅が時間とともに連続的に変化する信号で表されます。それに対してデジタル情報は、時間および振幅方向に離散的な値しか取らないパルス信号で表す情報です。

アナログ通信では、アナログ信号の波形や周波数成分をできるだけ忠実に伝送することが目的です。デジタル通信では、情報を数値化し、符号化し、その符号をパルスの形で正確に伝送します。

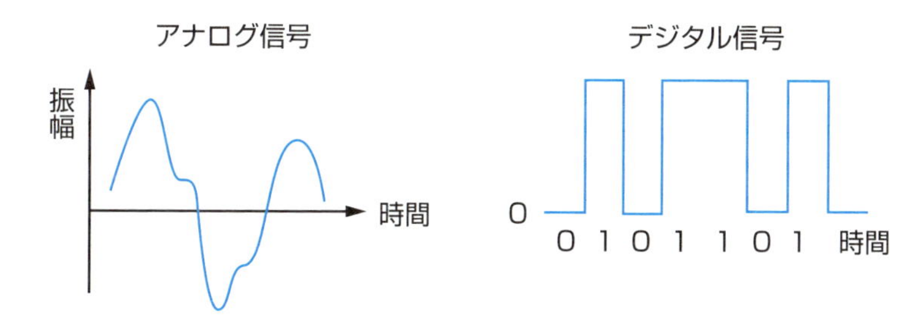


図6-2：アナログ信号とデジタル信号

情報通信は、従来はアナログ通信が中心でしたが、現在ではほとんどが、デジタル通信です。それは、次のようなデジタル信号のメリットがあるからです。

- 通信での品質劣化が少なく、安定している
- 情報の完全な複製ができる
- 集積回路により大容量化、高速動作が可能である
- 集積回路の高度開発により、経済的である
- 多種類の情報をまとめて（マルチメディア）通信できる

デジタル化によって、遠方まで、迅速に、正確に、経済的に、さまざまなデータを大量に、またコンパクトに圧縮して伝送することができ、かつ信頼性が高い通信が可能になりました。

アナログ情報をデジタル網で伝送するためには、アナログ信号をデジタル符号に変換し、またそれを逆変換しなければなりません。アナログ信号をデジタル符号へ変換する基本的な方式は、**PCM**です。

**PCM（Pulse Code Modulation）**
アナログ信号をデジタル符号に変換する方式の1つ。

図6-3で示すように、PCMでは、アナログ信号からデジタル符号への変換は、**標本化（サンプリング）、量子化、符号化**の3段階のステップで行われ、デジタル符号からアナログ信号への逆変換は、**復号化、補間ろ波**の2段階のステップで行われます。

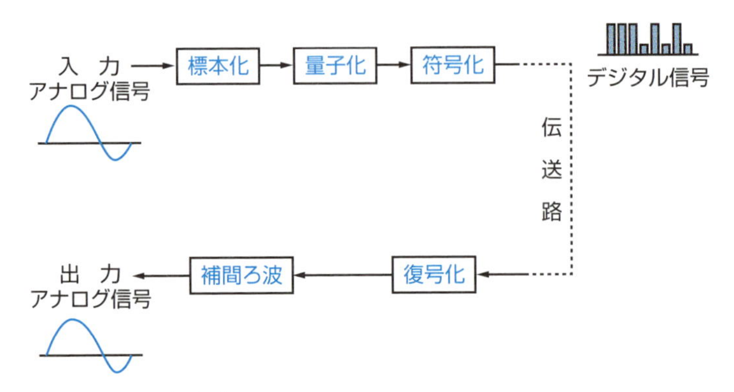


図6-3：PCMの概念図

### 標本化

標本化とは、一定の周期でアナログ信号の大きさを読み取ることです。読み出されたパルスの振幅値は、その時点での振幅を示す標本（サンプル）となります。このように、振幅が元の信号波形の振幅に応じて変化するパルスをPAMパルスといいます。

図6-4で、標本化と補間ろ波の概念を示します。最終的に、PAMパルスからアナログの波形を再現するとき（補間ろ波）、標本化したPAMパルスの間隔（標本化の周期）が十分に短ければ、元の波形が忠実に再現されますが、間隔が長すぎれば、補間しても元の波形が再現できなくなります。また、標本化の間隔を短くすればするほど、**デジタル符号（ビット）**が増大し、大幅な**ビットレート**増になり、伝送**帯域**が広がります。

標本化の最大間隔を決める際には、「元の信号に含まれる最高周波数の2倍以上の周波数で標本化すれば、標本から元の信号を再生できる」という**シャノンの標本化定理**を用います。

**PAM (Pulse Amplitude Modulation)**

信号の振幅をパルスに変調する方式。

**ビット（bit）**

bitはbinary（2進）とdigit（数値）の合成語。「0」と「1」で表す2進数のこと。

電話音声でいうと、音声信号の帯域は0.3～3.4KHzです。理論的には標本化周波数は6.8KHz以上であれば標本化定理を満たしますが、実際の装置では余裕をみて8KHzで標本化しています。すなわち電話音声では、毎秒8000回の標本化を行っており、その周期（時間軸上のPAMパルスの間隔）は125μs（1／8000Hz）となります。

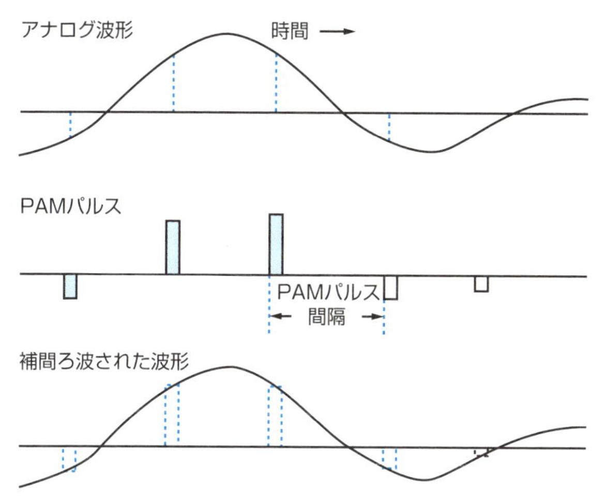


図6-4：標本化と補間ろ波

## 量子化

アナログ信号を標本化してPAMパルスに変換すると、PAMパルスの振幅は連続的に変化しますが、そのままだと符号化処理ができないため、振幅値をいくつかの区分に従って近似的に表します。これが量子化です。

これは、PAMパルスの振幅を適当な数のステップ（段階）に区分し、そのステップ内の振幅をすべてそのステップの代表値で表すというものです。区分するステップ数とは、振幅を表す数値をデジタル化するとき、何ビットで数値化するかということです。すなわち、2ビットで数値化すると、「00 01 10 11」の4つのステップになり、3ビットだと8ステップ、8ビットだと256ステップになります。

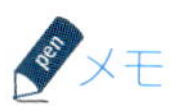


**ビットレート（Bit Rate：伝送速度**

1秒間に伝送できるビット数を示し、「bps」や「ビット／秒」の単位で表し、1秒間に伝送することができる速度を表す。伝送速度と同じく「bps」の単位で表すものに、スループット(Though-put)がある。スループットは実効速度ともいうが、一定時間内に果たした仕事量のこと。具体的には、一連の情報を送信端末から送信し、受信端末が受信完了した時間で、そのデータ量を割って計測する。デジタル信号を伝送するネットワークシステムは、常に同じ条件ではない。ネットワークの使用率や、伝送路の信頼性、そして中継機器の処理能力など、さまざまな要因によって実質的に転送することができるデータ量は影響される。したがって伝送路の性能を示す伝送速度と、データ実質的な転送速度を示すスループットとは異なっている。

**帯域**

アナログ信号における周波数成分の領域のことをいう。例えば、電話がカバーしている周波数帯域は、300～3400Hz。

量子化されたPAMパルス列には、ステップ区分に伴って、四捨五入と同じように切り上げ、または切り捨てた分に相当する誤差が生じます。この誤差分は元のPAMパルス列に加わった雑音と考えることができます。これを**量子化雑音**といいます。図6-5の例でいうと、標本化された「201.5」という真値を、四捨五入で「202」に読み取って量子化したため、「+0.5」の量子化雑音が生じています。この雑音は、アナログ信号に再現しても、元には戻せません。

量子化雑音を少なくするには、ステップ数を増やし、きめ細かいステップにすることです。ただステップ数が増えれば、ビット数が増え、ビットレートの増大となります。

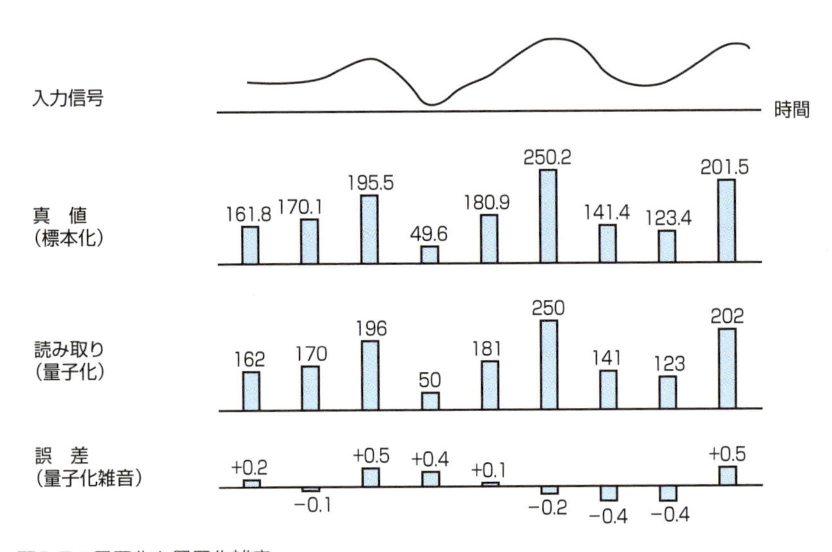


図6-5：量子化と量子化雑音

## 符号化

標本化され量子化されたPAMパルス信号を、通信で使用するデジタル信号に変換することを符号化といいます。符号化は、量子化されたPAMパルスの振幅値を2進の符号（ビット）に対応させ、「0」「1」の符号を、パルスの有無で容易に表現することができ、中継伝送にも適しています。

## 復号化

デジタル信号に変換したものを再びPAMパルス信号に戻すことを復号化といいます。

## 補間ろ波

PAMパルスを滑らかに結ぶと、元のアナログ信号が得られます。このようにPAMパルスから、元の信号を得ることを補間ろ波（PAMパルスの間を補う）といいます。

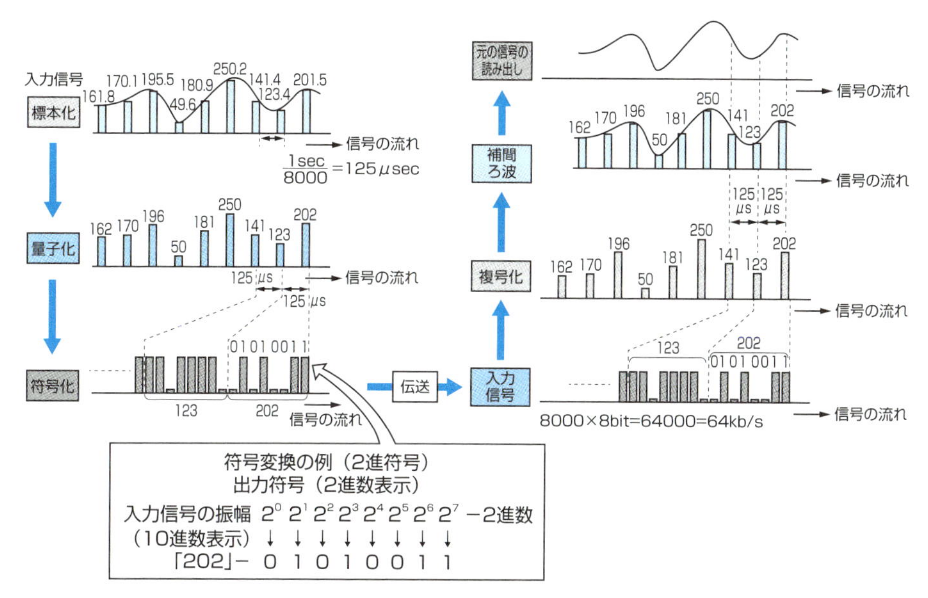


図6-6：PCMによる電話信号のデジタル符号化と再生

図6-6で示すように、電話での音声通信では、電話信号の標本化は8KHz、つまり毎秒8000回で標本化を行います。したがって、1秒あたり8000個のPAMパルスができます。各PAMパルスを、256ステップの数値すなわち8ビットで表し、それぞれを8個のパルスに変換します。したがって、毎秒8000×8=64000個のパルスが出力されます。すなわち、電話のビットレートは64Kbpsとなります。

## FAX《画像を電話網で送信する》

FAX（Facsimile）
通信回線を使用して画像を送受信するシステム。

FAX（ファクシミリ）による画像通信は、図形、絵、色彩などの画像情報を符号化し、電気信号として送信します。受信側では、電気信号を復号化し、忠実に再現します。

画像通信は、**走査（スキャン）**、**光電変換**、**記録変換**、という3つの要素から成り立ちます。

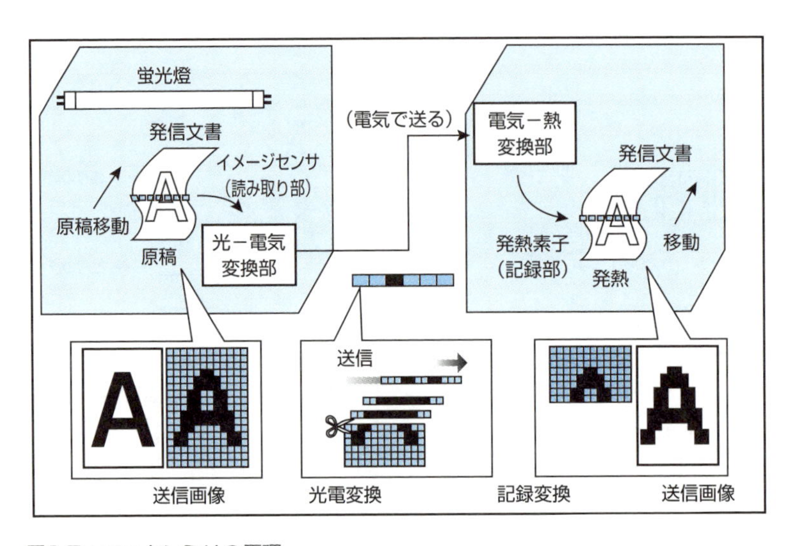


図6-7：ファクシミリの原理

### 走査

走査とは、画面を左上から横方向の細い線に分解し、さらにその線に沿った点（画素）に分解して、1次元情報に変換することです。これを**送信走査**といいます。この反対の過程、つまり1次元の情報を2次元の情報に組み立てることを**受信走査**といいます。

### 光電変換

送信走査によって分解した画素の濃淡情報を、順番に電気信号に変換することを光電変換といいます。画素の情報をデジタル信号の「0」「1」に対応させるので、1画素が1ビットに対応します。

### 記録変換

記録変換とは、送信された電気信号を、電気や熱や光などの画像を構成する情報に変換することです。

1画素を1ビットずつにすると、画像のデータ量は画素数に依存し、膨大なデータ量になります。そのため、FAXでは、情報量をコンパクトにするため、MH符号化、MR符号化、そしてMMR符号化を使用しています。

これらは、ファクシミリ通信で用いられる文書や画像などは、白または黒の部分が連続して現れる性質を利用します。白の連続を「白ラン」、黒の連続を「黒ラン」といいますが、走査線上では、白ランと黒ランは必ず交互に現れます。

**MH符号化方式**は、白が10画素連続すると、「00111」、黒が10画素連続すると「0000100」というようなコード表を使って符号化します。このコード表は、符号化効率を高めるために、出現頻度が高いランレングスほど、符号を短くするように決められています。

**MR符号化**は、1走査線上のランレングスだけでなく、すぐ下の走査線にも着目してさらに情報量を少なくします。

MR符号化では、伝送誤りの波及を防止するため、途中にMH符号化を挿入する必要がありますが、**MMR符号**では、**誤り訂正機能**を利用して、符号化情報の伝送誤りを考慮することなく、すべてのラインをMR符号化方式で符号化し、さらに符号化効率を高くします。

## FoIP《画像をIPネットワークで送信する》

IPネットワークでファクシミリを送受信することを、**FoIP**といいます。FoIPには、図6-8の通り、**T.37方式**、**G.711スルーパス方式**、**T.38方式**の3つがあります。

**FoIP（Facsimile over IP）**
IPネットワーク上で画像を通信する技術。

### T.37方式

T.37方式は、ファクシミリ画像を、電子メールの添付文書として送信する方式です。ファクシミリ信号をFoIPゲートウェイで**TIFF**形式のファイルに変換し転送します。すべてのファクシミリ信号をFoIPゲートウェイが受信し、画像ファイルにしてから送信するため、別名ストア&フォワード方式ともいいます。

**TIFF（Tagged Image File Format）**
高密度な画像データを保存するためのファイル形式の1つ。

### G.711スルーパス方式

G.711スルーパス方式は、別名**音声みなし方式**ともいいます。文字通りVoIPゲートウェイで、ファクシミリ信号を音声とみなし、**G.711**方式の符号化でデジタル信号に変換します。本来ファクシミリの必要帯域は最大14.4Kbpsですが、G.711符号化を使用するため64Kbpsの帯域となります。またVoIPゲートウェイがG.729など、音声の特徴を捉えて余分な情報を削るという高能率符号方式しか対応してない場合、送信できません。

**G.711**
音声符号化の1つで、PCMの無圧縮符号化。第5章参照。

**G.729**
音声符号化の1つで、圧縮した符号化。第5章参照。

### T.38方式

T.38方式は、**IFP**というファクシミリ信号を伝送する専用のプロトコルでIPパケットに変換し、リアルタイムに送受信する方式です。しかし送信側のFoIPゲートウェイがT.38方式で送信しても、相手側が対応していなければ通信できません。

**IFP（Internet Facsimile Protocol）**
FoIPのプロトコル。

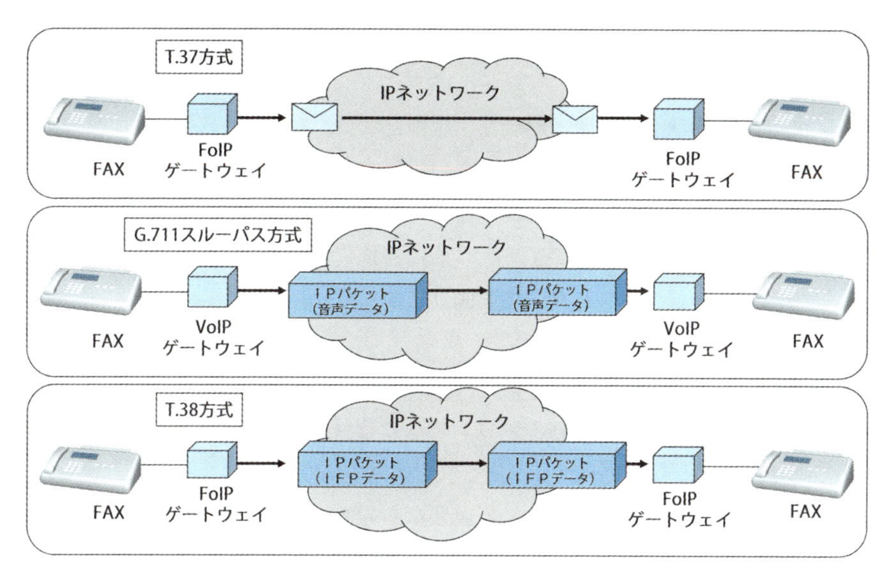


図6-8：FoIPの方式

## 非可逆圧縮《デジタルデータをコンパクト化する》

電話音声がカバーしている周波数帯域は、おおむね4KHz以下となっています。同じ音でも音楽CDは、人間が可聴できる20KHzまでの周波数をカバーしています。音声を含めたテレビの1チャンネル分の**帯域幅**は6MHzです。このように帯域幅は大きく違っています。こうしたアナログ情報をデジタル化すると、データ量はさらに大きく違ってきます。

電話音声をPCMでデジタル符号化すると、64Kbpsのデータ量ですが、音楽CD（ステレオ）の場合は、約1.4Mbps、テレビでは約140Mbpsになります。こうした大容量のデータを蓄積するには大容量の媒体が必要になります。また伝送するにも伝送速度が高い回線でないと、スムーズに送ることができません。そのため、データそのものを小容量化することが求められます。このようにコンパクトにする符号化技術を**高能率符号化**、あるいは**帯域圧縮**といいます。

帯域圧縮は、アナログ信号の特性、人間感覚の特性、という2つの概念を利用しています。

メモ

**帯域幅（Bandwidth）**
情報の周波数成分の最小値と最大値との差のことをいう。例えば、電話がカバーしている周波数帯域は、300～3400Hzで、帯域幅は、3100Hz。

### アナログ信号の特性

元来のアナログ情報の信号には、連続性、規則性という特性があります。すなわち過去の信号から現在の信号を予測できるという連続性の特性や、頻繁に出現するという周波数帯域の偏りという規則性の特性などです。こうした特性に着目して、冗長情報を省略し、コンパクト化を図ります。

### 人間感覚の特性

音声や画像を受け取る人間の感覚のメカニズムに着目します。人間の感覚が利用しないデータなら、それを省略するか、あるいは最小限にし、人間の感覚にとって重要なものを重点的にデータ化することで、コンパクト化を図ります。

帯域圧縮には、**可逆圧縮**と、**非可逆圧縮**の2つの方法があります。

### 可逆圧縮

可逆圧縮とは、圧縮したデータを伸長したとき、完全に元の情報に戻る圧縮方法で、情報保存形符号化ともいいます。元来のアナログの特性を利用した圧縮は、可逆圧縮です。前述したFAXのMH符号化、MR符号化、MMR符号化は、可逆圧縮です

### 非可逆圧縮

非可逆圧縮とは、圧縮したデータを伸長しても、元の情報に戻らない圧縮方法で、情報非保存形符号化ともいいます。人間感覚の特性や、情報源のメカニズムに着目した圧縮は、非可逆圧縮です。

画像の圧縮には、この方法がよく使われています。元の情報でなくても、人間の視覚は気付きません。カラー静止画の高能率符号化のJPEGや、動画像の高能率符号化のMPEGは、

非可逆圧縮の符号化方式です。

不可逆圧縮方式の方が、可逆圧縮方式より、多くの情報処理を必要としますが、圧縮率は高くなり、大きな圧縮効果が得られます。

## JPEG《カラー静止画像をデジタル化する》

**JPEG (Joint Photographic Experts Group)**
カラー静止画の符号化方式。

**JPEG**は、カラー静止画の符号化方式です。図6-9のような手順で符号化を行います。

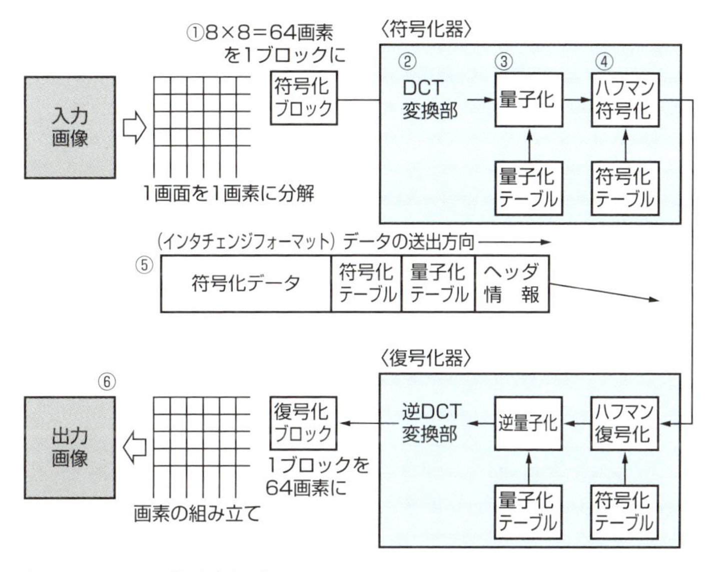


図6-9：JPEGの符号化方式

**DCT (Discrete Cosine Transform：離散コサイン変換)**
ランダムに変化する信号を周波数成分に変換する演算。

①画像を8画素×8画素の小ブロックに分割します。

②このブロックのパターンを、**DCT**変換によって、低い周波数成分（ブロックの大まかな部分を表す成分）と、高い周波数成分（細部を表す成分）に分解します。

大部分のブロック内のパターンは、高周波成分は小さく、ほとんどゼロに近くなっています。そのため高周波成分に割り当てるビット数を減らすかゼロにします。そして低周波成分に必要なビット数を割り当てることで、全体のビット数を減らします。
③量子化テーブルにしたがって量子化します。
④符号化テーブルによってハフマン符号化します。ハフマン符号とは、出現頻度が高いものは短い符号に、めったに出現しないものは長い符号にするという符号化効率を高めた符号化です。
⑤量子化テーブル、符号化テーブルとともにデータを伝送します。
⑥符号化の逆の動作で画像を出力します。

このような手法によって、静止画像のビット数を10分の1から数十分の1まで減らすことが可能になります。

## MPEG《動画をデジタル化する》

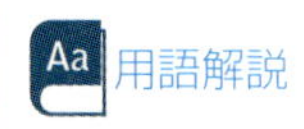

**MPEG**
**(Moving Picture Experts Group)**
動画像の符号化方式。

**MPEG**は動画像の符号化方式です。MPEGは、主にCD-ROMのような蓄積用途を想定した**MPEG1**と、蓄積用だけでなく、通信用や放送用としても適用可能な**MPEG2**などが標準化されています。

動画像は、JPEG方式による圧縮した静止画像を、毎秒30枚（フレーム）、あるいは25フレーム伝送します。

MPEG1は、8×8画素のブロック単位のDCT変換、およびハフマン符号化は、JPEGと同じです。しかし1秒間に25から30枚のフレームをJPEGの手法で符号化を行うと、相当なデジタル量となります。そのためMPEGでは、フレーム間予測符号化と、動き補償予測符号化を行います。

**フレーム間予測符号化**は、フレームの16×16画素のブロック単位で、前後のフレームとの差分を見ます。変化のない、つまり動きのない領域はデータをゼロとし、動いている領域だけをデータ化します。これによってデータ量を削減することができます。

**動き補償予測符号化**は、動いている領域について16×16画素のブロック単位で、動きの情報を抽出し、動きを予測します。それによってスムーズの動きを補償するフレームを挿入します。これによって符号化効率が高められます。

MPEG1では、図6-10のように、Iピクチャ、Pピクチャ、Bピクチャという3つの画像タイプを規定しています。Iピクチャは、フレーム内符号化画像といい、時間的に過去や未来の予想を用いない画像であり、予測の元フレームとなります。そのため、最もデータ量が多いフレームです。Pピクチャは、順方向予測符号化画像といい、時間的に過去から順方向に予測した画像です。そしてBピクチャは、双方向予測符号化画像といい、過去画面からの順方向予測だけでなく、未来画面からの逆方向予測の双方向予測をした画像です。Pピクチャ、Bピクチャによって動き補償予測符号化を行い、データ量の圧縮と、画質の向上を図っています。

**Iピクチャ (Intra-Picture)**
フレーム内符号化画像。

**Pピクチャ (Predictive-Picture)**
フレーム間順方向予測符号化画像。

**Bピクチャ (Bi-directionally predictive-Picture)**
双方向予測符号化画像。

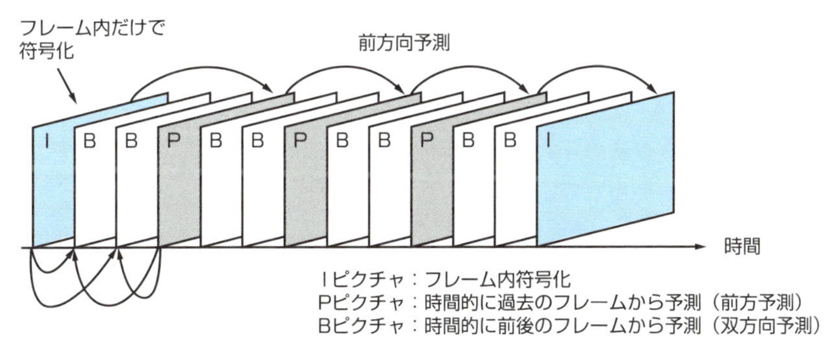


図6-10：MPEGの動き補償予測の概念

## マルチメディア通信《会話型と放送型》

広義の**マルチメディア通信**とは、音声、画像、動画だけでなく、テキストデータなど異なる種類の情報を、同時に双方向で行う通信のことです。しかし狭義のマルチメディア通信とは、音声、画像、動画の通信のことをいいます。

マルチメディア通信は、会話型と、放送型に分類することができます。

### 会話型（双方向型）マルチメディア通信

会話型マルチメディア通信とは、電話やビデオ会議など、双方向型の通信で、リアルタイム性が重要です。そのため遅延時間やジッタ（遅延のゆらぎ）が大きく影響します。またビデオ会議などの映像は、データ量をコンパクトにするため、非常に効率の高いデータ圧縮が行われています。そのため、**パケットロス**は影響が大きくなります。

### 放送型（片方向型）マルチメディア通信

放送型マルチメディア通信とは、インターネット放送などの片方向の通信です。この通信は、さらにダウンロード配信と、ストリーミング配信に、分類することができます。

- **ダウンロード配信：**データを一括してダウンロードし、ダウンロードを完了すると自動的に再生する
- **ストリーミング配信：**データを受信しながら再生する。再生後のデータは保存されず、そのまま破棄される。ストリーミング技術を使用して、インターネットを通じてライブの映像や音楽を配信するサービスを、インターネット放送という。

## ストリーミング《動画をダウンロードしながら再生する》

データを受信しながら再生するストリーミングマルチメディア通信も、会話型マルチメディア通信と同様、遅延やジッタに対して要求は厳しくなります。しかし、ストリーミングの受信側では、データを数秒分バッファして再生するため、ある程度のジッタは吸収することができ、会話型ほど厳しくありません。

ストリーミングについても、**オンデマンドストリーミング**と、**ライブストリーミング**の2種類があります。

### オンデマンドストリーミング

オンデマンドストリーミングとは、**VOD**のように好きな時間に、サーバにアクセスして映像などを楽しむストリーミングです。このストリーミングは、ストリーミングサーバにあらかじめデジタルデータが蓄積してあります。

Aa 用語解説

**VOD（Video On Demand：ビデオオンデマンド）**
ユーザの要求により動画を配信するサービス。

### ライブストリーミング

ライブストリーミングとは、ライブの映像や音楽を同時進行で楽しむストリーミングです。このストリーミングは、映像をリアルタイムにデジタルデータ化し配信を行います。

# 2 デジタル符号

現在の情報通信は、ほとんどがデジタルです。音、画像、動画など、さまざまな情報を「0」「1」のデジタルに符号化し、伝送設備でデジタル伝送します。

## 伝送方式《ベースバンド伝送とブロードバンド伝送》

伝送方式には、ベースバンド伝送方式とブロードバンド伝送方式とがあります。図6-11に概念を示します。

### ベースバンド伝送方式

ベースバンド伝送方式は、データ信号を原型のまま伝送する方式です。デジタル伝送の場合、符号化されたデジタルのデータ信号を変調操作なしに伝送し、また受信についても復調しません。

### ブロードバンド伝送方式

ブロードバンド伝送方式は、データ信号を、ある帯域の搬送波（キャリア）を使って伝送する方式です。そのため**搬送波伝送方式**ともいいます。

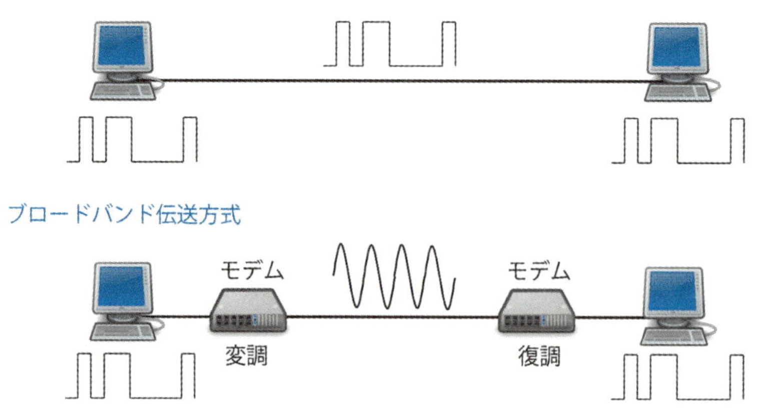


図6-11：伝送方式

## デジタル変調方式《「1」「0」のビットを波形に表す》

ブロードバンド伝送方式において、決められた周波数帯域の搬送波を使用してデジタル信号を伝送するとき、送信側では変調器で変換して伝送し、受信側では復調器で逆変換します。このような技術を変（復）調技術といいます。

「0」「1」のデジタル符号を、搬送波の振幅を変復調する方式を、**振幅変調方式（ASK）**、搬送波の周波数を変復調する方式を、**周波数変調方式（FSK）**、搬送波の位相を変復調する方式を**位相変調方式（PSK）**といいます。

図6-12では、ASKではデジタル符号の「1」を振幅が大きい搬送波に変調し、「0」を低い振幅の搬送波に変調しています。FSKでは「1」を周波数が高い搬送波に変調し、「0」を低い周波数の搬送波に変調しています。PSKでは「1」を通常の位相の搬送波に変調し、「1」を反転した位相の搬送波に

用語解説

**デジタル変調方式**

搬送波の振幅、周波数、位相を変復調する方式は、それぞれ以下の名称で呼ばれる。

- 振幅変調方式（ASK：Amplitude Shift Keying）
- 周波数変調方式（FSK：Frequency Shift Keying）
- 位相変調方式（PSK：Phase Shift Keying）

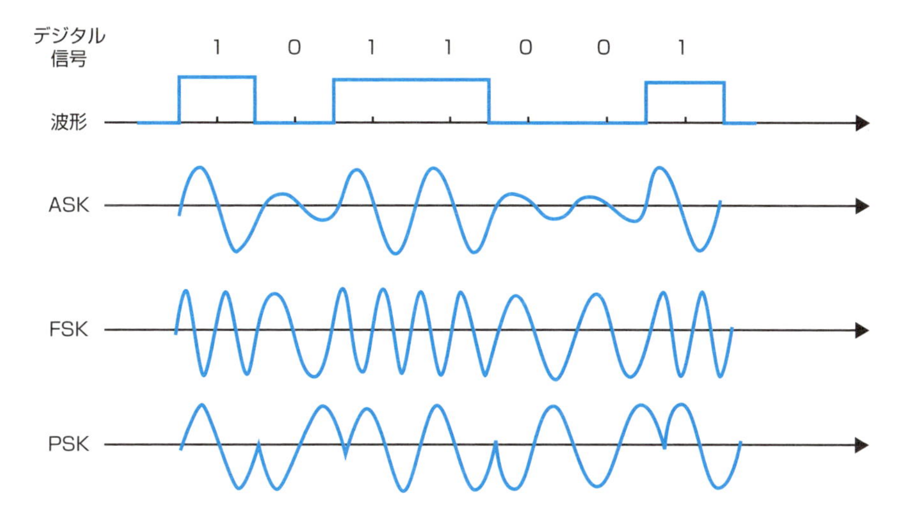

図6-12：ASK、FSK、PSK

変調しています。

周波数帯域を有効に利用し、伝送するデジタル符号を増大させる方法が**多値変調方式**です。

図6-12のPSKでは、位相を通常のものと反転したものと2つの搬送波を用意し、それぞれにデジタル符号の「0」と「1」を割り当てています。この方法を**2PSK（BPSK）**といいます。しかし、位相をさらに細かく分け、4つの位相にし、それぞれに「00」「01」「10」「11」の2ビット単位の符号を割り当てると、周波数帯域を増やすことなく、倍の符号を変調、伝送することができます。この方式を**4PSK（QPSK）**といいます。

2PSKでは、1つの位相で1ビットを、4PSKでは1つの位相で2ビットを、8PSKでは3ビットを、16PSKでは4ビット単位で変調します。同じ周波数帯域で2PSKの2倍（4PSK）、3倍（8PSK）、4倍（16PSK）の符号を伝送することができます。

この考え方をさらに進め、正弦波の位相と振幅を組み合わせた多値変調方式を**QAM（直交振幅変調）**といいます。

用語解説

**2PSK（BPSK：Binary Phase Shift Keying：2相PSK）**
1ビット単位で変調する位相変調方式。

**4PSK（QPSK：Quadrature Phase Shift Keying：4相PSK）**
2ビット単位で変調する位相変調方式。

用語解説

**QAM（Quadrature AM：直交振幅変調）**
位相と振幅を組み合わせたデジタル変調方式。

図6-13は、2つの振幅の搬送波、そしてそれぞれの搬送波に4つの位相の搬送波、計8つの搬送波を使用し、それぞれ3ビットを割り当てた8QAMを示しています。さらに多重度を上げた128QAMや256QAMもあります。

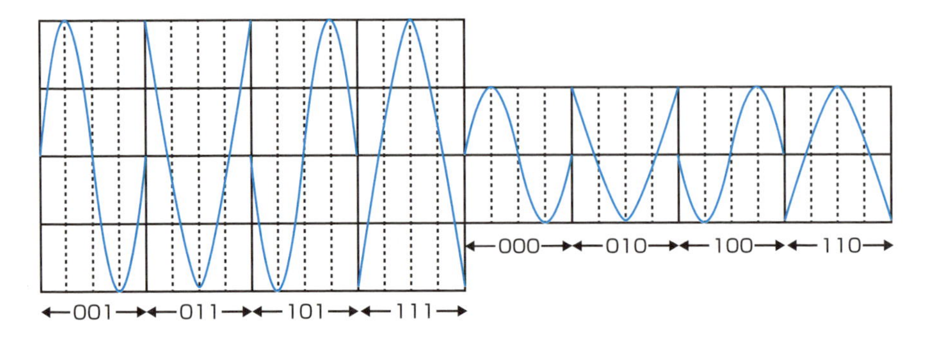


図6-13：8QAMの波形

## 変調速度《シンボルレートをボーという単位で表す》

**変調速度（シンボルレート）**とは、1秒間に搬送波が切り換わる数ことで、**ボー（B）**という単位を使用します。搬送波が切り換わる間隔を、変調周期（最短エレメント時間長）といいますが、変調速度は変調周期（T）の逆数です。

B＝1／T(ボー)

例えば、周波数変調で「1」または「0」の1つの周波数状態の最短時間が5msであれば、1/0.005=200(ボー)となります。

デジタル伝送路でのデータ信号の伝送速度（ビットレート）とは、1秒間に伝送できるビット数のことで、ビット／秒(bps、b/s）という単位で表します。

**直列伝送（シリアル伝送）**による振幅変調や周波数変調では、伝送速度と変調速度は一致していました。しかし4PSKや64QAMなどの多値変調方式や、複数の信号線を使って同時に複数ビットを伝送する**並列伝送（パラレル伝送）**の出現によって、伝送速度（ビットレート）と変調速度（シンボル

**ボー（B：Bauds）**
変調速度を表す単位。

Aa 用語解説

**直列伝送（Serial Communication：シリアル伝送方式）**
1つの信号線から、順番に1ビットずつ伝送していく方式。

**並列伝送（Parallel Communication：シリアル伝送方式）**
複数の信号線から、同時に複数ビットを伝送していく方式。

レート）を区別する必要が生じました。

例えば、4PSKでは1状態で2ビット分伝送できるので、変調速度を1200ボーとすると、伝送速度は2400bpsとなります。

## 多重化の種類

**《1本の伝送路に複数のデータを同時に転送する》**

**多重化**とは、複数のデータをまとめて、1本の伝送路で伝送することです。これにより、限られた伝送路で多量データを伝送することができ、大容量伝送と、伝送路の経済化を図ることができます。

主な多重化の方式には、FDM（周波数分割多重）、TDM（時分割多重）、CDM（符号分割多重）、WDM（波長分割多重）、SDM（空間分割多重）などがあります。

### FDM（周波数分割多重）

FDM（周波数分割多重）は、データごとに異なる周波数を割り当て、1つの伝送路に複数のデータを伝送する方式です。電波は周波数が異なれば、干渉（混信）しません。そのため複数の周波数で信号を同時に送信することができます。

FDMは、私たちの身近では携帯電話で使用しています。第1世代携帯電話では、基地局と端末（携帯電話）間の複信方式（**FDD**）、および複数の端末からの多重アクセス（**FDMA**）に使用していました。第2世代、第3世代の携帯電話では、基地局と端末間の通信に使用しています。また、FDMは、無線通信やケーブルテレビなどに使用されています。

FDMは、隣接したチャネルの周波数帯に、干渉をガードするスペース（空白の周波数帯）が必要ですが、**OFDM**という周波数帯を被せる技術が開発されました。この技術によって、多数のチャネルを構成することができ、高速・大容量、そして多重数を増大することが可能になりました。このOFDMは、**IEEE802.11g**の無線LANや、移動体通信の**LTE**や、地上

用語解説

**多重化（Multiplexing）**
1本の伝送で複数のデータを送受信すること。

**FDM（Frequency Division Multiplexing）**
複数の周波数に分割して多重化する多重化方式の1つ。

参照

**FDD（Frequency Division Duplex：周波数分割複信方式）**
第5章、第8章を参照。

**FDMA（Frequency Division Multiple Access：周波数分割多重アクセス）**
第5章、第8章を参照。

参照

**OFDM（Orthogonal Frequency Division Multiplexing：直交周波数分割多重）**
第8章を参照。

**IEEE802.11g**
第3章を参照

**LTE（Long Term Evolution）**
第4章を参照

デジタル放送などで使用しています。

### TDM（時分割多重）

TDM（時分割多重）は、時間を細かく分けて、それぞれの時間に異なるデータを割り当て、1本の伝送路に、複数のデータを伝送します。この方式には、送信側と受信側で、時間の同期を取って多重化する同期多重と、時間的な同期を取らずに多重化する非同期多重があります。

同期多重のTDMでは、1本の伝送路に、複数のデジタル信号を伝送するために、お互いのパルスの時間を圧縮し、送出時刻をお互いに重ならないよう規則的に配列して送出します。図6-14は、1ビット多重の概念図ですが、電話の回線交換方式の多重化（**STM**）では、8ビット単位の多重化を行います。またフレーム単位の多重化もあります。

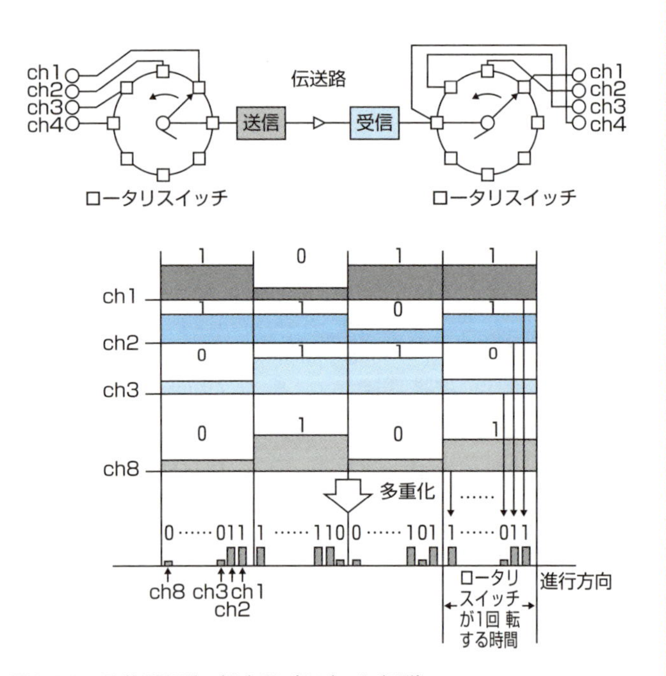


図6-14：時分割多重の概念図（1ビット多重）

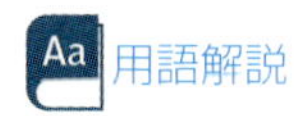


**TDM**
**(Time Division Multiplex：時分割多重)**
時間を分割して多重化する多重化方式の1つ。

**STM**
**(Synchronous Transfer Mode：同期転送モード)**
回線交換方式で多重化したデータを伝送する方式。

第2世代の携帯電話では、TDMは多重アクセス（**TDMA**）で使用していました。PHSでは、複信方式（**TDD**）と多重アクセス（TDMA）に使用しています。

非同期多重では、データに宛先情報示したヘッダを付加し、送信側の任意のタイミングで伝送します。**ATM**やパケット交換方式による多重化が、これに該当します。

### CDM（符号分割多重）

CDM（符号分割多重）は、データごとに信号を変調させる異なる符号を付け、1本の伝送路に、複数のデータを同時に伝送する多重化方式です。第3世代の携帯電話では、スペクトラム拡散する拡散符号を利用した多重アクセス（**CDMA**）を使用しています。

### WDM（波長分割多重）

WDM（波長分割多重）は、光ファイバによる多重化です。光も電波と同じ周波数や波長をもつ電磁波の1つです。電波と同じように、周波数、あるいは波長が異なれば、干渉することがありません。WDMは、データごとに異なる波長を割り当て、1本の光ファイバに複数の光信号を伝送します。

### SDM（空間分割多重）

無線通信におけるSDM（空間分割多重）は、複数のアンテナを用意します。**WiMAX**などで使用している**MIMO**では、同じ周波数の電波を使用し、異なるデータを複数のアンテナから送受信し、高速通信を実現しています。

また光通信では、マルチコアを使用した**空間多重光伝送技術**があります。光ファイバは屈折率が異なるコアとクラッドで構成され、光信号はコアを通ります。通常の光ファイバは1本のコアだけですが、**マルチコアファイバ**は、1本の光ファイバに複数のコアを配置しています。異なるデータをそれぞれのコアを通すことによって高速通信を実現します。

**TDMA（Time Division Multiple Access：時分割多重アクセス）**
第5章、第8章を参照。

**TDD（Time Division Duplex：時分割複信方式）**
第5章、第8章を参照。

**ATM（Asynchronous Transfer Mode：非同期転送モード）**
セルと呼ばれる53バイトの固定長のデータを高速に転送する規格。小さな53バイトの固定長にすることで、セルを自在に組み合わせる、QoS制御を行うことができ、マルチメディア通信に適している。

**CDM（Code Division Multiplex：符号分割多重）**
符号を分割して多重化する方式の1つ。

**CDMA（Code Division Multiple Access：符号分割多重アクセス）**
第5章、第8章を参照。

**WDM（Wavelength Division Multiplexing：波長分割多重）**
第7章を参照。

**SDM（Space Division Multiplexing）：空間分割多重）**
空間を分割して多重化する方式の1つ。

## デジタル中継《信号を遠くまで正確に伝送する》

デジタル伝送の装置には、図6-15のように、**多重化機能**、**信号変換機能**、**中継機能**、**信号逆変換機能**、**分離機能**の5つの機能をもっています。

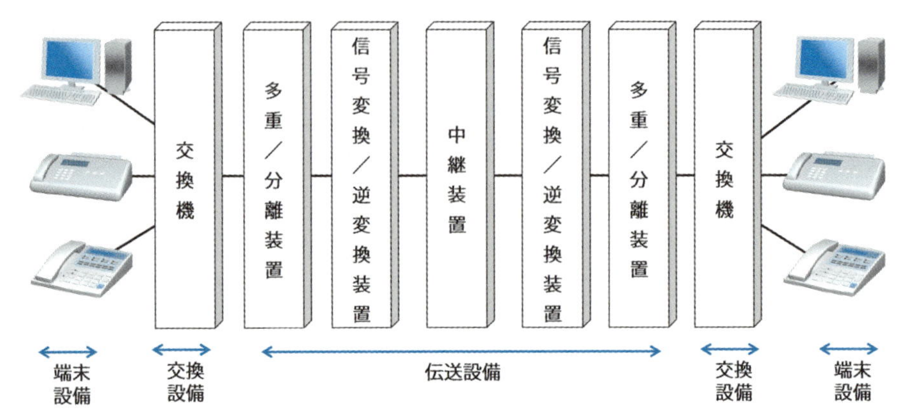


図6-15：デジタル伝送装置

### 多重化機能

多重化機能は、信号変換された多数の信号を、まとめて1本の伝送媒体へ送出します。

### 信号変換機能

信号変換機能とは、音声やデータなどの信号を、伝送に適した信号（伝送符号）に変えることです。

### 中継機能

多重化された信号は、伝送媒体を通過する間に損失を受けて弱くなったり、信号の波形が歪んだりします。中継機能は、劣化したパルス信号の有無を識別し、送信されたパルス信号と同一の信号に再生して、再び伝送媒体へ送出します。

参照

**WiMAX（Worldwide Interoperability for Microwave Access）**
第4章を参照。

**MIMO（Multiple Input Multiple Output）**
第4章を参照。

### 信号逆変換機能

伝送符号を元の信号に戻す機能を信号逆変換機能といいます。

### 分離機能

多重化された信号を個々の信号に分離する機能を分離機能といいます。

## 再生中継器《3R機能でパルスを再生》

デジタル中継伝送では、送信側から伝送媒体に送出されたパルス信号は、伝送媒体により減衰し、さらに妨害雑音が加わります。こうした伝送中の影響を除去するため、送出されたパルス信号が受信側で正確に識別できるうちにパルス信号を再生できるよう、伝送路には適当な間隔で再生中継器を設置します。

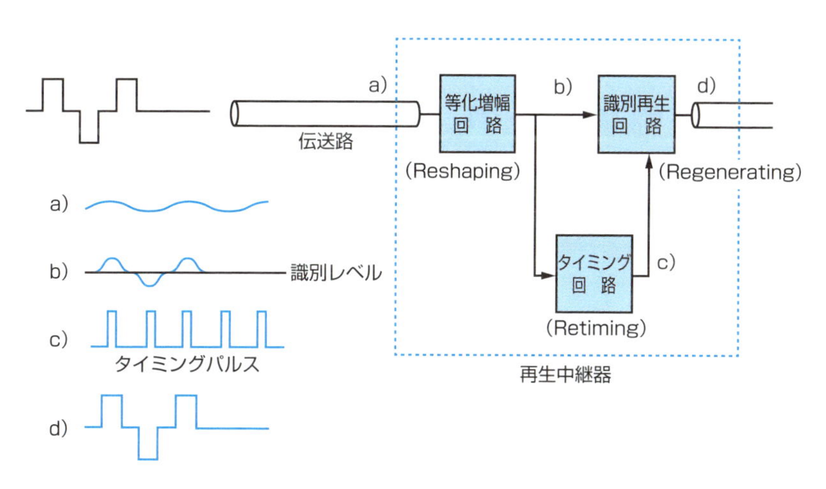


図6-16：再生中継器の3R機能

**再生中継器**には、図6-16で示すように、送出時のパルス信号と同じものに再生するため、等化増幅、リタイミング、識別再生の3つの機能が必要となります。

### 等化増幅（Reshaping）

等化増幅は、減衰し歪んだ受信パルス信号を整形増幅し、パルス信号の有無や識別レベルより上か下かを判定できるようにします。

### リタイミング（Retiming）

リタイミングは、受信パルス信号列からタイミングパルスを抽出し、識別再生回路に供給します。受信パルスの有無や、識別レベルより上か下かを判定するタイミングを指定する機能です。

### 識別再生（Regenerating）

識別再生は、タイミングパルスによって指定されたタイミングで、等化増幅したパルス信号を判定し、新たなパルス信号を再生します。

この3つの機能は、いずれも頭文字がRであるため、一般に**3R機能**といいます。

光通信では、光をいったん電気信号に戻して、3R機能で再生中継する方式と、電気信号に戻すことなく、**光増幅器**を使用して光信号まま再生中継するシステムがあります。これについては、第8章を参照してください。

## 伝送符号《伝送符号に変換して正確に転送する》

デジタル伝送では、伝送符号に変換・逆変換します。**伝送符号**とは、伝送路に適し、正確に伝送するための符号です。符号変換の条件は、どんな符号列でも正確に伝送できること、もし符号誤りが生じたとしても波及効果が小さいこと、そして伝送符号に変換しても、本来の信号の伝送速度より大幅に高速度にならないことです。

**伝送符号**

ベースバンド伝送における送符号には、主に以下がある。

- NRZ符号(Non Return to Zero)
- RZ符号(Return to Zero)
- NRZI符号（Non-Return to Zero Inversion)
- マンチェスタ符号(Manchester Codes)
- AMI符号(Alternate Mark Inversion)
- AMI/B8ZS符号(AMI/Bipolar with 8 Zeros Substitution)

電気のパルス信号で伝送し、中継器でパルスを3R機能で再生するとき、もしパルスがない状態（ビットが「0」の状態）が長く続くと、信号を正しく再生することが難しくなります。中継器のリタイミング機能では、パルスの有無などを判定するタイミングを指定するタイミングパルスを、受信パルスの信号列から作るからです。

パルスがない状態を長く続かせない方法として、「0」符号の連続を一定以下に抑える符号変換則の伝送符号や、**スクランブル**を用いて、統計的に「0」の連続を抑える方法があります。

**ベースバンド伝送方式**における主な符号に、**NRZ符号**、**RZ符号**、**NRZI符号**、**マンチェスタ符号**、**AMI符号**、**AMI/B8ZS符号**などがあります。図6-17および図6-18を参照してください。

符号には、高レベルと低レベルの2種類の電位レベルでパルス信号を作る符号と、高レベル、低レベル、そして中レベル（ゼロレベル）の3種類の電位レベルでパルス信号を作る符号とがあります。2種類のレベルの符号を、**単極性**、あるいは単流方式といいます。3種類のレベルの符号を、**両極性（バイポーラ）**、複流方式といいます。

### NRZ符号

NRZ符号は、送信データが「0」のときに低レベル、「1」のときに高レベルとする符号です。最も単純でわかりやすいものですが、「0」の状態が長く続くと、受信側ではタイミングパルスが作成できなくなり、信号検出が困難になります。

光信号の伝送において出力が高レベルのときに発光、低レベルのときに非発光となります。LANの**イーサネット**では、1000BASE-SX/LXや10GBASE-SR/LR/ERなど光ファイバを使用した規格で、この伝送符号を使用します。

**イーサネット**
本文中の1000BASE-SX/LX、10GBASE-SR/LR/ER、100BASE-FX、10BASE-Tは、イーサネットの規格。詳しくは第3章を参照。

### RZ符号

RZ符号は、「1」のときに高レベルに上げると、必ず低レベル（0：ゼロ）に戻します。

### NRZI符号

NRZI符号は、送信データが「0」のときには、レベル値を変化せず、「1」のときにレベル値を変化させます。イーサネットでは100BASE-FXの規格で、この符号を使用します。

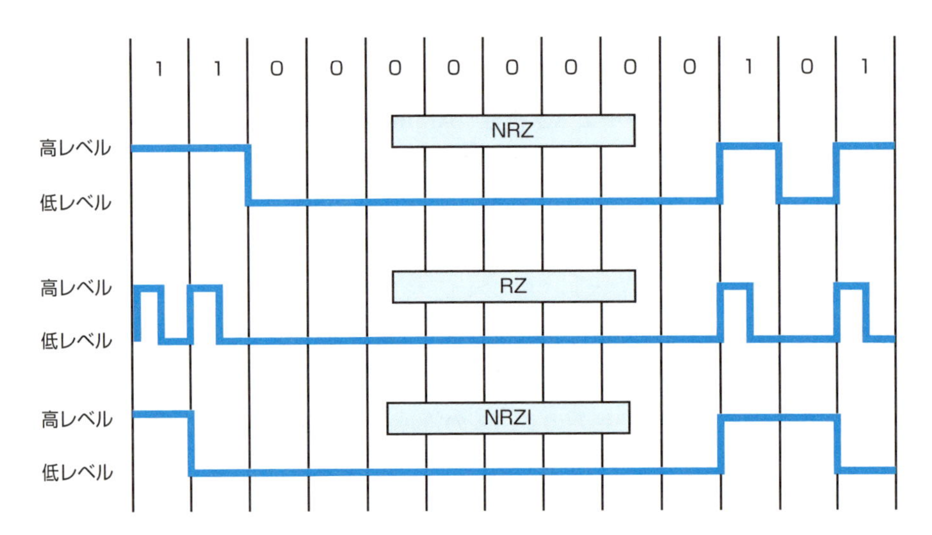


図6-17：伝送符号（NRZ、RZ、NRZI）

### マンチェスタ符号

マンチェスタ符号は、1ビットを2分割し、送信データが「0」のとき、ビットの中央で高レベルから低レベルへ、「1」のとき、ビットの中央で低レベルから高レベルへ反転させます。この符号のように、2値（Binary）の1ビットを2ビットに変換する方式のことを、**1B/2B**といいます。マンチェスタ符号は、初期のイーサネット規格の**10BASE-T**などで使用されます。

## AMI符号

AMI符号は、両極性の符号です。入力符号が「1」のとき「正（高レベル）」、「負（低レベル）」と極性を換えたパルスを交互に発生します。直流成分を抑圧し、交流信号に近い形となり、ノイズに強くなります。この符号は、**INSネット64**などで使用されます。

**INSネット64**
NTTが提供しているISDN基本インタフェースサービス。

## AMI/B8ZS符号

AMI符号は「0」符号の連続を一定以下に抑えることができません。AMI/B8ZS符号は、AMI符号を前提として、入力信号のパルスに「0」が8個連続するブロックがあれば、これを取り出し別に定めた置換パターンに変換する方式です。

B8ZSの置換パターンは「0 0 0 V B 0 V B」です。「B」は、バイポーラ原則通りのパルスを作ります。すなわち、直前のパルスが「正」だと次のパルスは「負」というように極性を交互に変えます。「V」は、バイポーラ原則に違反したパルスを作ります。すなわち、直前のパルスが「正」だと次のパルスも「正」、直前のパルスが「負」だと次のパルスも「負」と

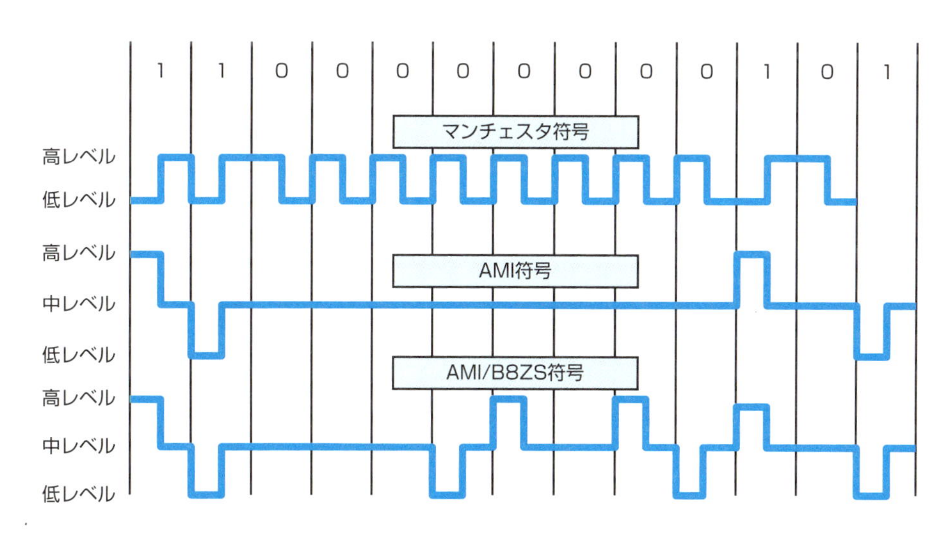


図6-18：伝送符号（マンチェスタ符号、AMI、AMI/B8ZS）

いうようにAMI符号の原則を外れたパターンのパルスを作ります。

つまり、イレギュラーなパターンのパルスを受信すると、その符号列は「0」が8連続したものと置き換えます。この符号は、1.5Mbpsや6Mbpsのデジタル専用サービスなどに使用しています。

## スクランブル符号
**《暗号化した符号で「0」符号の連続を抑える》**

「0」符号の連続を、統計的に抑える方法に、**スクランブル符号**があります。スクランブル符号とは、入力信号に対し外部からスクランブルパターン信号を掛け合わせて、元の符号列とまったく異なる符号列に変換し、「1」と「0」の発生確率をそれぞれ1/2になるようにする方式です。

| | | | | | | | | | | | | | |
|---|---|---|---|---|---|---|---|---|---|---|---|---|---|
| データの符号列 | 1 | 1 | 0 | 0 | 0 | 0 | 0 | 0 | 0 | 0 | 1 | 0 | 1 |
| PN符号 | 0 | 1 | 1 | 0 | 1 | 0 | 0 | 1 | 0 | 1 | 1 | 0 | 1 |
| XORで変換した符号列(伝送符号) | 1 | 0 | 1 | 0 | 1 | 0 | 0 | 1 | 0 | 1 | 0 | 0 | 0 |

図6-19：スクランブル符号

スクランブルパターン信号は、**PN符号（疑似ランダム符号）**といい、「1」と「0」を不規則（ランダム）に組み合わせた符号列です。この符号は不規則のため、「1」と「0」の発生確率は1/2になります。

データの符号列とPN符号とを、**排他的論理（XOR）**で論理演算し、元の符号列とまったく異なる符号列に変換します。

用語解説

**PN符号（Pseudo Noise random code：疑似ランダム符号）**

「1」と「0」を不規則に組み合わせた符号列。

排他的論理（XOR）は、「1」と「0」とが半々になる演算です。したがって、元の符号列に「0」が連続していても変換した符号列は、「1」と「0」の発生確率は1/2になります。また暗号化するため、データを秘匿することができます。

変換した符号列は、もう一度PN符号で排他的論理（XOR）の演算をすれば、元の符号列に復号化されます。

AMIとスクランブルを組み合わせた符号をスクランブルドAMI符号といいます。この符号は、通信事業者のバックボーンの通信で使用されていました。

**排他的論理（XOR：eXclusive OR）**

2進数でのXORでは、2つの入力値が違っていれば演算の答えは「1」、同じであれば「0」になります。すなわち、「0」と「0」のXORは「0」、「0」と「1」のXORは「1」、「1」と「0」のXORは「1」、「1」と「1」のXORは「0」になる。

第 7 章

# 有線伝送媒体

## −ケーブルで信号を伝える−

クライアントからの要求を受け、サーバはストレージに収めてあるデータを加工してクライアントに返答します。

ビット列のデータは、パルス信号に変換され、媒体を通じて伝送されます。いくつかのネットワーク機器を経由して、クライアントの元へ送られ、新たな価値を付加された情報をもたらせます。

この章では、伝送を可能とする有線媒体について解説します。有線伝送媒体には、メタリックケーブルと光ファイバケーブルとがあります。

ビックデータの活用など、データの膨大化は、ととどまることなく突き進んでいます。そのためトラフィックを大容量で、高速に、伝送することが求められます。遅延を生じさせる中継器の数を少なく、すなわち長距離伝送が可能で、しかも大容量伝送が可能な媒体は、現在、光ファイバケーブル以外にはありません。

そのため、この章では光ファイバケーブルに、多くを割いて解説します。

# 1 メタリックケーブル

通信システムを伝送媒体で分類すると、ケーブルを媒体として電磁波の信号を伝搬する有線通信と、空間を媒体として電磁波の信号を伝搬する無線通信とに分けることができます。

有線通信の媒体であるケーブルには、メタリックケーブルと光ファイバケーブルとがあります。メタリックケーブルには、同軸ケーブルとより対線（UTP）とがあります。

## 同軸ケーブル《CATVで使用しているケーブル》

**同軸ケーブル**
**(Coaxial Cable)**
正式には、高周波同軸ケーブルという。

**同軸ケーブル**は、図7-1のように、中心導体の導線を取り囲むように外部導体のメッシュケーブルが同心円状に配置しています。中心導体と外部導体で、高周波の信号を伝搬します。閉塞された構造となっているため、高周波の遮へい性が極めて高く、外部からの電磁波の影響が極めて低くなります。

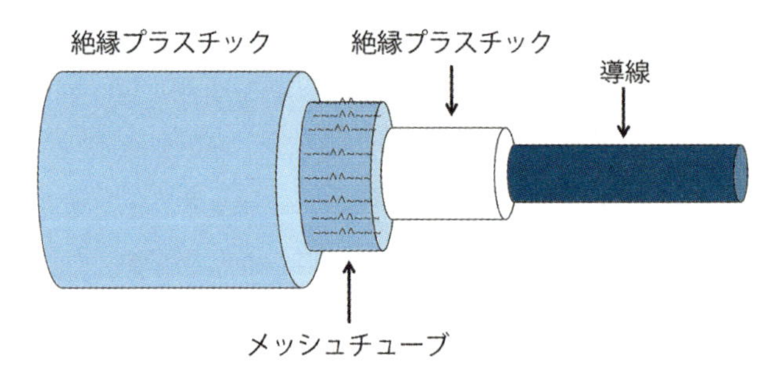


図7-1：同軸ケーブル

平衡対ケーブルに比べ、より高い周波数の電気信号や伝送距離を伸ばすことができます。周波数帯が異なる音声信号や映像信号など多重度についても優れ、信号がケーブルの外部に漏れるという漏話（クロストーク）も発生しません。

同軸ケーブルは電話網の中継回線や初期のLANで使用され

ていましたが、現在では**CATV**通信で使用しています。

## UTP《電話線もLANケーブルもUTP》

**より対線**を図7-2に示します。より対線には、平衡ケーブルと呼ばれるものがあります。これは2本の銅線をより合わせた1対のケーブルで、電話の加入者線に使用され、**ADSL**など加入者線をそのまま使用するシステムに使用します。

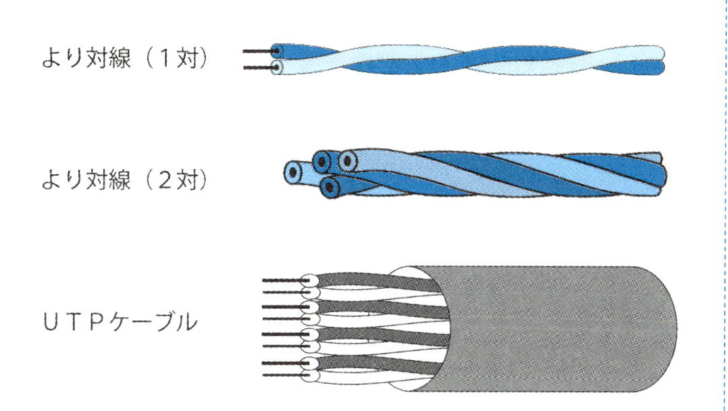


図7-2：より対線

LANなどで使用するより対線は、ツイストペアケーブルと呼ばれ、2本の銅線をより合わせたものが4対、合計8本のケーブルで構成しています。これには**UTP**と**STP**とがあり、STPは電気的な雑音の影響を防ぐためのシールドでケーブルの周りを覆ったものですが、シールドなしのUTPが一般的に使用されます。

UTPは、安価で工事性がいいため、ネットワークの構築や拡張が容易です。銅線を2対ずつより線にすることで内部雑音を低減し、高品質な通信を可能にしています。しかし**伝送損失**や隣接のケーブルに信号が漏れることをいう**漏話**が欠点で、これらは電気信号の周波数が高くなればなるほど高くなります。そのため、伝送距離と周波数に制約があります。

**CATV（Cable Television）**

元来は有線のテレビ放送だが、インターネット通信、IP電話などのブロードバンドサービスを提供する。

**より対線（UTP：Unshielded Twisted Pair Cable）**

銅線1対をより合わせたケーブル。電磁遮へいのシールド処理は施されていない。

**ADSL（Asynchronous Digital Subscriber Line：非対称速度DLS）**

第4章を参照。

**STP（Shielded Twisted Pair Cable）**

電磁遮へいのシールド処理を施したより対線。

### 伝送損失

伝送損失とは、伝送ケーブル上での電気信号の減衰のことですが、伝送損失は、伝送距離に比例し、また周波数の高さに比例します。減衰が大きいと、ビットが正しく認識できなくなり、品質に影響を及ぼします。

### 漏話（クロストーク）

漏話とは、1本のケーブルに流れる信号に比例した電圧・電流が、接近した他の回線に誘導することをいいます。図7-3のように漏話には、誘導回線の信号の伝送方向と同じ方向に現れる**遠端漏話（FEXT）**と、逆方向に現れる**近端漏話（NEXT）**があります。

接近した被誘導回線に、より影響を及ぼすのは、伝送距離を重ねて減衰した信号に、誘導回線から高いエネルギーで逆方向に誘導する近端漏話です。

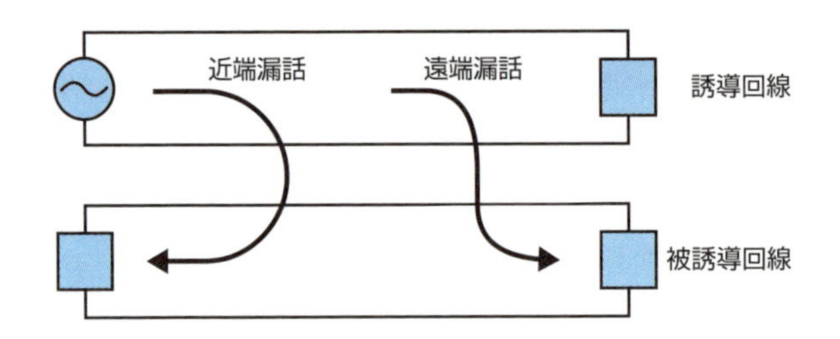


図7-3：漏話

より線（ツイストペア）が線をよっているのは、ノイズ（内部雑音）を低減するためです。より対線の中を流れる信号は、1つの線の電圧が上がった瞬間に、もう1つの線の電圧が下がります。そして、次の瞬間には、その逆になります。このような変化を、高速に繰り返しながら伝わって行きます。

このように1つの線の電圧が高く、もう1つの線の電圧が低い信号を、差動信号といいます。この差動信号は、ノイズに強く、高品質な通信を可能にします。

**漏話（クロストーク：Cross Talk）**
ケーブルを伝送する信号が他のケーブルに漏れること。

**遠端漏話（FEXT：Far End Cross Talk）**
伝送方向と同じ方向に漏れる漏話。

**近端漏話（NEXT：Near End Cross Talk）**
伝送方向と逆方向に漏れる漏話。

また、外部からのノイズについても、2本の線をよることにより、よりごとに発生するノイズ電圧が逆向きになり、相殺し合って弱くなります。そのため、受信側でほとんど出ません。図7-4は、より対線によってノイズが相殺し合っている概念図です。

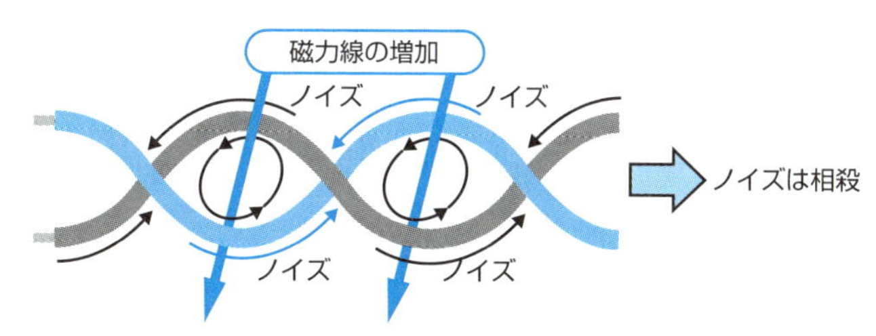


図7-4：より対線のノイズ相殺

## ストレートケーブルとクロスケーブル

LANで使用されるUTPには、ストレート結線した**ストレートケーブル**と、クロス結線した**クロスケーブル**とがあります。

図7-5で示すように、UTPは、8本のケーブルを4対より合わせています。より合わせているのは、コネクタの1・2番ピンのケーブル、3・6番ピンのケーブル、4・5番ピンのケーブル、そして7・8番ピンのケーブルです。ストレートケーブルは、対向のコネクタとも同じピン番号同士を結線したケーブルです。

クロスケーブルは、コネクタのピン番号を交差させて結線したケーブルです。すなわち、1番ピンと対向コネクタの3番ピン、3番ピンは対向の1番ピン、2番ピンは対向の6番ピン、6番ピンは対向の2番ピン、4・5・7・8番ピンは、対向コネクタと同じピン番号で結線しています。

PCやルータに装着するLANアダプタ（**NIC**）のポートは、**MDI**というストレート結線のポートです。またHUBのポートは**MDI-X**というクロス結線のポートです。PCとHUB、すなわちMDIとMDI-Xのポートを接続するには、ストレート

**NIC（Network Interface Card）**
LANアダプタとも呼ばれるハードウェア。ビット列と信号との相互変換、ケーブルなどの媒体への送受信を行う。

**MDI（Medium Dependent Interface）**
1・2番の端子に送信、3・6番の端子に受信を割り当てたポート。

**MDI-X（Medium Dependent Interface Crossover）**
MDIと送受信が入れ替わり、3・6番の端子に送信、1・2番の端子に受信を割り当てたポート。

ケーブルを使用します。**HUB同士の接続**、すなわちMDI-Xのポート同士、またはPCとルータ、すなわちMDIのポート同士を接続するには、クロスケーブルを使用します。

通信相手のポートが、ストレート結線のポートかクロス結線のポートかを自動的に判別するAuto MDI/MDI-X機能をもったHUBやLANアダプタ（NIC）では、ストレートケーブルやクロスケーブルを意識しないで接続することが可能です。

**HUB同士の接続**
カスケード接続という。

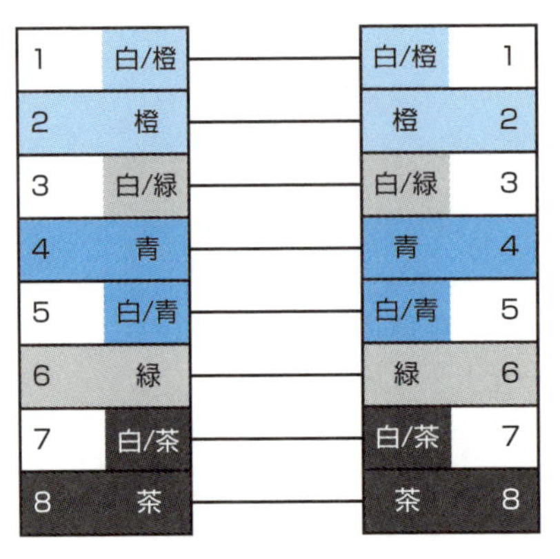


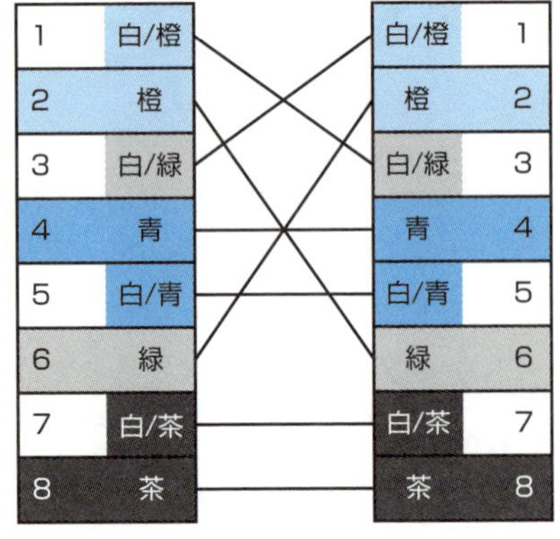


図7-5：UTPのストレート結線とクロス結線

### UTPケーブルの分類

LANの高速化に伴い、高周波数の信号を伝送するUTPが開発されました。UTPケーブルは、保証する伝送速度、周波数によって、カテゴリという分類が定義されています。カテゴリが大きいほど、高速で高品位な伝送が可能です。またJISでは、カテゴリと別個にクラスという配線要素と配線の伝送性能分類を定義しています（表7-1）。

表7-1：UTPのカテゴリ分類

| UTPカテゴリ (cat) | 最大周波数 (Hz) | 最大伝送速度 (bps) | JISの伝送性能 | 主な用途 |
|---|---|---|---|---|
| 1 | 規定なし | 20Kbps | | 電話線 |
| 2 | 1MHz | 4Mbps | | ISDN、低速データ通信用のケーブル |
| 3 | 16MHz | 16Mbps | クラスC | 10BASE-T、トークンリング |
| 4 | 20MHz | 20Mbps | クラスC | 16Mbpsまでのトークンリング |
| 5 | 100MHz | 100Mbps | クラスD | 100BASE-TX、100CDDI |
| 5e | 100MHz | 1Gbps | クラスD | 1000BASE-T |
| 6 | 250MHz | 1.2Gbps | クラスE | 1000BASE-T、ATM(622Mbps) |
| 7（STP） | 600MHz | 10Gbps | クラスF | 10GBASE-T |

# 2 光ファイバ

光は波長が数ナノメートル（nm：$10^{-9}$m）から数百マイクロメートル（μm：$10^{-6}$m）の電磁波です。

光を使用した通信（光通信）には、電波と同じように空間を伝搬させる方式があります。しかしこの方式は、気象条件に大きく左右され、短い距離で減衰します。また、パイプなどの空間に、レンズや鏡を設置して光を送る方式もあります。しかしこの方式は、レンズなどの位置や角度の制御が困難です。**光ファイバ**を使用した方式は、光を人の髪の毛ほどの太さのガラスの中に閉じ込め、長距離伝送します。

光ファイバによる光通信は、現在では不可欠な方式です。それは、大容量なデータを高速に通信し、長距離にわたって減衰しない伝送ができるためです。

メモ

**光の伝送**

光は同一の媒質内では直進しますが、異なった媒質を透過するときには、境界面で進行方向が変わる（屈折）か､角度によっては反射する。この直進、屈折、反射は、光の3大性質と呼ばれる。

## 光の伝搬

**《光はコアとクラッドの境界面を全反射して伝搬する》**

光ケーブルは、図7-6で示すように、屈折率が大きい**コア部**と、それを屈折率が小さい**クラッド部**が取り囲んだ構成になっています。

電気パルスを発光素子によって発光した光信号は、コアとクラッドの境界面を**全反射**しながら、コア内に閉じ込められて伝搬していきます。

メモ

**全反射**
屈折率の大きい物質から小さい物質に光が進むとき、光が境界面に沿って平行に進むときの入射の角度のことを臨界角という。入射角が臨界角より大きいと、光は屈折率の小さい物質に進まず、光のすべてが反射する。この現象を全反射という。

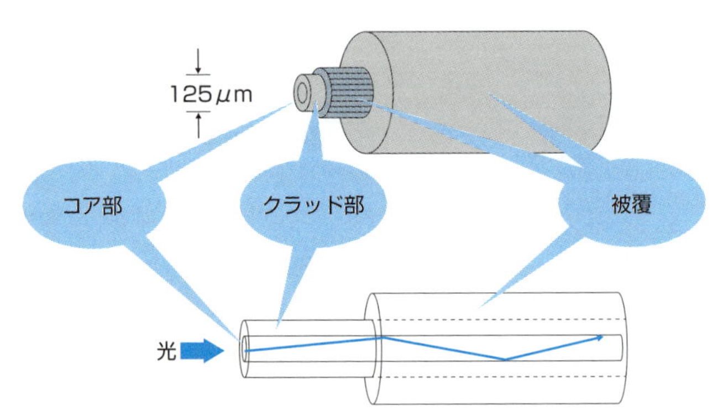


図7-6：光ファイバの構成と光の伝搬

## 光ファイバの特長

### 《光ファイバの特長は低損失、広帯域》

光ファイバは、メタリックケーブルに比較して、**低損失**、**広帯域**、**細径・軽量**、**無誘導**、**漏話が発生しない**、**省資源**などの特徴があります。

### 低損失

光ファイバは、伝送損失が極めて少なく、高い周波数の信号でも伝送損失はさほど変わりません。

### 広帯域

デジタル符号を表現する光信号は、電気信号を**発光素子**で光信号に変換します。

光ファイバは、メタリックケーブルに比べてはるかに高い周波数の信号を光信号にして、伝送することができます。帯域とは、アナログ信号の最高周波数と最低周波数との周波数成分の差のことをいいますが、光ファイバは、広帯域伝送が可能ということです。これは、デジタル伝送でいうと、ビッ

メモ

**発光素子**
発光素子には、発光ダイオード（LED）や半導体レーザ（LD）などがあるが、LDが広く用いられる。

トレート（伝送速度）が高いことを意味します。

### 細径・軽量

図7-8で示すように、光ファイバは、他の伝送媒体に比べて細径・軽量です。1芯の太さは直径125μm（0.125ミリメートル）で、被覆部を含めても1mm以下です。そのため多数の芯線の収容が可能になります。

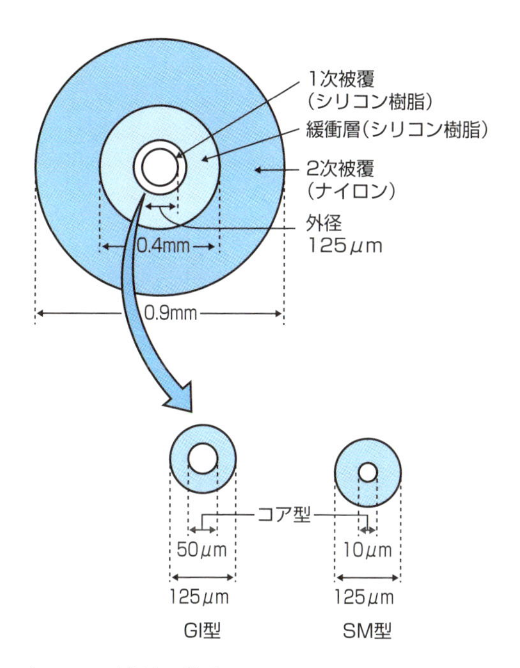


図7-7：光ファイバ芯線の構造

### 無誘導

光ファイバの主成分は石英（$SiO_2$）です。石英は電気を通さないため、外部の高電圧線やラジオ、テレビの電波などからの電磁誘導がありません。ただし非導電性のため、銅を使用したメタリックケーブルのように、ケーブルを介して電力を送ることはできません。

### 漏話が発生しない

光信号は、光ファイバ内に閉じ込められて伝送されるため、より対線（UTP）のようなケーブル間での信号の漏話は発生しません。

### 省資源

光ファイバの主成分である石英は、貴重な銅資源に比べて資源問題が比較的少なく、また少量の石英で長尺の光ファイバを製造することができます。

## 光ファイバの種類《マルチモードとシングルモードの違い》

光ファイバの分類方法には、材料による分類、伝搬モードによる分類、コアの屈折率分布形状による分類があります。

### 材料による分類

光ファイバを、使用している誘電体材料で分類すると、表7-2のように**石英系光ファイバ**、**多成分系光ファイバ**、**プラスチック光ファイバ**に分けられます。

- **石英系光ファイバ：**材料主成分は石英（$SiO_2$）だが、屈折率を変化させるために、ゲルマニウム（Ge）、ホウ素（B）、フッ素（F）などが添加されている。伝送特性が安定しているため、通信に多く用いられている
- **多成分系光ファイバ：**ソーダ石炭ガラスや、ホウ硅ガラスなどを主成分にしたものが多く、添加剤にはナトリウム（Na）、カルシウム（Ca）などのアルカリ金属を使用している
- **プラスチック光ファイバ：**フッ素樹脂系やアクリル樹脂系の光ファイバ。石英系の光ファイバと比べて、伝送距離は短いが、取り扱いが容易なため、ビル内の幹線に使用されている

用語解説

**石英系光ファイバ（SOF：Silica Optical Fiber）**
石英を主成分とした光ファイバ。一般的に使用される。

用語解説

**プラスチック光ファイバ（POF：Plastic Optical Fiber）**
プラスチックを成分とした光ファイバ。

表7-2：誘電体の材料による分類

| 光ファイバの種類（材料上の分類） | 材料組成 | 特徴 | | | |
|---|---|---|---|---|---|
| | | 損失 | 強度 | 信頼性 | 価格 |
| 石英系 | $SiO_2$ | 低 | 高 | 高 | 比較的高 |
| 多成分ガラス | ソーダ石灰ガラス、ホウ硅ガラスなど | 中 | 中 | 問題あり | 中 |
| プラスチック | 各種プラスチック | 高 | 低 | 問題あり | 安 |
| その他 | ハロゲン化物、カルコゲナイトガラスなど | 赤外線領域用 | | | |

### 伝搬モードによる分類

光ファイバは、表7-3で示すように、伝搬モードによって、**シングルモード光ファイバ**と**マルチモード光ファイバ**に分けられます。

光ファイバに入射した光は、コアとクラッドの境界面で全反射を繰り返しながら伝搬します。光の伝搬モードとは、コア内に閉じ込めたまま特定の反射角度で反射する光の伝搬の仕方をいいます。伝搬モードの数は、コアおよびクラッドの屈折率、光の波長、そしてコアの口径によって決まります。

- **シングルモード光ファイバ**：SM型と呼ばれ、コアの口径が10μm以下と極めて小さいため、伝搬モードが1つしか存在しない光ファイバ。光は直進的に進み効率的に伝搬するため、伝送損失は少なく、通信などの長距離用途に使用する
- **マルチモード光ファイバ**：コアの口径がシングルモード光ファイバより大きいため、伝搬モードが複数ある光ファイバ。コアの口径が50μmと大きいので、光は全反射を重ね、伝播距離はシングルモード光ファイバより長くなる。そのため伝送損失はより大きくなり、LANなどの短距離システムの用途に使用する

**シングルモードファイバ（Single mode Optical fiber）**
伝搬モードが1つしかない光ファイバ。

**マルチモードファイバ（Multi mode Optical fiber）**
伝搬モードが複数ある光ファイバ。

表7-3：伝搬モードによる分類

| 項目＼伝播モード | シングルモード光ファイバ | マルチモード光ファイバ | |
|---|---|---|---|
| | | SI型 | GI型 |
| コア径 | ～10μm | 50μm | 50μm |
| クラッド径 | 125μm | 125μm | 125μm |
| 比屈折率差 | ～0.3% | ～1% | ～1% |
| 屈折率分布と伝搬モード | 屈折率分布 | 屈折率分布 | 屈折率分布 |

### コアの屈折率分布形状による分類

光ファイバは、コアの屈折率分布形状の違いによって、**SI型（ステップインデックス光ファイバ）**と、**GI型（グレーデットインデックス光ファイバ）**に分けられます。

- **SI型（ステップインデックス光ファイバ）**：コアとクラッドの屈折率が、階段（Step）状に変化している光ファイバ。すなわち、屈折率は、コアの屈折率とクラッドの屈折率の2つしかない

伝搬モードが複数あるマルチモードでのSI型では、表7-3の下図のように、伝搬モードによって、光の伝搬距離（時間）が異なり、複数の伝搬モードの伝搬時間差によって光パルスが時間的に広がります。光パルスの時間的に広がる現象のことを**分散**といいます。分散は、ビットエラーが生じる原因となります。**モード分散**については後述します。

- **GI型（グレーデットインデックス光ファイバ）**：図7-8のように、コアの屈折率分布が緩やか（graded）に変化している光ファイバ。いくつかの屈折率によって異なる伝搬モードができる

コアの中心近く、すなわち屈折率が大きい箇所で全反射する低次モードの光は、伝搬距離は短くなりますが、速度は遅くなります。コアの中心から離れたところ、すなわち屈折率が小さい箇所で全反射する高次モードの光は、伝搬距離は長くなりますが、速度は速くなります。そのため、表7-3の下図のように複数の伝搬モードの伝搬時間差を小さくすることができます。

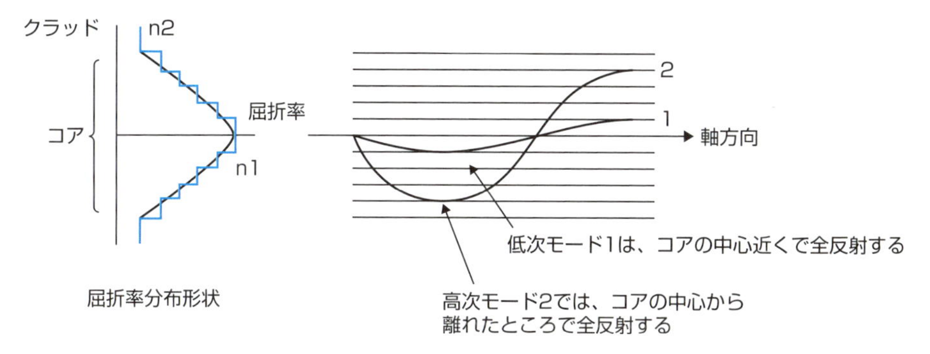


図7-8：GI型光ファイバ内での光の進み方

## 伝送損失《波長によって伝送損失が異なる》

**光損失**とは、光が光ファイバ内を伝搬する間に、どれくらい減衰していくかを表す尺度です。これが小さいと、遠くまで光信号を送ることが可能になります。光損失は、光通信システムにおいて、伝送速度や中継間隔を決める要素であり、経済性にも大きな影響を与えます。図7-9に光損失の諸要因を示します。

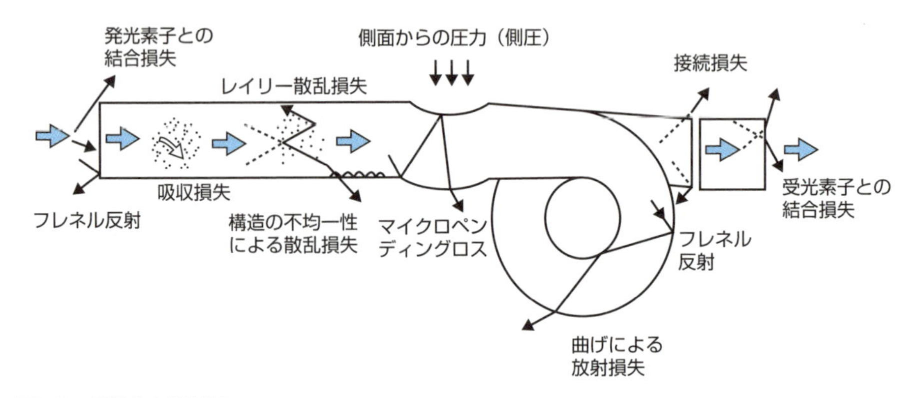


図7-9：光損失の諸要因

光損失を発生させる要因は、光ファイバ**固有の損失**、**システム構築時に付加される損失**の2つに分類することができます。

## 固有の損失

光ファイバの固有の損失には、**吸収損失**、**レイリー散乱損失**、**構造の不均一性による散乱損失**などがあります。

- **吸収損失**：光ファイバ中を伝搬する光信号が、光ファイバの材料自身によって吸収され、熱に変換されることによる損失

吸収損失は、ガラスが本来もっている赤外領域、紫外領域による赤外吸収や紫外吸収などの固有の吸収によるものや、ガラス内に含まれている水酸基（OH基）などの不純物によるものがあります。それぞれは光の波長によって損失の度合いが異なります。

吸収損失の要因の中で、水酸基によるものが最も大きく占めています。水酸基による吸収損失は、波長が0.94μm、1.24μmおよび1.38μmのときにピークになります。そのため、それらの谷間を窓と呼び、損失が少ないため光ファイバ

通信に使用されます。**第1の窓**は0.85μm（850nm）帯、**第2の 窓** は1.3μm（1300nm）帯、**第3の 窓** は1.55μm（1550nm）帯です。最も吸収損失が少ないのは、第3の窓の波長帯です。

- **レイリー散乱損失**：光がその波長に比べてあまり大きくない障害物に当たったとき、その光がその障害物を中心にいろいろな方向に広がっていく現象。レイリー散乱の大きさは、波長に逆比例するため、波長が長いほど小さくなる
- **構造の不均一性による散乱損失**：光ファイバは、製造過程において、コアとクラッドの境界面では非常に微小な凸凹が存在する。このような構造の不均一性によって、光が乱反射し光損失を増加させる。これを構造の不均一性による散乱損失という

### システム構築時に付加される損失

通信システムを構築するときに付加される損失には、**曲げによる損失、マイクロベンディングロス、接続損失、結合損失**などがあります。

- **曲げによる損失：**光ファイバの曲げ角度が大きすぎて、光が放射される損失のことをいう。したがって、光ファイバシステムの構築においては、**曲げ半径**をある許容値以内にならないよう決めている

**曲げ半径**
許容する曲げ半径は、一般的にケーブル外径の20倍以上、固定時は10倍以上としている。

曲げに弱いという弱点を解消する**ホーリファイバ**という光ファイバも開発されています。図7-10のような空孔アシストファイバというホーリファイバは、構造はシングルモード光ファイバと同様ですが、クラッドの部分に中身が空気の空孔があります。空気の屈折率は、石英系ガラスに比べ十分小さく、漏れそうになった光を逃がさない反射材の働きをします。

そのため小さな曲げ半径でも、光は漏れ出ません。

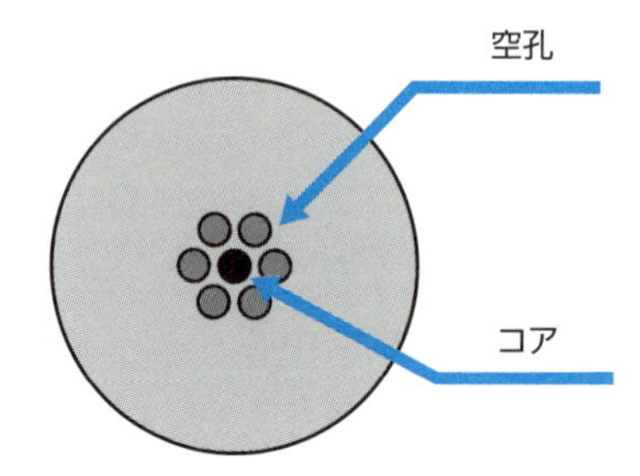


図7-10：空孔アシストファイバ

- **マイクロベンディングロス：**光ファイバに側面から圧力によって、光ファイバの軸が数μm程度曲がるため生じる損失。そのため光ファイバには、芯線を側圧から保護するため、緩衝層を設けている
- **接続損失：**2本の光ファイバを接続するとき、コアを正確に合わせることが必要である。しかし2本の光ファイバのコア間に軸ずれや、ファイバ端面に間隙などがあるとき、一方のコアから他方のコアへ入射するとき、一部の光が入射されずに損失となる。これを接続損失という
- **結合損失：**結合損失には、発光素子と光ファイバ間の損失、および光ファイバと受光素子間の損失がある。これらの損失は、発光素子および光ファイバの種類と組み合わせにより、損失値が異なる

## 分散《光の時間的な広がりがビットエラーの原因になる》

分散とは前述した通り、光パルスの伝搬速度が異なることで、伝搬距離や伝搬時間に差がつき、光パルスの波形が時間的に広がる現象のことです。分散には、**モード分散、材料分散、構造分散**の3つがあります。

### モード分散

マルチモード光ファイバでは、伝搬速度の異なる複数の伝搬モードがあるため、モード分散が生じます。シングルモードの光ファイバには起こりません。図7-11の例で説明すると、電気信号を発光素子で光信号にします。ビット「1」で「光あり」ビット「0」で「光なし」で「101」の信号を伝送します。伝搬モードqで伝搬された「1」の光パルスは、時間的に早く到着し、同じ「1」を伝搬モードwで伝搬された光パルスは時間的に遅く到着します。そのため、「101」の前の「1」と後の「1」の光信号が重なり、電気信号に戻すと、「111」というように符号誤りを起こしています。

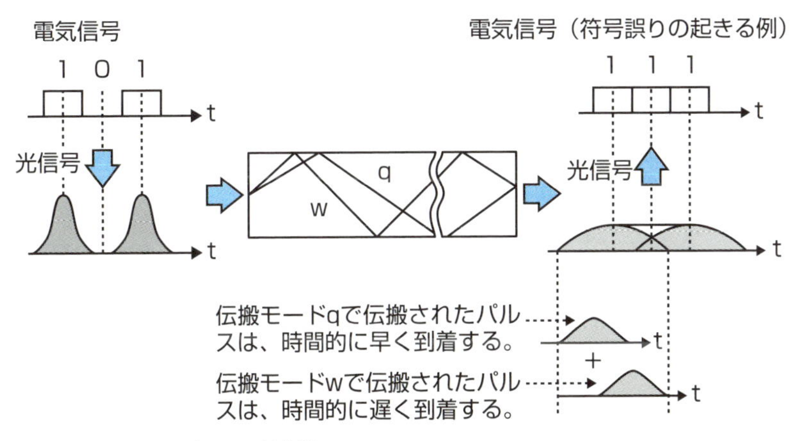


図7-11：光ファイバのモード分散

### 材料分散

発光素子は、電気信号から光信号を作りだしますが、単一の波長の光パルスが作りだされる訳ではありません。中心の前後に波長が広がった光パルスが作りだされます。屈折率は、波長によって変わります。波長が長いと屈折率は小さく、波長が短いと屈折率は大きくなります。

屈折率が違えば、伝搬速度は変わります。屈折率が小さければ伝搬速度は速くなり、屈折率が大きければ伝搬速度は遅くなります。材料分散とは、このように作りだすパルスの波長（屈折率）によって生じる分散のことです。

### 構造分散

構造分散とは、コアとクラッドの屈折率差によって生じます。屈折率の差によって、コアとクラッドの境界面を全面反射する時間に差が出ます。この反射時間は、波長によって異なります。波長が長いと全面反射に時間がかかり、速度は遅くなり、波長が短いと、速度は速くなります。

上記の材料分散と構造分散は、ともに波長に依存しているため、2つを合わせて**波長分散**と呼びます。材料分散と構造分散とは、波長による伝搬速度は正反対で、より大きな材料分散の値を、構造分散の値が打ち消すような構造になっています。2つを合わせた波長分散の値が「0」の波長は、1.3μm付近です。

前述したように、吸収損失などによる光損失が、最も低い波長が第3の窓、すなわち1.55μm付近です。そのため、波長分散が「0」になる零分散波長を、1.3μm帯から1.55μm帯へシフトさせた**DSF**(分散シフト光ファイバ)という光ケーブルがあります。これは、構造分散は、コアの屈折率とクラッドの屈折率の差から生じるので、屈折率の差を操作することで、波長分散をシフトしたものです。

用語解説

**DSF（Dispersion Shifted Fiber：分散シフト光ファイバ）**
光損失と波長分散が最も低い光ファイバ。

## 強度変調方式《光の点滅でビットを表す》

光ファイバ通信は、図7-12で示すように、端末設備から送出された電気信号を、電気光変換器で光信号に変換し、光ファイバに送出されます。受信側では、光ファイバから送出された光信号を、光電気変換器で電気信号に変換し、受信端末に伝送します。

光ファイバケーブルの入り口には、**発光素子**による電気光変換器があり、発光素子には、**半導体レーザ（LD）**が広く用

用語解説

**半導体レーザ（LD：Laser Diode）**
発光素子の1つ。

**アパランシュフォトダイオード（APD：Avalanche Photo Diode）**
受光素子の1つ。

いられます。また光ファイバケーブルの出口には、**受光素子**による光電気変換器があり、受光素子には**アバランシュフォトダイオード（APD）**が用いられます。

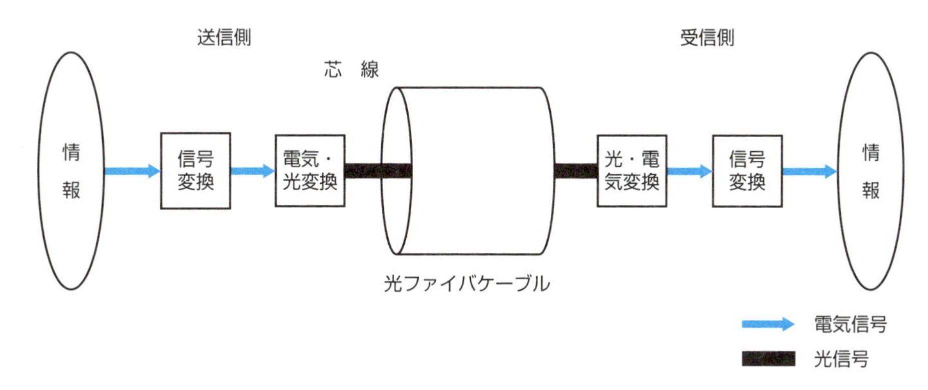


図7-12：光ファイバの通信モデル

光ファイバでのデジタル通信は、ビットの「1」を「光あり」「0」を「光なし」というように、光の点滅信号で2値のビットを表します。電気信号を半導体レーザで発光させ、その光の強度を変調して光信号にします。この変調方式を**強度変調方式（IM）**といいます。強度変調によって光の点滅信号を生成することができます。

強度変調には、**直接強度変調方式**と、**外部変調方式**とがあります。

**強度変調方式（IM：Intensity Modulation）**
光の強度を変調する方式。

### 直接強度変調方式

直接強度変調方式は、半導体レーザに入力する電気信号の強弱によって光の強度を直接変調し点滅させます。構成が簡単なため、小型化が可能です。

半導体レーザでは、数GHz以上の高周波になると、**波長チャーピング**により、伝送速度が制限されます。波長チャーピングとは、波長が過渡的に変動する現象のことをいい、光変調を行うときの光強度の変調によって生じます。入力の光強度が強くなるほど、波長チャーピングが大きくなり、伝送特性が劣化します。波長チャーピングが小さければ、波形劣化が低減できます。

半導体レーザは、図7-13のように、しきい値電流（半導体レーザが発光を開始する電流）を越えて電流を流すことにより、大きなレーザ出力光を得られるため、常にしきい値より少し小さい電流（バイアス電流）を流しておき、その上にパルス電流を乗せ、パルスがきたときに出力光を発生させる方式を採っています。

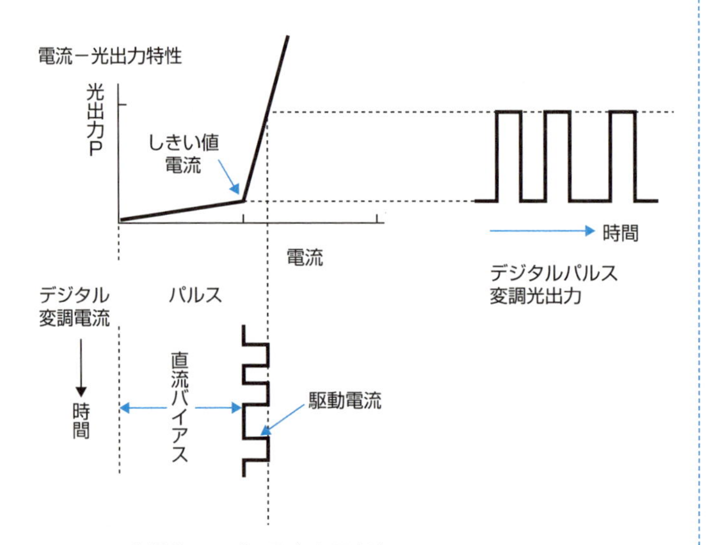


図7-13：半導体レーザの強度変調方法

### 外部変調方式

外部変調方式は、半導体レーザからの安定光に対し、電界や音波などを印加する電気光学効果や音響光学効果などにより変調を加え、高速シャッターを行います。波長チャーピングの問題がなく、高速で長距離伝送が可能になります。図7-14は直接強度変調方式と外部変調方式の概念図です。

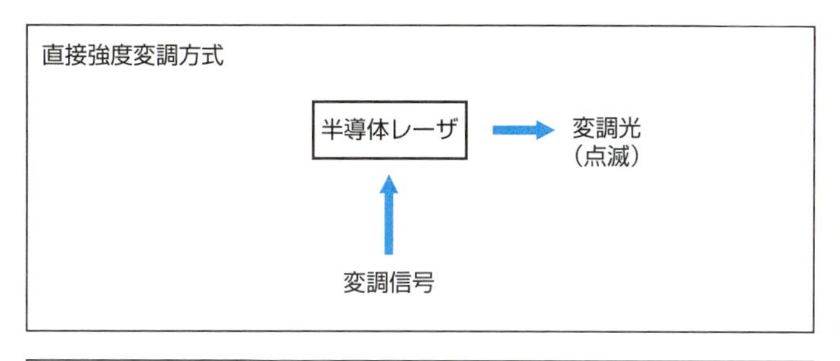


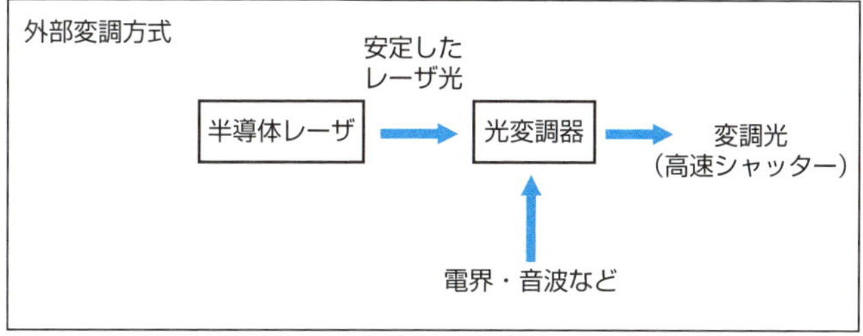


図7-14：直接強度変調方式と外部変調方式

## 光再生中継器《3R機能を使用して中継する》

従来の光ファイバの中継伝送方式は、同軸ケーブルなどの中継方式と、本質的に変わっていません。図7-15で示すように、送信側では、デジタル多重の電気信号を、半導体レーザ（LD）などの発光素子で光信号に変換し、光ファイバに送出します。

中継器では、受信した光信号をいったん、電気信号に変換し、電気信号を、等化増幅、リタイミング、識別再生の3R機能で、増幅、整形を行います。その後再び、電気信号を光信号に変換して送出します。

受信側では、光ファイバを通過して受信された光信号を、アパランシェフォトダイオード（APD）などの受光素子によって電気信号に変換され、3R機能により再生されます。

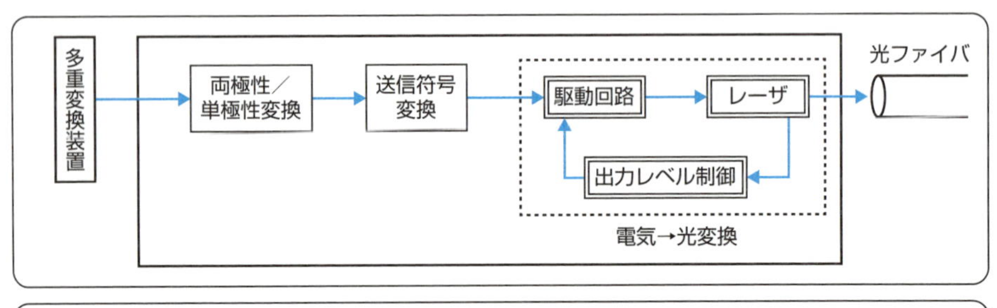


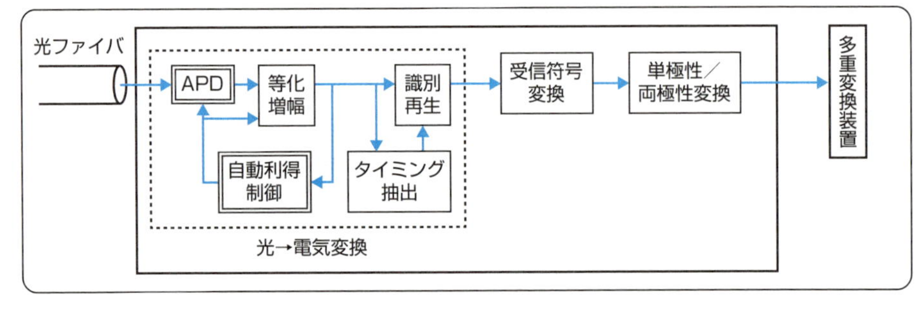


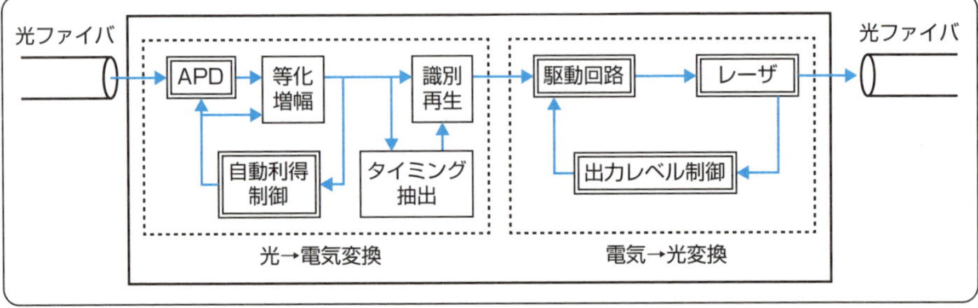


図7-15：光ファイバ伝送方式の送信部、中継器、受信部

## 光増幅器《光信号のまま中継する》

従来の光ファイバ中継伝送方式は、光信号を電気信号に変換し、3R機能によってパルスを再生したのち、再び光に変換し伝送するという方式でした。

**光増幅器**は、電気信号に変換することなく、光を直接増幅します。これによって、中継器を簡略化し、遅延を少なくすることができます。

光増幅器には、エルビウムやツリウムなどの希土類を添加した**光ファイバ増幅器**や、**ファイバラマン増幅器**があります。

## 光ファイバ増幅器

エルビウム（Er）は、光エネルギーを増幅させる特性をもつ元素で、**エルビウム添加ファイバ増幅器（EDFA）**は、エルビウム元素を添加した光ファイバを利用し増幅させます。

エルビウムは、1.48μmまたは0.98μmの波長のポンプ光を吸収して1530nmを中心の約30nmの範囲で発光します。したがって1.55μm帯のデータ光信号と、ポンプ光とをEDFAに入射すると、減衰した光信号の強度を増幅させます。1台で100Kmの無中継伝送が可能になります。

図7-16は、EDFAの概念図です。入力された1.55μm帯の光信号は、光アイソレータで反射戻り光を除去して一方向に光を透過させます。1.48μmまたは0.98μmのポンプ光と合波してEDFAに入射させます。増幅されたデータの光信号は、光アイソレータを経由し、光フィルタでポンプ光を分離し、出力されます。

用語解説

**エルビウム添加ファイバ増幅器（EDFA：Erbium Doped Fiber Amplifier）**
光エネルギーを増幅させるエルビウム元素を利用した光増幅器。

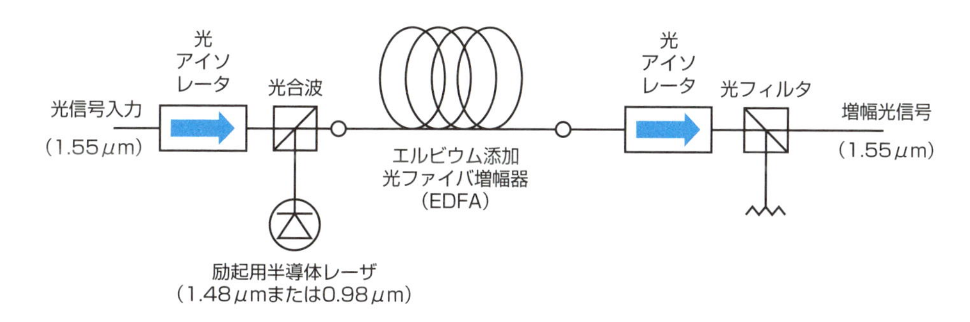


図7-16：EDFAの概念図

## ファイバラマン増幅器

**ファイバラマン増幅器**は、光ファイバの散乱特性を利用して、源となる光エネルギーを信号光に移して増幅させます。ラマン増幅による発光ピークは、ポンプ光より約100nm長波長です。したがって1.55μmの光を増幅するには、1.45μmのポンプ光を使用します。EDFAに比べて大きなポンプ光の

用語解説

**ファイバラマン増幅器（FRA：Fiber Raman Amplifier）**
散乱特性を利用した光増幅器。

パワーが必要ですが、ポンプ光の波長を変えることで、さまざまな波長の信号光を増幅することができます。

## WDM《複数の波長の光で大容量通信を可能にする》

**WDM（波長分割多重）**は、波長の異なる複数の光信号を、1芯の光ファイバに多重化して伝送することです。例えば、10の波長を多重化し、1つの波長の光信号で1Gbpsの伝送をすれば、伝送できるビット数は10Gbps と10倍になります。多重化する波長（光信号）の数に応じた大容量化が可能になります。このようにWDMは、飛躍的に大容量化を実現することができます。したがって通信コストの低減化に繋がります。

当初は、上り通信と下り通信の双方向通信の多重化や、通信系と映像系とのサービスを多重化する2波長の多重化でした。しかし、WDMによる多重数は、年を経るごとに増大していきました。

ビックデータなど膨大化したトラフィックの伝送には、多重度の多いWDMが期待されます。しかし「材料分散」の項目で記述した通り、発光素子で作りだす光パルスは単一の波長でなく、中心の前後に波長が広がった光パルスです。そのため多重化する数が制限されます。多重化する光信号は、互いに干渉しないように一定間隔で配置します。その波長配置のことを波長グリッドといいます。

単一の波長の光パルスを作ることが、技術的に可能になれば、数千の波長の信号を同時に伝送することができます。

数十波、数百波と数多い多重化方式を、WDMと区別して**DWDM（高密度波長分割多重）**と呼びます。また多重数が少ない波長分割多重を、**低密度波長分割多重（CWDM）**と呼びます。CWDMは、増幅器を必要としない比較的短距離向けで使用されます。

WDM伝送システムでは、送信側で波長変換装置（トランスポンダ）で、光信号の波長を変換し、光合波器で多重化し、

用語解説

**WDM（Wavelength Division Multiplexing：波長分割多重）**
複数の波長を利用した光多重化方式。

用語解説

**DWDM（Dense Wavelength Division Multiplexing：高密度波長分割多重）**
多重数が数十以上の波長分割多重。

**低密度波長分割多重（CWDM：Coarse WDM）**
多重数の低い波長分割多重。

1本の光ファイバに伝送させます。図7-17の概念図では、光信号1～nをトランスポンダで、λ1～λnの波長に変換し、光合波器で多重化しています。

受信側では、光分波器で分離し、波長変換装置で波長を再び変換します。中継部分では、光ファイバ増幅器などで、光エネルギーを増幅させます。

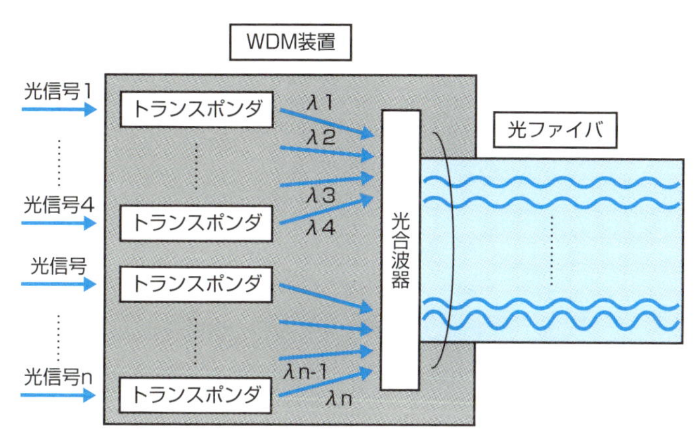


図7-17：WDM（合波）の概念図

従来、波長分割多重に利用していた1.55μ帯を、さらに広い波長帯に拡張して多重度を上げています。

また、光通信における新しい多重化技術では、第6章の「多重化の種類」で記述したように、1本の光ファイバに複数のコアを設けたマルチコアファイバによる**空間多重光伝送技術**があります。異なるデータをそれぞれのコアを通すことによって大容量通信を実現します。

# 第8章

# 無線伝送

## －空間を使って信号を伝える－

今まで、一般的に呼ばれていたITという言葉が、インターネットの普及とともに、ICTへと変化しました。プラスされたCとはCommunicationの頭文字で、通信と訳されます。

情報は交換（通信）されることで、価値が付加されます。すなわち時代は、情報を作る技術（IT）から、情報を通信する技術（ICT）へとシフトしたということがいえます。

「通信」は英語でCommunicationですが、日本語の「通信」という熟語は、「信号」と「通わせる」という文字から成り立っています。その信号を通わせる道が伝送媒体です。

この章では、機動性に富む移動体通信に欠かせない無線、特に電波について解説します。また。無線を使用した通信システム（携帯電話については第5章）について解説します。

# 1 電波

通信を伝送媒体で分類すると、ケーブルを媒体として電磁波の信号を伝搬する有線通信と、空間を伝送路として電磁波の信号を伝搬する無線通信とに分けることができます。

無線通信で使用する電磁波には、電波や赤外線などがありますが、電波による通信が主流です。

電波を利用した通信の特徴は、文字通りケーブルを使用しないということにあります。そのため移動中の通信や移設性の高いシステムなど、敷設性や自在性、機動性に富み、また災害にも強い通信手段となります。

しかし使用できる周波数は有限のため管理され、使用目的などが規制されています。そのためユーザが免許を取得しなくても利用できる帯域は限られます。しかも同じ周波数の電波を、同じ場所で異なる通信に使用することができません。混信するからです。

## 電波の特質《正弦波の3要素は周波数、振幅、位相》

電波は**電磁波**の一種です。導体に電流が流れると電界と磁界が発生しますが、導体に交流電流が流れると電流が変化し、同時に電界と磁界が変化します。電磁波とは、このように電界と磁界の変化によって、導体外部に波のように広がって伝搬する周期的な波動のことです。図8-1で示す概念図のように、この波動は、水に浮かぶ「浮き」を上下運動させることで発生する波動と似ています。

この波動の長さを波長といい、1秒間に繰り返される回数を周波数といいます。電磁の波動は、1秒間に30万Kmの速度で伝搬しています。

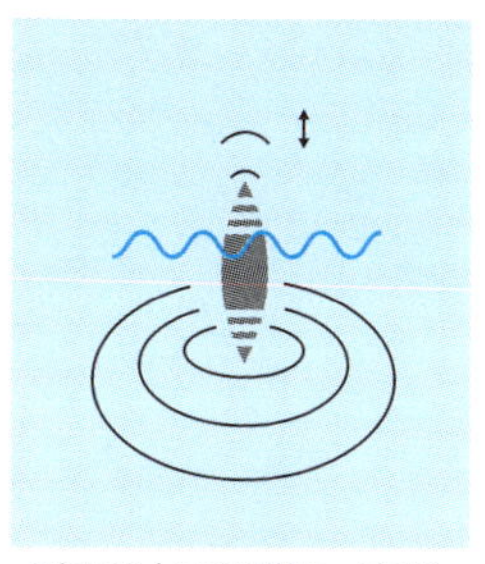

浮きの上下運動は、交流電流によって電波ができるのに似ている。

波長（λ）

周波数（f）
＝1秒間の波の数

波長（λ）×周波数（f）＝伝搬速度（300,000Km/s）

図8-1：電波とは

電磁波の周期的な波動は、正弦（sin）関数で表せる**正弦波**と呼ばれる曲線です。正弦波の波形は、図8-2で示すように、**振幅、周波数、位相**の3つの要素があります。

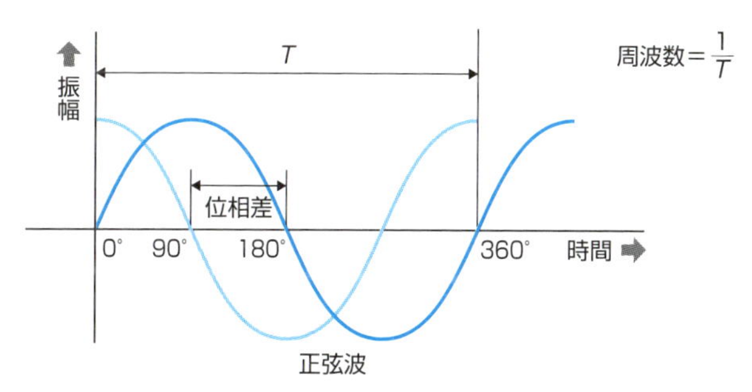


図8-2：正弦波の3要素

### 振幅

振幅は、振動の幅であり波動の強さです。

### 周波数

周波数は、周期的な波動が1秒間に変化する振動数で、ヘルツ（Hz）という単位で表します。また1周期の電磁波の長さのことを、波長といいます。電波（電磁波）の伝搬速度は、真空中では30万km/秒です。これは周波数に関係なく一定です。したがって、次の関係式のように波長$\lambda$(m)は、伝搬速度（$3\times10^8$m/s）を周波数$f$(Hz)で除して求められます。

$$\lambda = \frac{3\times10^8}{f(\mathrm{Hz})}(\mathrm{m})$$

### 位相

位相は、波動の1周期を基準とした相対位置で、波動の時間的な遅れ、あるいは進みの状態で、度数で表します。

## 周波数スペクトラム《周波数と振幅の分布図》

振幅、周波数、位相が異なる複数の正弦波を組み合わせると、図8-3の左側に示すような複雑な波形の信号が出現します。これは、どんなに複雑な波形であっても、信号が一定の間隔で出現するなら、図8-3の右側に示すような異なる複数の正弦波に分解することができます。

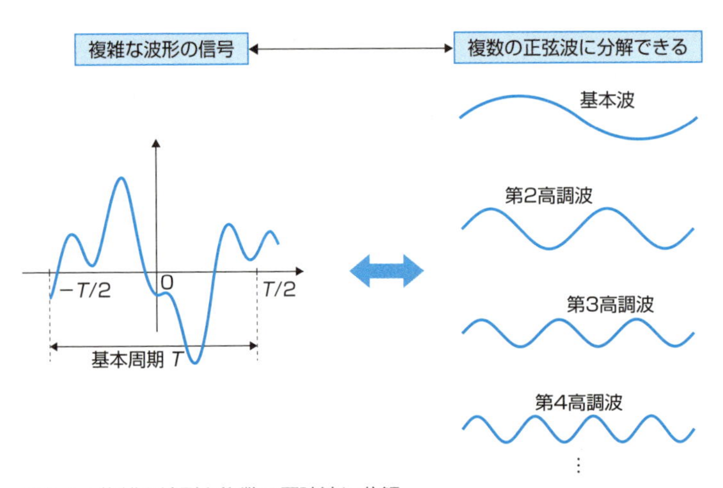


図8-3：複雑な波形を複数の正弦波に分解

**周波数スペクトル**というのは、それぞれの正弦波の周波数と振幅という成分の分布を表したものです。図8-4は、周波数スペクトルの概念図です。

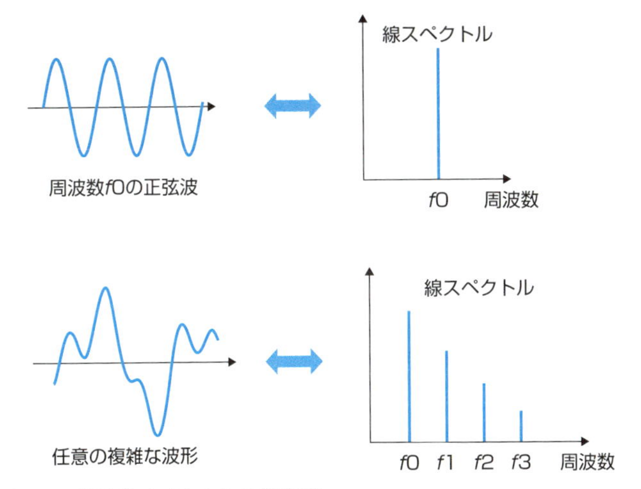


図8-4：周波数スペクトルの概念図

## 電波の分類と伝搬《周波数によって伝搬の仕方が違う》

**電波**とは、300万MHz（3000GHz、3THz）以下の周波数の電磁波をいう、と**電波法**で定義しています。

電波は同じ電磁波である光と、同様な性質をもっています。すなわち真空中を約30万km/秒という光速で伝搬します。また直進、反射、屈折して伝搬し、伝搬するに伴って減衰します。

電波が空間を伝搬するとき、電波の周波数が高くなればなるほど、光の性質に近くなり、直進性が高くなります。周波数が低くなるほど、直進性は低くなり、障害物の背面に回り込むこと（回析）ができます。周波数が高くなるほど伝送損失も高くなり、低くなるほど伝送損失も低くなります。また、周波数が高くなるほど、伝送できる情報量も大きくなります。

電波は、周波数範囲によって分類され、それぞれに名称が付けられています。

**電波**

「電波」とは、三百万メガヘルツ以下の周波数の電磁波をいう（「電波法」の条文、第一章第二条一）。

表8-1：電波の分類と名称

| 名称 | 周波数 | 波長 | 特徴／用途 |
|---|---|---|---|
| 超長波<br>(VLF：Very Low Frequency) | 3～30KHz | 10～100Km | 地表に沿って伝搬。<br>海底探査 |
| 長波<br>(LF：Low Frequency) | 30～300KHz | 1～10Km | 長距離伝送が可能。<br>標準周波数局に利用 |
| 中波<br>(MF：Medium Frequency) | 300K～3MHz | 100m～1Km | 電離層（E層）に反射。<br>AMラジオに利用 |
| 短波<br>(HF：High Frequency) | 3～30MHz | 10～100m | 電離層（F層）と地表に反射。<br>短波ラジオ、アマチュア無線 |
| 超短波<br>(VHF：Very High Frequency) | 30～300MHz | 1～10m | 電離層に反射しない、直進する。<br>防災無線、FMラジオ |
| 極超短波<br>(UHF：Ultra High Frequency) | 300M～3GHz | 10cm～1m | 直進性が強い。<br>携帯電話、TV、無線LAN |
| センチ波<br>(SHF：Super High Frequency) | 3～30GHz | 1～10cm | 直進性がさらに強い。<br>固定無線通信、衛星通信 |
| ミリ波<br>(EHF：Extremely High Frequency) | 30～300GHz | 1mm～1cm | 雨や霧に影響を受けやすい。<br>簡易無線、電波望遠鏡 |
| サブミリ波<br>(THz：Terahertz) | 300G～3THz | 100μm～1mm | 性質が光に近い。<br>天文観測 |

体積が無限大で真空、内部に物体がまったく存在しない仮想空間のことを**自由空間**といいますが、この自由空間内であれば、あらゆる電磁波は、約30万km/秒の速さで送信点から受信点まで直進します。

しかし現実の地球上の空間には、空気や水蒸気で構成される大気圏、対流圏、さらに上空には電離層があり、電波伝搬に影響を及ぼします。こうした伝搬媒質が与える影響は、電波の周波数（波長）によって異なり、さまざまの伝搬形態が生じます。

主な電波伝搬の形態には、図8-5で示すように、**地表波伝搬**、**空間波伝搬**、**対流圏伝搬**、**電離層伝搬**、**宇宙空間伝搬**、などがあります。

**サブミリ波**

テラヘルツ波とも呼ばれる。

### 地表波伝搬

地表波伝搬とは、地表に沿うように伝搬していく形態です。周波数が高くなるに従って、地表との抵抗損失が増加し、減衰が大きくなります。そのため、この伝搬形態が利用できるのは、比較的周波数の低い、超長波、長波、中波の放送や通信などです。

### 空間波伝搬

空間波伝搬とは、送信アンテナから空間を直接伝搬する、あるいは大地面で反射して、受信アンテナへ伝搬する形態です。移動体通信など比較的短距離（数km以下）の範囲で利用します。

直進する電波の波長が、伝搬途中の障害物に比べ十分長い場合、障害物の背面に**回り込み（回折）**し、伝搬への影響はあまりありませんが、波長が短くなるにしたがって障害物の影響が大きくなります。

### 対流圏伝搬

対流圏伝搬とは、地上数1000mまでの対流圏と名づけられた大気圏を伝搬する形態です。この対流圏では、大気の状態の変動によってさまざまな影響を受けます。伝搬距離が数10km程度に及ぶ**マイクロ波**中継伝送などに利用されます。

### 電離層伝搬

電離層伝搬とは、**電離層**の反射を利用して伝搬する形態です。電離層は、大地面から50～90kmのD層、90～130kmのE層、130～2000kmのF層に分類されており、F層はF1層とF2層に分けられます。

大地からの高度が高くなるほど、電離層の密度も高くなり、反射する電波の周波数（波長）が異なります。周波数が低く（波長が長く）なるほど、下層の電離層で反射しますが、周波数が高く（波長が短く）なれば、上層で反射し、より遠距離

**マイクロ波（Microwave）**
マイクロ波という名称は、通常300MHz帯から3GHz帯までのUHF帯と3GHz帯から30GHz帯のSHF帯を含めた電磁波の総称として使用されます。

**電離層（Ionosphere）**
太陽からの紫外線、X線などの放射線や帯電微粒子の影響で、地球上層の空気分子が自由電子と陽イオンに分離して形成された層。電離層のことを一般的には電離圏といわれます。この層は、金属と同じような性質をもち、電波を反射します。

通信が可能になります。地表波としては減衰が大きく、利用が難しい短波帯の電波は、電離層で反射する現象を利用して遠距離通信や、放送などに利用します。

### 宇宙空間伝搬

宇宙空間伝搬とは、宇宙空間を伝搬する形態です。電離層の影響は周波数が高いほど屈折が小さくなり、超短波帯以上の周波数になると、電離層を突き抜けて宇宙空間へ伝搬します。SHF帯以上の電波を利用した衛星通信に利用します。

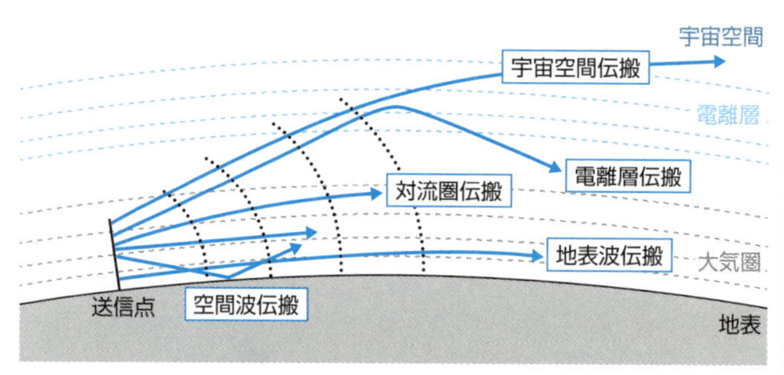


図8-5：電波伝搬の形態

## 自由空間伝搬損失

**《伝搬損失は距離と周波数に比例する》**

無線伝送において、図8-6で示すように、送信アンテナから放射された電波は拡散され、受信アンテナでは送信された電波の一部しか受信できません。送受信アンテナ間の伝搬路が、障害物の影響を受けない自由空間であると仮定したとき、電波の拡散に伴って生じる損失の度合いのことを**自由空間伝搬損失**と呼びます。

自由空間伝搬損失は、伝搬距離に比例して大きくなり、電波の波長に逆比例します、すなわち周波数に比例します。周波数が高い電波ほど電波は伝わりにくくなります。

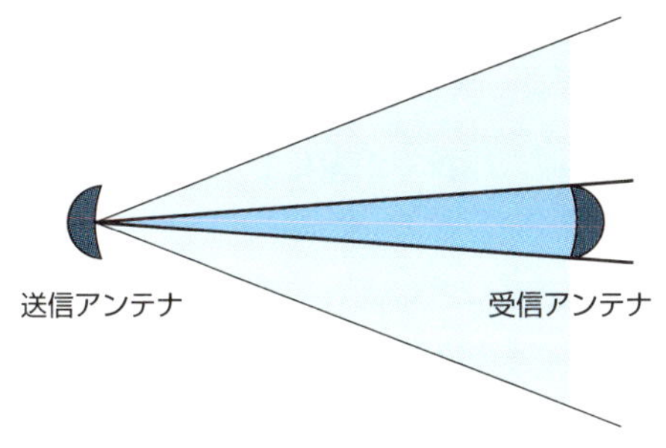


図8-6：自由空間伝搬損失

## フェージングとダイバーシチ
**《電波強度の変動とその救済方法》**

自由空間伝搬では、大気の状態は一定であると想定していますが、実際には、大気の状態は時々刻々と変動しています。伝搬路全体の気象が安定していれば受信電界は一定ですが、気象が変動すれば電波強度も変動します。このように気象条件によって電波強度が変動する現象を、**フェージング**といいます。

用語解説

**フェージング（Fading）**
気象条件によって電波強度が変動する現象。

フェージングが発生する原因は、空気密度分布の変化、大気中の水分の影響、そして地表や海面などでの電波の反射状況の変化などです。発生原因によって、**減衰性フェージング**、**干渉性フェージング**などに分類することができます。

### 減衰性フェージング

減衰性フェージングとは、直接波が伝搬路の外に逃げ、受信入力が低下する現象です。雨、雪、霧などによる吸収や散乱で、電波強度が低下します。

### 干渉性フェージング

干渉性フェージングとは、伝搬路の長さが異なる複数の電波を受信し、それらが干渉する現象です。送信点から受信点に直接届く直接波と、**反射**や**散乱**や**屈折**によって届く電波とは、伝搬路の長さが異なり、遅延して届きます。

反射は地表や海面などによって反射することにより起こり、散乱は空気の誘導率の異なる塊が形成されることで起こり、また屈折は、大気密度の変化によって電波の屈折率が変化して起こります。

また移動体通信では、都市部の建物や道路などによって反射した反射波と、直接波とが干渉する現象を**マルチパス**といいます。

**ダイバーシチ**は、フェージングの救済方法です。ダイバーシチ受信は、2つ以上の電波を受信し、良好なものを選んで切り換えるか、あるいは合成する方法で、フェージングの影響を軽減します。

**ダイバーシチ（Diversity）**
フェージングの救済方法。

ダイバーシチには、**スペースダイバーシチ、周波数ダイバーシチ、ルートダイバーシチ**などがあります。

### スペースダイバーシチ

スペースダイバーシチは、適当な間隔に複数のアンテナを設置し、同一の信号を送信あるいは受信します。携帯電話のシステムではこの方法を採用しています。

### 周波数ダイバーシチ

周波数ダイバーシチは、フェージングは周波数によって差異があるため、周波数が異なる複数の電波で送信する方法です。

### ルートダイバーシチ

ルートダイバーシチは、伝搬路（ルート）によって、フェージングの発生頻度や発生時間に差異があるために、2地点間に複数のルートを設定する方法です。

## アンテナ《電波を放射し電波を受ける》

**アンテナ（Antenna：空中線）**
電波を放射し受信する装置。

**アンテナ**は、電力を電波として空間に放射し、また伝搬された電波を受信して電力を得る装置です。通信用途や、利用周波数帯などによってさまざまなアンテナがあります。

アンテナの最も簡単な形態は、図8-7のような**ダイポールアンテナ**などの**線状アンテナ**です。線状アンテナは、線状の電線に高周波電流が流れ、その電流のエネルギーが電波となって空間に放射されます。また**ホーンアンテナ**や**パラボラアンテナ**のように、ある面積をもった表面から電波を放射するアンテナを、**開口面アンテナ**といいます。

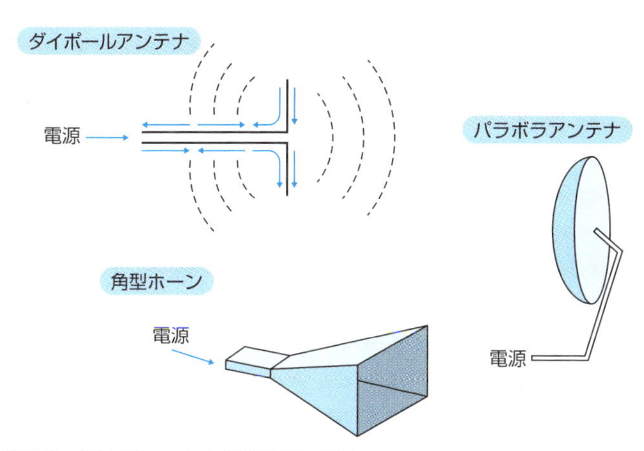


図8-7：線状アンテナと開口面アンテナ

アンテナの性質や性能のことをアンテナ特性といいますが、アンテナ特性には、**指向性**、**利得**などがあります。

## アンテナの指向性

アンテナの指向性とは、電波の強度と方向の関係です。アンテナから放射される電波は、放射する方向によって強弱が生じます。

線状アンテナの場合、図8-8で示すように、アンテナ線と直角の水平面では、あらゆる方向に等しい強さで放射しますが、垂直面ではアンテナと直角の方向に最も強く、アンテナ線の方向には電波は放射されません。

このように、ある特定面に一様な強さで電波を放射するアンテナを、**無指向性アンテナ**といいます。空間の全方向（球面状）に一様な強さで電波を放射するアンテナを、**全方向無指向性（等方性）アンテナ**といいますが、現実には存在しません。現実にあるのは、ある特定面（例えば水平面）で一様な無指向性アンテナです。

またパラボラアンテナのような開口面アンテナの場合は、特定の方向に電波を集中して放射します。こうした特定の方向だけに、電波を強く集中して放射するアンテナを、**指向性アンテナ**といいます。

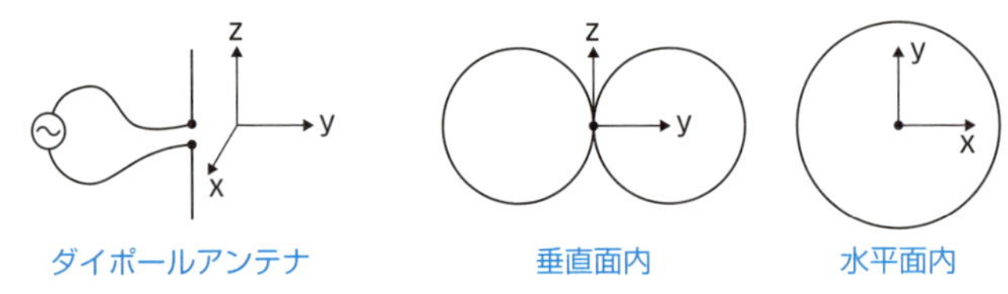


図8-8：線状アンテナの指向性

### アンテナの利得

アンテナの利得は、アンテナから放射された電力を、どれだけ効果的に放射できるかの目安となります。

利得は、基準になるアンテナと測定するアンテナとの比較で行われます。同一距離での受信電力の比、あるいは等しい電力の電波を受信するための入力電力の比で求めます。基準になるアンテナとして等方性アンテナを用いたものを、**絶対利得**、半波長ダイポールアンテナを用いたものを、**相対利得**といいます。

**半波長**ダイポールアンテナとは、アンテナの長さが、波長の1／2のアンテナで、アンテナの基本的な形の1つです。

## 変調・復調《電波に乗せて情報を送受信する》

無線通信の流れを図8-9で示します。無線通信を行うには、まず情報を電気信号に変換します。送信側では、電源の電気エネルギーを電波に変換しやすい高周波数の電流（**搬送波**）に変換し、それに情報の電気信号を乗せます。

情報の電気信号（**変調波**）を別の電流に乗せることを、**変調**といいます。変調された**被変調波**は、電波としてアンテナから空間へ放射されます。受信側では、空間を伝播してきた電波をアンテナで受け取り、被変調波から変調波を抽出します。この操作を**復調**といい、復調によって得られた信号は、元の情報に逆変換されます。

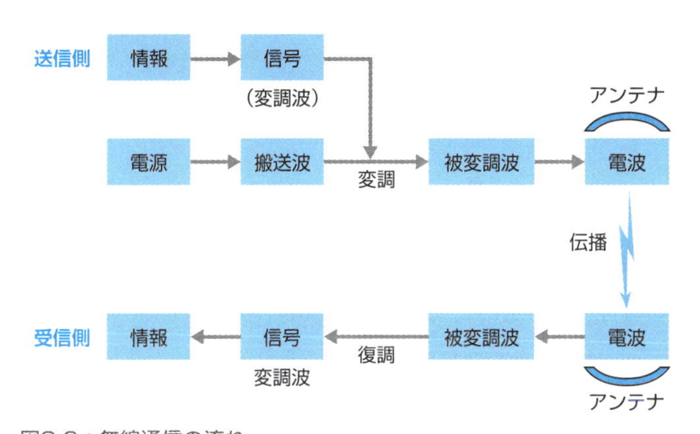


図8-9：無線通信の流れ

アナログ信号を搬送波に乗せる方式をアナログ変調方式といい、デジタル信号を搬送波に乗せる方式をデジタル変調方式といいます。

**アナログ変調方式**には、信号（変調波）にしたがって、搬送波の振幅を変調させる**AM（振幅変調）**、搬送波の周波数を変調させる**FM（周波数変調）**、搬送波の位相を変調させる**PM（位相変調）**があります。

**デジタル変調方式**も、アナログ変調方式と同様、信号に従って搬送波の振幅を変調させる**ASK（振幅変調）**、搬送波の周波数を変調させる**FSK（周波数変調）**、搬送波の位相を変調させる**PSK（位相変調）**があります。これについては、第6章の「デジタル変調方式」に記述していますので、参照

**アナログ変調方式**

搬送波の振幅、周波数、位相を変複調するアナログ変調は、それぞれ以下の名称で呼ばれる。

- AM（Amplitude Modulation：振幅変調）
- FM（Frequency Modulation：周波数変調）
- PM(Phase Modulation：位相変調)

**デジタル変調方式**

搬送波の振幅、周波数、位相を変複調するデジタル変調は、それぞれ以下の名称で呼ばれる。

- ASK（Amplitude Shift Keying：振幅変調）
- FSK（Frequency Shift Keying：周波数変調）
- PSK（Phase Shift Keying：位相変調）

してください。

これら3つのデジタル変調方式の中では、最も雑音に強いのがPSKです。雑音に強いということは、搬送波の電力が小さくても、ビットエラーが少ないということです。そのため無線通信システムでは、一般的にPSKが使用されます。

1つの搬送波で複数のビットを変調する多値変調方式では、PSKより、位相と振幅を同時に変化させる**QAM（直交振幅変調方式）**の方が雑音に強いという特徴をもっています。4ビット以上を変調する場合にはQAMが使用されます。

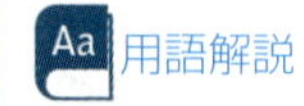

用語解説

**QAM（Quadrature Amplitude Modulation：直交振幅変調方式）**

大容量伝送を可能にするデジタル変調の1つ。

## OFDM《今までの常識を打ち破った高速通信》

日に日に急増しているトラフィックを、有線や無線の伝送媒体で伝送しなければなりません。そのためには、大容量（高速）伝送が求められます。光ファイバを使用した有線の光伝送に比べると、電波を利用した無線伝送は、伝送距離も短く、伝送損失が大きくビットエラーも多くなります、また周波数資源は有限で、しかも用途が決められています。

限られた範囲の周波数帯域を使って大容量（高速）のデータ伝送を実現する技術の1つがQAMなどの多値変調方式です。また、OFDMやMIMOも、大容量伝送の技術です。

**OFDM（直交周波数分割多重方式）**は、マルチキャリア伝送方式の一種です。従来のマルチキャリア伝送方式は、図8-10のように、複数のチャネルで、複数の異なるデジタル信号を、同時に伝送するというパラレル（並列）伝送方式です。占有できる周波数帯域幅に、複数の周波数帯の搬送波を使用するチャネルを割り当てます。周波数が重なると混信するため、チャネルと、別のチャネルとの間に、周波数の隙間を空けます。他のチャネルとの干渉を避けるためです。

Aa 用語解説

**OFDM（Orthogonal Frequency Division Multiplex 直交周波数分割多重方式）**

大容量伝送を可能にするデジタル変調の1つ。

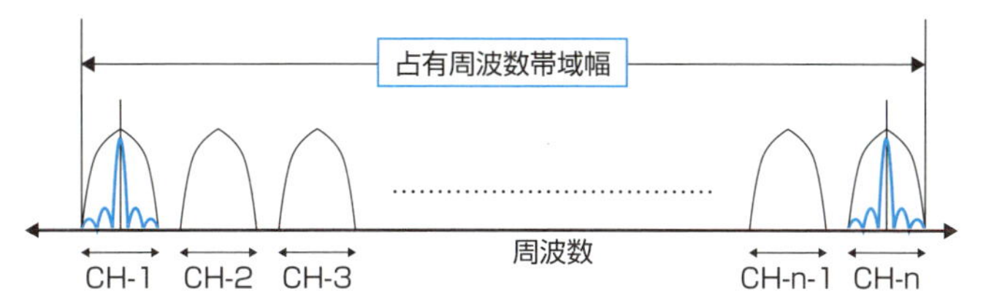

図8-10：従来のマルチキャリア伝送方式

しかしOFDMでは、複数の搬送波の周波数を一定間隔で重ね、数多くのチャネルを割り当てます。それらをパラレル（並列）に、同時に伝送することで、高速伝送が実現できます。また、周波数を効率的に使用することができます。

OFDMでは、図8-11のように、1つの搬送波の強度がピークのとき、他の搬送波が「0」になるような間隔に、搬送波を配置します。高速フーリエ変換（FFT）という信号処理をリアルタイムで実行することで、1つ1つの搬送波の信号を、他の搬送波から分離して取り出すことができるようになりました。

OFDMは高速無線LAN、高速移動通信、地上デジタル放送などで使用されています。

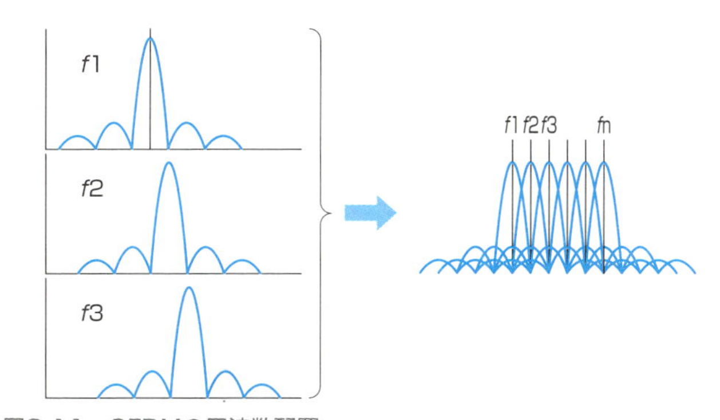

図8-11：OFDMの周波数配置

Aa 用語解説

**高速フーリエ変換（FFT：Fast Fourier Transformation）**

ランダムに変化する信号を周波数成分に高速に変換する演算。

## MIMO《複数のアンテナを使って高速通信》

**MIMO**
**(Multiple Input Multiple Output)**
複数のアンテナを組み合わせて高速通信をする技術。

**MIMO**とは、同じ周波数を使って、複数のアンテナで異なるデータを同時に送受信することで、通信の高速化を実現する技術です。

従来の無線の考え方では、複数のアンテナで電波を送信すると、複数の受信アンテナには、同じ状態の電波が受信され、それぞれのパスが区別できないため、許されませんでした。しかし、複雑な伝搬経路が混在する、いわゆるマルチパス条件下では、複数の受信アンテナで受信される複数のパスを経由する電波の状態は微妙に異なります。そこで、高度な時間的、周波数的なデジタル信号処理技術を駆使して、複数のパスを経由する電波状態の差異を顕在化させます。

図8-12で示した例では、$n$本のアンテナで送信し、$n$本のアンテナで受信します。いわば$n \times n$のMIMOです。送信アンテナ1からの電波は$n$個のパスを経由して$n$本のアンテナで受信します。全体としては$n \times n$のパスがありますが、それらの差異を顕在化します。それによってパスを区別し、異なる信号を多重化して高速化を実現します。

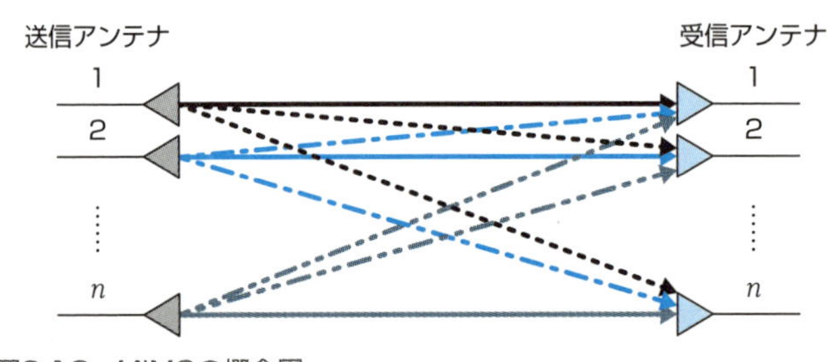


図8-12：MIMOの概念図

**スペクトラム拡散方式**
**(SS：Spread Spectrum)**
信号の帯域幅を拡散して送信する変調方式。

## スペクトラム拡散とCDMA《コインの裏表の関係》

**スペクトラム拡散方式（SS）**は、周波数帯域の効率的な利用を図る変調方式です。従来の考え方では、割り当てられた電波の周波数帯域を、できるだけ多くの利用者に割り当てるため、各チャネルの周波数帯域幅をできるだけ狭く設定する方法でした。しかし、スペクトラム拡散を利用した**CDMA（符号分割多重アクセス）**では、割り当てられた周波数帯域全体を分割せず、みんなで共用する方式です。

スペクトラム拡散とは、元のデジタル信号を、より高速のデジタル信号で変調することによって占有帯域幅を数百倍から数千倍に拡散することです。スペクトラム拡散の方式には、**周波数ホッピング方式（FH）**と、**直接拡散方式（DS）**とがあります。

**CDMA（Code Division Multiple Access：符号分割多重アクセス）**
スペクトラム拡散を行う符号を利用して多重化する方式。

**周波数ホッピング方式（FH：Frequency Hopping）、直接拡散方式（DS：Direct Sequence）**
それぞれスペクトラム拡散方式の1つ。

### 周波数ホッピング方式

周波数ホッピング方式は、帯域内にたくさんの搬送波を配置し、これをランダムな順序で高速に切り換えることで実質的なスペクトラム拡散を行います。搬送波を切り換える順番を送受信側で合わせることで逆拡散を行います。

周波数ホッピング方式は、PCやスマートフォンなどとマウスやキーボードなどの周辺デバイス間の通信に利用する**Bluetooth**などに使用されています。

**Bluetooth**
2.4GHz帯を利用した短距離無線通信技術。

### 直接拡散方式

直接拡散方式は、PSKなどのデジタル変調方式で変調した信号を、拡散符号という一種の暗号の信号と掛け合わせて周波数分布（スペクトラム）の拡散を行う方式です。最初に行うデジタル変調を1次変調、それを拡散符号でさらに変調することを2次変調といいます。

直接拡散方式の原理を、簡略化した図で説明します。図8-13の例では、符号-1の「1011」と、符号-2の「1001」という2つのデジタル符号を、1Mbpsで同時に送受信するとします。

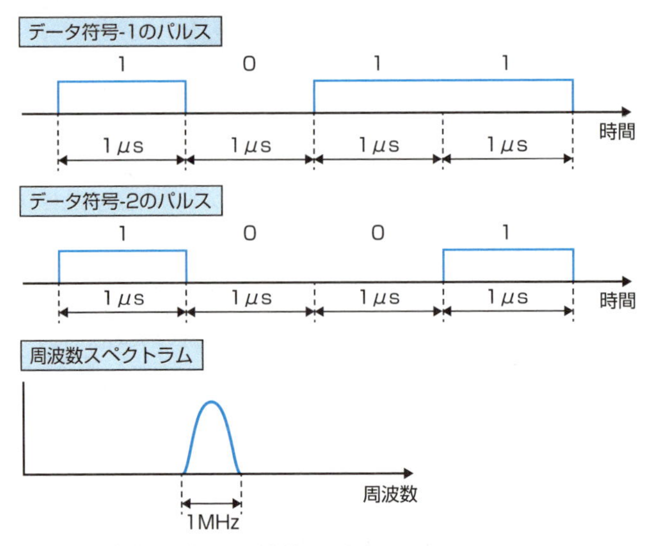


図8-13：デジタル符号と周波数スペクトラム

デジタル信号の周波数スペクトラムの広がりは、パルス幅、すなわち、伝送速度に比例します。1秒間に100万のビットを送信するので、1ビットのパルス信号の間隔は、100万分の1秒、すなわち1μs間隔です。また、1ビットのパルスを1つの正弦波に乗せて表すと、周波数は1Hz、1Mbpsだと、その周波数成分は1MHzへと広がります。

信号を拡散するため、データ符号より高速の拡散符号を用意します。拡散符号は、**疑似ランダム符号（PN）**といい、「1」と「0」とがほぼ同じ率で出現するランダムな符号です。この符号は、1次変調でのパルス幅に比べて数分の1から数千分の1のパルス幅です。いわば1ビットのデータ符号を、数個から数千個の暗号符号（PN符号）を使って、数個から数千個の細かい符号を生成します。これによって1次変調の周波数スペクトルが膨大に拡散します。

生成された符号は、データ符号とPN符号とで**排他的論理和（XOR）**演算を行い、データ符号とも、PN符号とも異なる符号で、生成された符号を同じPN符号で、排他的論理和演算を行えば、元のデータ符号が復元されます。

**疑似ランダム符号（PN：Pseudo Noise）**

第6章の「伝送符号」の項を参照。

**排他的論理和（XOR：Exclusive OR）**

2つの命題のいずれかただ1つのみが真のときに真となり、両方真や両方偽のときは偽となる論理演算。

表8-2：排他的論理和

| A | B | XOR |
|---|---|---|
| 0 | 0 | 0 |
| 0 | 1 | 1 |
| 1 | 0 | 1 |
| 1 | 1 | 0 |

実際のシステムでは、もっと長い複雑なPN符号が使用されますが、図8-14では、7ビットの「1011010」と「1101001」という短いPN符号で、簡略に説明します。2つのデータ符号に、それぞれのPN符号で、排他的論理和演算を行い、伝送符号を生成します。

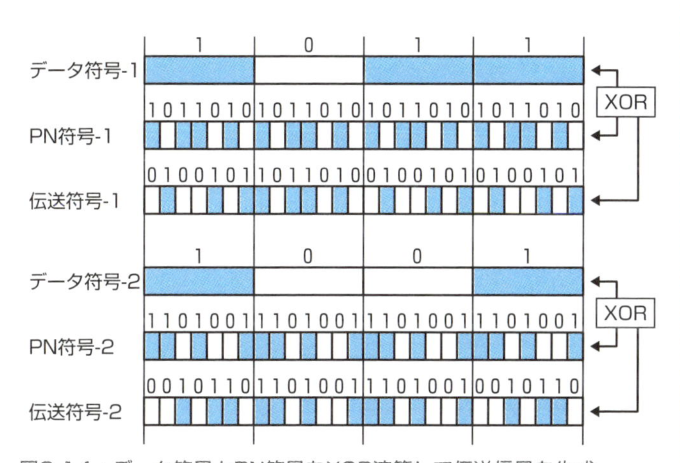

図8-14：データ符号とPN符号をXOR演算して伝送信号を生成

1Mbpsの符号を、7倍のPN符号で演算を行い、伝送符号を生成するため、図8-15のように、周波数スペクトルは7MHzに拡散します。そして、周波数帯域が広がった分、電力密度が低下します。

データ符号-1とデータ符号-2の2つの信号は、異なるPN符号によって拡散された伝送符号として、共通の周波数帯域に、広がり、電力密度が低くなった状態で伝送されます。

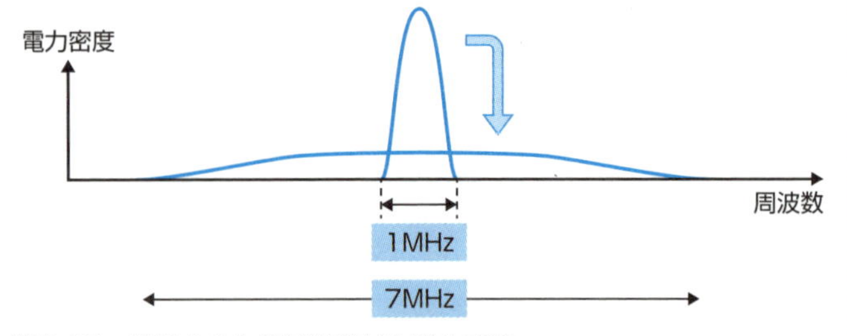


図8-15：拡散された周波数帯域と電力密度

受信側では、拡散した伝送信号を同時に受信します。それらを、スペクトラム拡散に使用したPN符号で、再び排他的論理和の演算をします。そうすると、同じPN符号で拡散した伝送信号だけが、元の電力密度をもったデータ信号を再現し、他の伝送信号は低い電力の信号のままです。

図8-16に示すように、受信した伝送符号-1に、PN符号-1（「1011010」）と排他的論理和演算を行うと、元のデータ符号-1（「1011」）が復元されますが、伝送符号-2にPN符号-1と排他的論理和演算を行っても、拡散された別の符号になるだけです。

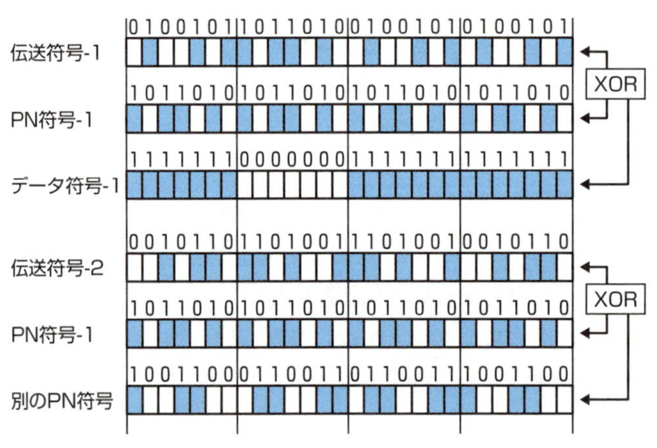


図8-16：伝送符号の復号化

図8-17で示すように、スペクトラム拡散された複数の電波

は混信状態ですが、送信側のPN符号が一致した信号だけが逆拡散され、元の電力密度をもった信号と、拡散されたままで電力密度の低い、いわば雑音信号とが出力されます。電力密度の低い成分を濾過することで、データ信号が出力されます。

スペクトラム拡散方式では、データ信号の速度と拡散信号の速度の比を大きくして、送信される信号を広く薄く拡散することで、受信信号の**信号電力対雑音電力比（S/N）**を大きくすることができます。

**信号電力対雑音電力比（S/N：Signal to Noise Ratio）**

信号電力と雑音（ノイズ）電力との比率をデシベル単位で表します。S/N比の値が小さいほど、雑音の影響が大きく、ビットエラーを防ぐためには、大きな電力で信号を伝送しなければなりません。S/N比の値が大きいほど、雑音の影響が小さくなります。

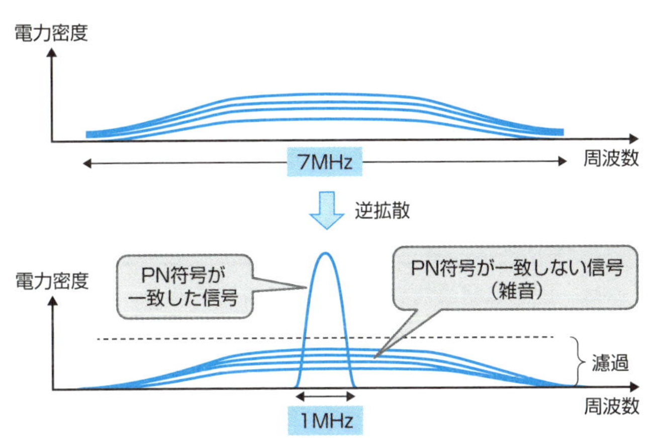


図8-17：逆拡散信号

直接拡散のスペクトラム拡散方式を使用した通信は、**周波数の利用効率が高い、妨害・雑音の干渉を受けにくい、CDMAが可能、秘匿性が高い**という特長があります。

### 周波数の利用効率が高い

周波数帯域全体をみんなで共用するため、周波数の利用効率が高くなります。

### 妨害・雑音の干渉を受けにくい

拡散することで、信号のスペクトラムが広がると同時に、電力密度が低くなります。そのため、他の通信への干渉が小さくなり、また他からの干渉も受けにくくなります。

### CDMAが可能

利用者ごとに拡散に使用する符号を変えることで、多数の利用者で、同じ周波数帯域を同時に使用することができます。こうした多重アクセス方式を、**CDMA（符号分割多重アクセス）**といいます。

### 秘匿性が高い

拡散符号を使用して変復調するため、傍受などを回避することができます。

## 2 無線通信

無線を使った通信システムは、**固定無線通信システム、移動体通信システム、衛星通信システム**の3つに分類することができます。

従来の無線通信は、マイクロ波を使用した固定無線での中継系が主流でした。しかし現在では、携帯電話やスマートフォンでの**LTE**や**WiMAX**でのデジタル移動通信が私たちの日常生活に深く浸透しています。またデータ通信でも、**Wi-Fi**（無線LAN）でのユーザネットワークや、インターネット、アクセスなど無線通信が広く浸透しています。

いつでも、どこでも、移動しながらでも繋がるという機動性の高い無線通信は、ますます重要性が高くなっています。

**LTE（Long Term Evolution）**
第3.9世代携帯電話の通信規格。第4章参照。

**WiMAX（Worldwide Interoperability for Microwave Access）**
BWA（無線ブロードバンドアクセス）と呼ばれる無線通信技術の規格の1つ。第4章参照。

### 複信方式《局への上り通信と局からの下り通信》

無線での複信とは、基地局から無線端末への下り通信と、無線端末から基地局への上り通信とを同時に行うことをいいます。無線通信における複信方式には、**FDD（周波数分割複**

**信方式）**と、**TDD（時分割複信方式）**があります。

### FDD（周波数分割複信方式）

FDDは、図8-18のように、基地局と無線端末との上り通信と下り通信で、それぞれ異なる周波数の電波を使用します。

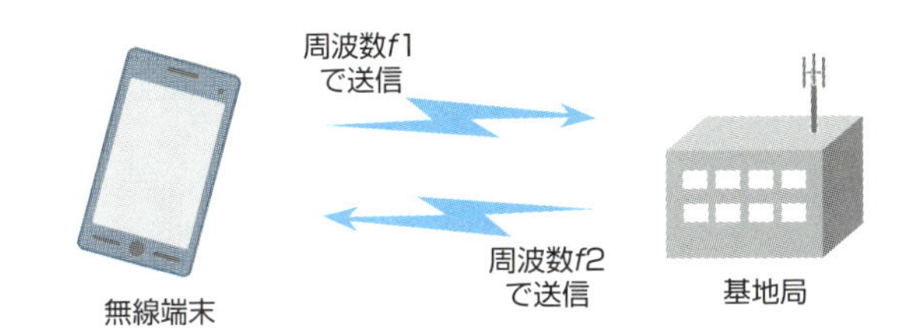


図8-18：FDD

### TDD（時分割複信方式）

TDDは、図8-19のように、基地局と無線端末との上り通信と下り通信は、同じ周波数の電波を使用します。上り方向と下り方向の通信を、極めて短い時間間隔で切り換え、双方向通信を行います。この方式は、有線通信では従来から行われ、ピンポン方式と呼ばれていました。

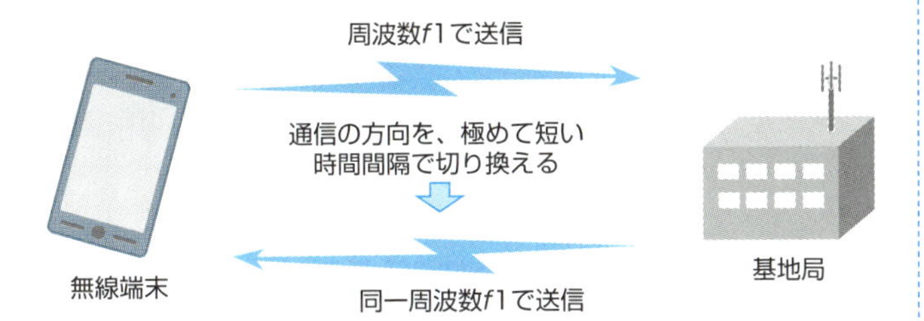


図8-19：TDD

## 多重アクセス《複数の通信を同時に可能にする》

複数の端末が同時に伝送路を共有して通信を行う方法を、多元接続、または多重アクセスといいます。

無線での多重アクセスには、**FDMA（周波数分割多重アク**

メモ

**Wi-Fi（Wireless Fidelity：ワイファイ）**
通信規格IEEE 802.11シリーズの無線LAN機器間が、相互に接続できることを表すブランド名で、Wi-Fi Allianceという業界団体が認証する。

用語解説

**FDD（周波数分割複信方式：Frequency Division Duplex）**
異なる周波数を使用した複信方式。

**TDD（時分割複信方式：Time Division Duplex）**
時間を切り換える複信方式。

用語解説

**FDMA（Frequency Division Multiple Access：周波数分割多重アクセス）**
周波数を分ける多重アクセス。

**セス)**、**TDMA(時分割多重アクセス)**、**CDMA(符号分割多重アクセス)**、があります。

### FDMA(周波数分割多重アクセス)

FDMAは、図8-20のように、あるサービスのために割り当てられた電波の周波数帯域を、複数のチャネルに分割して通信を行う方法です。

割り当てられた電波の周波数帯域は限られているため、各通信路(チャネル)の周波数帯域幅をできるだけ狭く設定して多くの利用者に割り当てます。

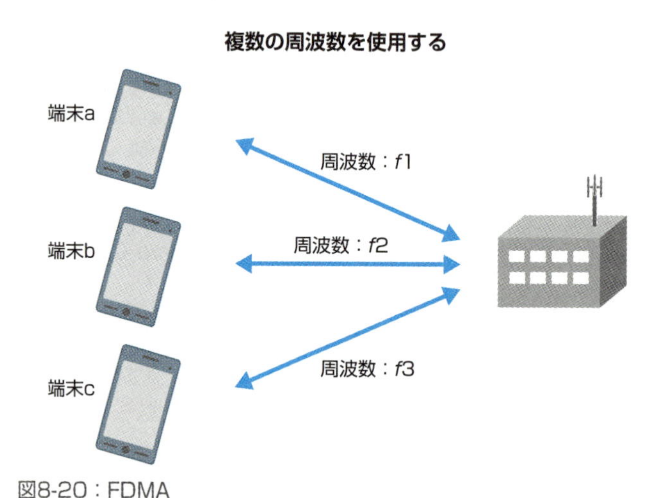


図8-20:FDMA

### TDMA(時分割多重アクセス)

TDMAは、図8-21のように、1つの周波数帯域を時間軸に沿って複数のチャネル(タイムスロット)に分割し、通信を行う方法です。

用語解説

**TDMA**
**(Time Division Multiple Access:時分割多重アクセス)**
時間を分けた多重アクセス。

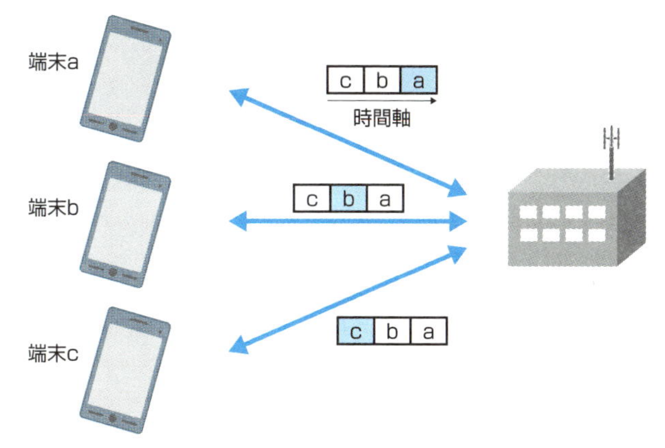

図8-21：TDMA

### CDMA（符号分割多重アクセス）

CDMAは、図8-22のように、一定の周波数帯域を数百から数千倍に拡散するスペクトラム直接拡散を利用します。

拡散に使用する拡散符号を複数用意して、チャネルごとに別々の符号を使用することで、同一周波数を、同一時間に利用することができます。

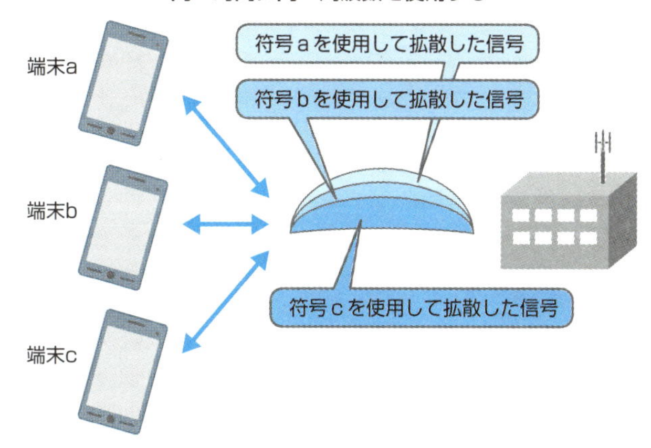

図8-22：CDMA

## 固定通信《固定したアンテナ同士の通信システム》

**固定無線通信システム**は、送信側も受信側も固定した形態です。この通信システムには、通信事業者のマイクロ波中継方式や、局とユーザ宅との加入者系のアクセスシステムなどがあります。

マイクロ波中継方式は、比較的長距離の無線伝送システムで、電話会社における比較的小容量の伝送路や、電力会社が遠隔地にある発電所と制御センタとを結ぶ通信線などに利用しています。

マイクロ波はその周波数が短波や超短波に比べて高いので、小口径のアンテナでも鋭い指向特性が得られます。また、互いに見通しのある2地点間においては、一般に伝搬損失も少なく、短波帯など他の無線方式に比べて伝送品質は安定しており、高品質の回線を構築することができます。

固定通信は電波伝搬の違いにより、図8-23のように、**見通し内通信方式**と、**見通し外通信方式**に分けられます。

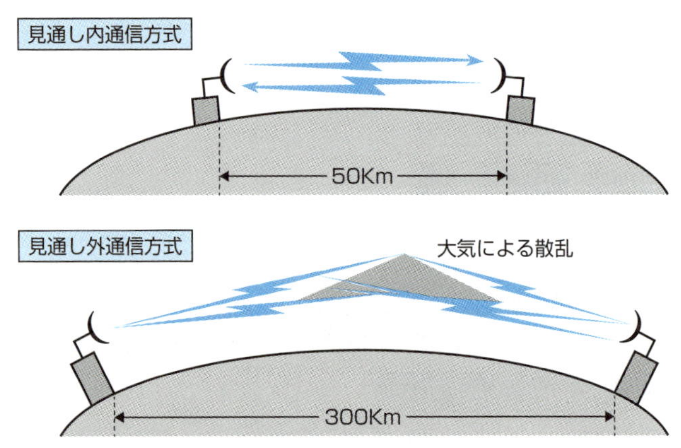


図8-23：見通し内通信方式と見通し外通信方式

### 見通し内通信方式

見通し内通信方式は、50Km程度の見通し距離内で、電波を直接送受信します。通常の固定無線通信システムに使用されます。

### 見通し外通信方式

見通し外通信方式は、大気による散乱現象を利用し、数百Kmを越えた距離を通信します。伝搬損失が大きく、伝搬特性が不安定ですが、途中に中継所が設けられない長距離の海上通信などに使用されます。

マイクロ波固定通信方式では、図8-24のように、信号は、**送信端局**、**送信無線端局**、**中継局**、**受信無線局**、**受信端局**の順に中継されます。

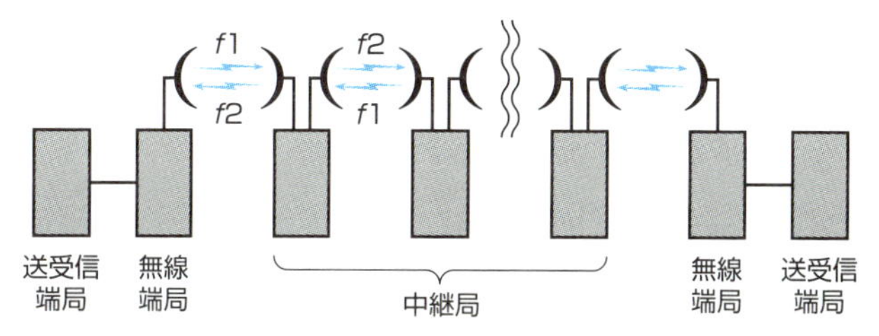


図8-24：マイクロ波の中継

### 送信端局

送信端局において、データ信号は時分割多重（TDM）の信号となり、無線端局に送られます。

**時分割多重（TDM：Time Division Multiplex）**
第6章を参照。

### 送信無線端局

送信無線端局では、受信した時分割多重のデジタル信号を、マイクロ波信号に変調し、空間に発射します。

### 中継局

中継局では、受信した電波をデジタル信号に復調し、増幅再生の後、再びマイクロ波信号に変調して送信します。このとき、受信した電波の周波数と異なる周波数で送信します。同一周波数の干渉を避けるためです。中継局では、同一周波数の電波で2つの方向に送信し、異なる周波数の電波で受信します。これを**2周波方式**といいます。

### 受信無線端局

受信無線端局では、受信したマイクロ波信号を復調し、増幅再生します。

### 受信端局

受信端局では、受信無線端局から、時分割多重化されたデータ信号を受信します。

## 移動体通信《相手が移動してしている通信システム》

**移動体通信システム**の代表的な公衆サービスは、**携帯電話**や**PHS**ですが、これについては、第5章の「音声通信サービス」を参照してください。それ以外に**コードレス電話、列車公衆電話、船舶電話、衛星移動通信**があります。また自営通信用としての移動体通信には、**公共業務用の移動体通信**、そして業務用／個人用の**一般業務用の移動体通信、MCA無線システム、簡易無線、無線LAN、アマチュア無線**などがあります。

### コードレス電話

コードレス電話は、加入者線に接続した親機と子機との間を無線化して、一定の範囲で自由にもち運んで使用できる電話です。家庭用コードレス電話と、事業所などに設置された複数の接続装置のいずれにも接続できるようにした事業所コードレス電話システムもあります。アナログコードレス電話とデジタルコードレス電話がありますが、現在では、ほとんどがデジタル化されています。

### 列車公衆電話

列車公衆電話は、新幹線の列車内に設置した公衆電話です。

線路沿いに敷設した漏洩同軸（LCX）ケーブルという特殊なケーブルから、漏洩する電波を利用して通信を行っています。

### 船舶電話

船舶電話は、船舶に搭載の電話ですが、現在では衛星を利用した衛星船舶電話となっています。

### 衛星移動通信

衛星移動通信は、地上や海上にある移動体に設置した無線局から、人工衛星を経由して他の無線局との通信を行うシステムです。通信エリアは、全国各地域と海上のほとんどをカバーし、災害に強い通信手段です。

衛星移動通信には、静止衛星や周回衛星を使用します。静止衛星を使用した主なシステムには、**N-STAR**、**インマルサット**、**スラヤ**などがあります。周回衛星を使用したシステムには、**イリジウム**、**オーブコム**などがあります。

### 公共業務用の移動体通信

公共業務用の移動体通信は、警察用、防災行政用、消防救急用、水防・道路管理用、あるいは電気・ガス・水道の公益機関用などがあり、主にVHFやUHFの電波を使用します。

### 一般業務用の移動体通信

一般業務用の移動体通信は、UHFの電波を使用し、タクシー会社の配車業務などに利用されています。タクシー会社の基地局側に無線従事者が必要です。

### MCA無線システム

MCA無線システムとは、業務用通信のための移動体通信で、物流事業者などで利用されています。半径数十キロの大ゾーン方式で、事業者が管理するMCA制御局と、ユーザが管理する移動局や指令局で構成されます。物流業者などの

**漏洩同軸ケーブル：(LCX：Leaky Coaxial Cable)**
電波を漏洩しアンテナとして利用できる同軸ケーブル。

**N-STAR**
NTTドコモが運用している静止衛星。

**インマルサット (Inmarsat)**
インマルサット社が運用している静止衛星。

**スラヤ（Thuraya）**
アラブ首長国連邦のスラヤが運用している静止衛星。

**イリジウム (IRIDIUM)**
イリジウム社が運用している周回衛星。

**オーブコム (Orbcomm)**
オーブコム社が運用している周回衛星。

用語解説

**MCA (Multi Channel Access)**
物流業などで使われる業務用無線システム。

**大ゾーン方式**
電波が安定的に届くエリアが広い通信方式。第5章の「ゾーン」の項を参照。

ユーザは、MCA制御局を共同利用しますが、通話は、ユーザのグループ内だけに閉ざされています。自分が属するグループ内の移動局や指令局との間だけで通信が可能です。無線従事者は必要としません。電波はUHFを使用します。

### 簡易無線

簡易無線は、商店や工場などで音声での業務連絡をするために使用されます。したがって無線従事者を必要としません。UHFの電波を使用します。

### 無線LAN

無線LANについては、第3章「イントラネットのプロトコル」を参照してください。

### アマチュア無線

アマチュア無線は、ハムと呼ばれるアマチュア無線家の趣味で行われる無線通信で、仕事や金銭上の利益を目的とした運用を禁じられています。国が認める**無線従事者免許**が必要です。

## 宇宙通信《宇宙空間からの通信システム》

**衛星通信システム**は、人工衛星を使用する形態です。地上の回線の利用が難しい山間部や離島などの通信や、非常災害時の通信などに活用されます。通信には、**静止衛星**および**周回衛星**を利用します。衛星を使用したサービスには、電話サービス、データ通信の他、衛星放送、気象情報、カーナビシステムなどがあります。

衛星通信の特徴には図8-25のように、**高信頼性**、**広域性**、**経済性**、**柔軟性・迅速性**、**同報性・マルチアクセス性**、**遅延**など地上の通信回線には見られない特徴があります。

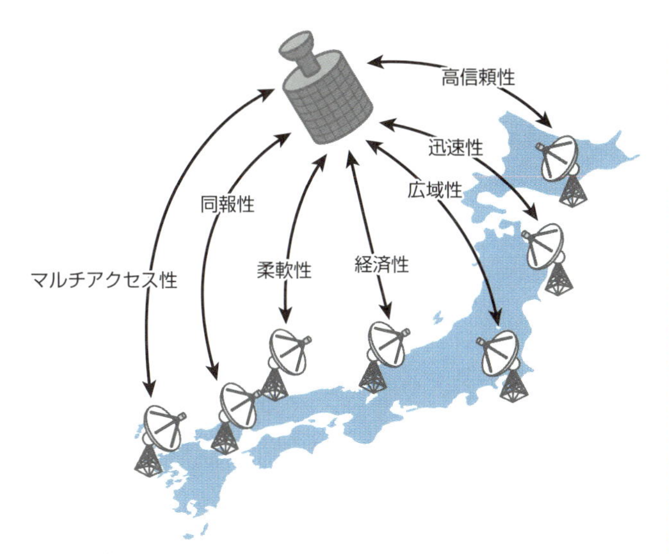


図8-25：衛星通信の特徴

- **高信頼性：**地球局と通信衛星との無線通信なので、地上に災害が発生した場合の影響は、少なくなる
- **広域性：**通信可能範囲が広く、1個の衛星で日本国内いずれの地点とでも回線設定が可能になる。静止衛星だと3基で地球全体をカバーできる
- **経済性：**地球局と通信衛星との回線のため、伝送品質、建設費が通信距離と無関係になる
- **柔軟性・迅速性：**車両に乗せた地球局などを移動し設置すれば、速やかに回線を設定することができる
- **同報性・マルチアクセス性：**1地点から送出された情報を、広い範囲で同時に受信することができる。また逆に、多地点からの情報を1つに集めることもできる
- **遅延：**伝送距離が長いため、伝搬時間が大きく、静止衛星では、片道約0.25秒、往復の通信では、約0.5秒の遅延が発生する

衛星通信は、図8-26で示すように、**地球局**と、**通信衛星**とで構成されます。

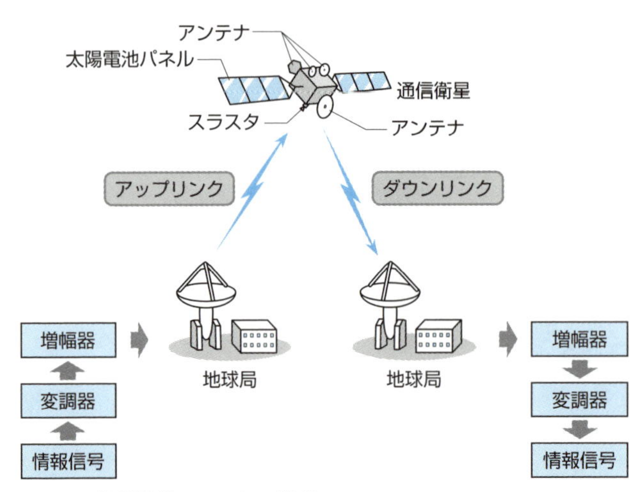

図8-26：衛星通信システムの構成

### 地球局

地球局は、地上に設置した無線局です。静止衛星を利用した衛星通信では、地球局と通信衛星の中継距離は約36000kmと、地上マイクロ波方式に比べ約700倍であるため、地球局および通信衛星には、アンテナ利得の増大、送信出力の増大、受信雑音温度の低減などの技術が必要になります。

### 通信衛星

通信衛星は。通信の中継器として機能します。通信衛星は、その目的を達成するための機器（**ミッション機器**）と、それをサポートするための共通機器（**バス機器**）より構成されます。

通信衛星のミッション機器には、通信用中継機器（トランスポンダ）と通信用アンテナがあります。バス機器には、衛星内部機器の遠隔監視制御用機器、姿勢およびアンテナ制御用機器、スラスタなどの推進系機器、太陽電池パネルなどがあります。

地球局から宇宙局への回線をアップリンク、宇宙局から地球局への回線をダウンリンクと呼びます。衛星には、大きさや消費電力に制限があります。そのため、衛星に搭載できるアンテナや送信機は、地球局のものに比較して小利得、低出力です。このため一般に伝搬損失の少ない低周波数をダウンリンクに使用しています。

## 軌道と衛星《ビルに遮断されない準天頂衛星》

**衛星の軌道**は、大きく分けて**長楕円、中高度、低高度**の3つに分けられます。

### 長楕円軌道

長楕円軌道の衛星は、楕円形の異なる軌道を回る3つの衛星を組み合わせた衛星です。高度は約40000kmです。高仰角が得られるのが特徴であり、現在研究・開発中です。

### 中高度軌道

中高度軌道の高度は、10000Km程度です。

### 低高度軌道

低高度軌道の高度は、1000Km程度で、周期は5～6時間です。低軌道、中軌道は、静止軌道（36000Km）に比べて、衛星高度が低いので電波の伝搬遅延を小さくすることができ、より円滑に音声などの通信が可能になります。

現在、準天頂衛星の実用化に向けて開発が進んでいます。**準天頂衛星**とは、静止軌道を約45度傾けた軌道に、少なくとも3機の衛星を互いに配置し、常に1機の衛星が日本の天頂付近に滞留する衛星システムです。地表面軌道が8の字を描くので、別名「**8の字軌道衛星**」とも呼ばれ、高仰角が得られることから、建築物等による影響（ブロッキング）を低減することが可能です。

通信に利用している衛星は、図8-27で示すように、それぞれの軌道によって、**GEO（静止軌道）**衛星、周回衛星では**LEO（低高度軌道）**衛星、**MEO（中高度軌道）**衛星があります。

**GEO（静止軌道：Geostationary Earth Orbit）**
赤道上空36000Kmの静止軌道。

**LEO（低高度軌道：Low Earth Orbit）**
高度500～2000Kmの軌道。

**MEO（中高度軌道：Medium Earth Orbit）**
高度8000～20000Kmの軌道。

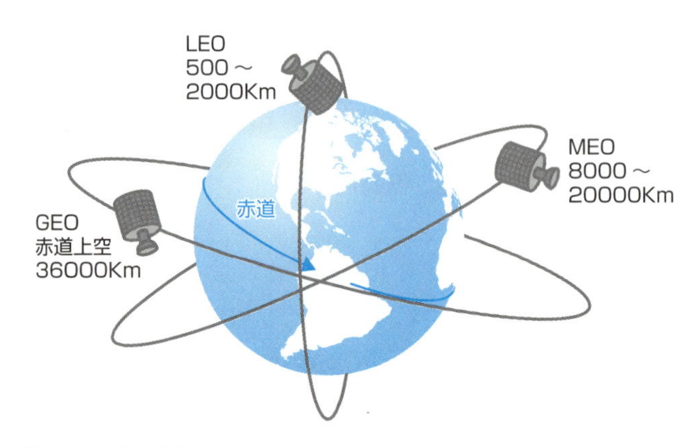


図8-27：軌道と衛星

## GEO（静止軌道）衛星

GEO衛星は、赤道上空約36000kmの静止軌道上にある衛星です。日本で利用している主な静止衛星は、JCSAT、N-SAT、SUPERBIRD、N-STARなどがあります。使用している周波数は、Sバンド（2～4GHz）、Cバンド（4～8GHz）、Kuバンド（12～18GHz）、Kaバンド（26.5～40GHz）です。

固定通信の中継回線、離島回線、移動通信、船舶電話、衛星放送、そして**SNG**などに利用しています。SNGは、可搬型の地球局を使用して、テレビ局との間を通信衛星で結び、ニュース映像などを伝送するシステムです。

**JCSAT、N-SAT、SUPERBIRD**
スカパーJSAT社が運用している静止衛星。

**SNG（サテライト・ニュース・ギャザリング：satellite news gathering）**
衛星を使用して現場からニュース映像を送信するシステム。

## LEO（低高度軌道）衛星

LEO衛星は、高度約500～2000kmの低高度軌道上を周回する衛星です。LEO衛星は、伝送距離が短いため遅延時間が小さいという特徴があります。しかし、地球全域をカバーするためには、多数の衛星が必要になります。

日本で利用しているLEO衛星には、高度825Kmを31機の衛星が周回するオーブコム、そして高度780Kmを66機の衛星が周回するイリジウムがあります。オーブコムは、データ通信や測位のサービスを提供し、イリジウムは、衛星移動電話やデータ通信のサービスを提供しています。

### MEO（中高度軌道）衛星

MEO衛星は、高度約8000～20000kmの中高度軌道上を周回する衛星です。MEO衛星は、LEO衛星より1つの衛星でカバーできるエリアが広くなり、必要な衛星の数を少なくすることができます。

## GPS《軍事衛星を利用したシステム》

**GPS（全地球測位システム）**は、カーナビゲーションシステムやスマートフォンなどで利用されているシステムです。本来、米国が軍事目的に開発・実用化したシステムですが、今では一般民生用にも広く利用されるようになりました。

GPS衛星(米国軍事衛星**NAVSTAR**)は、高度約21000kmの軌道を約12時間の周期で周回しています。6つの異なる軌道にそれぞれ4機ずつ、計24機が配置されています。この配置は、地球上のどこの地点でも常に4個以上の衛星からの電波が受信できます。

各衛星は、衛星の識別信号と、高精度原子時計による正確な時計情報とを電波で地上に発信しています。受信機は、4機の衛星からの電波を受信し、それぞれの衛星の識別と、それぞれの衛星が発信した時間情報を受信します。

図8-28の例では、X点にある受信機は、衛星Aが発信した時間情報を受信します。受信した時間との差から衛星までの距離を計算することができます。また衛星の位置は正確に管理されているため、衛星Aから地上への距離の軌跡がaです。同様に衛星Bの軌跡がb、衛星Cの軌跡がc、衛星Dの軌跡がd

用語解説

**GPS（全地球測位システム：Global Positioning System）**
衛星を利用した全地球測位システム。

**カーナビゲーションシステム (car navigation system)**
現在位置や目的地案内など自動車に搭載した運転手支援システム。

**NAVSTAR (Navigation Satellites with Time And Ranging)**
米国防総省が管理するGPS衛星。

です。その軌跡の交わった地点がX点になります。このようにして測位を行っています。

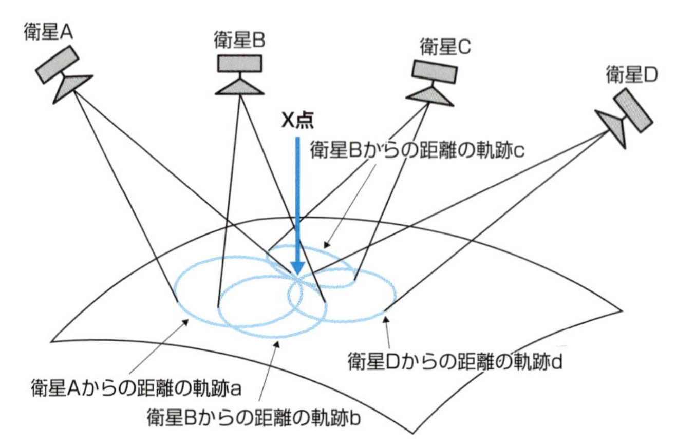


図8-28：GPSの仕組み

第9章

# 情報セキュリティとネットワーク管理

## —安全でストレスなくデータを交換するためには—

TCP/IPというプロトコルは公開された標準で、誰もが詳細を知ることができます。プロトコルのオープン化は、移植性や拡張性などのメリットが大きいのですが、反面、知り得たプロトコルの動作を利用して、悪意な行為に容易に及ぶことができます。そうした脅威や攻撃から情報資産を守ることを情報セキュリティといいます。

LANやインターネットなどのネットワークは、企業活動を支えて、不可欠なインフラとなっています。そのため、ネットワークが機能しなくなると、大きな経済的損失が生じます。ネットワークの現状を正確に把握し、安全に、快適に利用できるように運用し、トラブルを未然に防止し、もしトラブルが発生しても、素早く復旧させ、損失を軽減する。こうしたネットワーク管理は、極めて重要になります。

この章では、情報セキュリティ、ネットを通じた商取引を安全に行うための基盤であるPKI（公開鍵基盤）、そしてネットワーク管理について解説します。

# 1 情報セキュリティ

情報セキュリティとは、保護すべき情報資産を脅威から守ることです。**JIS Q 27000：2014**では、**情報セキュリティ**とは、「情報の**機密性**、**完全性**及び**可用性**を維持すること。」と定義しています。そして注記として、「さらに、真正性、責任追跡性、否認防止、信頼性などの特性を維持することを含めることもある。」と定義しています。機密性、完全性、可用性を、情報セキュリティの3要素としています。その3要素の英語の頭文字を取って**CIA**と呼ばれています。

表9-1：情報セキュリティが維持する項目

| | |
|---|---|
| 機密性（Confidentiality） | 許可されものだけが、情報にアクセスできること。 |
| 完全性（Integrity） | 情報資産が完全な状態で保存され、内容が正確であること。 |
| 可用性（Availability） | 許可されたものが、必要なときに、情報資産にアクセスできること。 |
| 真正性（Authenticity） | 作成の責任と所在が明確で、なりすましや偽の情報でないことを証明できること。 |
| 責任追跡性（Accountability） | 利用者や、サービスなどの主体の行為や責任が説明できることで、ログでユーザIDや操作履歴などを保存し、証跡を残こすこと。これによって否認などを防止できる。 |
| 否認防止（Non-Repudiation） | ある活動や事象が起きたことを、当事者が事後になって否定することできないように証拠を残すこと。 |
| 信頼性（Reliability） | 意図した動作と、その結果に矛盾がないこと。 |

## リスク《資産と脅威と脆弱性が結びついて生まれる》

**情報セキュリティリスク**とは、情報資産を脅かす内外の要因（脅威）によって情報資産が損なわれる可能性のことをいい、実際に情報資産が損なわれてしまった状態のことを、**インシデント**といいます。

**JIS Q 27000：2014**

JIS Q 27000：2014は、ISO（国際標準化機構：International Organization for Standardization）およびIEC（国際電気標準会議：International Electrotechnical Commission）が策定したISO/IEC 27000を基にした「情報技術－セキュリティ技術－情報セキュリティマネジメントシステム－用語」規格。

**インシデント（Incident）**

JIS Q 22300によると、リスクは「目的に対する不確かさの影響」、インシデントは「中断・阻害、損失、緊急事態又は危機になり得る又はそれらを引き起こし得る状況」としています。IPA（独立行政法人 情報処理推進機構）では、リスクは「脅威によって情報資産が損なわれる可能性」、インシデントは「実際に情報資産が損なわれてしまった状態」としています。

**情報資産**、**脅威**と**脆弱性**とが結びつくことで、リスクが顕在化し、損失が発生します。図9-1は、その概念図です。

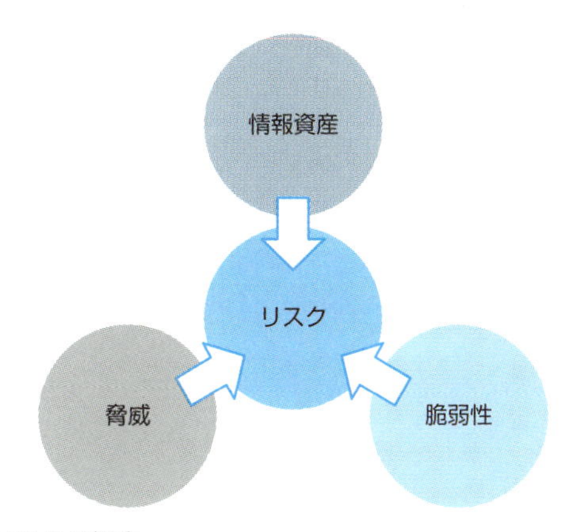


図9-1：リスクの概念

## 情報資産

情報資産には、表9-2のように、顧客情報などの情報や、ハードウェア、ソフトウェア、ネットワーク、媒体などの情報システム、サーバルームなどの設備、システム管理者などの人材、技術文書などのドキュメント、そして信用やイメージなども含まれます。

表9-2：情報資産の例

| 情報資産 | 具体例 |
|---|---|
| 情報・データ | 顧客情報、設計情報、経営情報、など |
| 情報システム | ハードウェア（サーバ、PC、周辺装置など）<br>ソフトウェア（アプリケーション、OSなど）<br>ネットワーク（LANケーブル、ルータ、通信回線など）<br>媒体（USB、CDROM、DVD、MDなど） |
| 設備 | 建物・部屋、電源・空調、など |
| 人材 | エンドユーザ、システム管理者、<br>社員（派遣社員、パートなどを含む） |
| 関連ドキュメント | 財務諸表、技術文書、マニュアル、取扱説明書、など |
| その他 | 信用、イメージ |

### 脅威

脅威とは、図9-2のように、災害や盗難などの物理的脅威、システム脅威、管理的脅威などがあります。

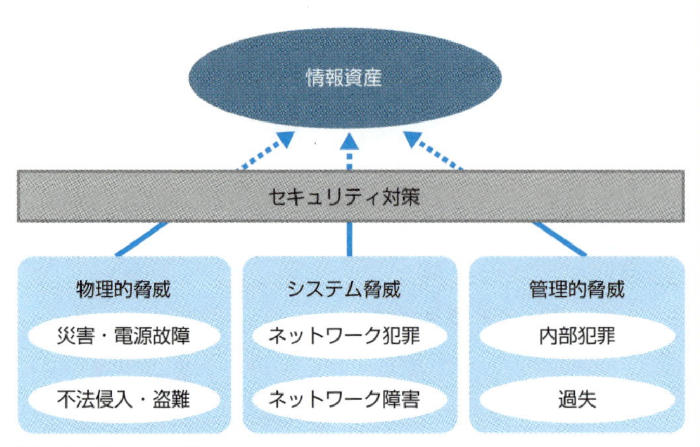


図9-2：脅威の種類

**物理的脅威**には、地震、雷、洪水、火災などの**自然災害**による脅威や、不法侵入、破壊、盗難などの**犯罪**による脅威があります。

**システム脅威**には、不正アクセスによる盗聴、改ざん、なりすまし、サービス妨害、ウィルスなどの不正プログラムなどの**ネットワーク犯罪**による脅威や、システムエラー、設備障害、ソフトウェアのバグ、ハードウェア障害などによる**ネットワーク障害**による脅威があります。

**管理的脅威**には、内部関係者の故意による情報漏洩、情報改ざんなどの**内部犯行**による脅威、うっかりミス、入力ミス、オペレーションミス、無意識な不正アクセスなどの**ヒューマンエラー**による脅威があります。

### 脆弱性

脆弱性とは、脅威に対する弱さの度合いのことをいい、リスクを発生しやすくさせたり、拡大させたりする要因となる弱点や欠陥のことです。表9-3に、脆弱性の例を示します。

表9-3：脆弱性の例

| 脆弱性 | 具体例 |
|---|---|
| 物理的 | データ・書類・記憶媒体の保管が万全でない。<br>サーバルームなどに部外者が簡単に入室し、簡単にアクセスすることができる。<br>サーバルームなどの温度・湿度の管理ができていない。<br>無停電電源装置（UPS）が設置されていない。<br>ハードウェアやネットワークなどが故障する可能性がある。 |
| 技術的 | ファイアウォールが設置されてない。<br>ウィルス防止などの措置が採られてない。<br>ソフトウェアのバージョン管理が適切に行われていない。<br>システムに設計上の問題がある。<br>暗号の鍵などの管理が不十分である。 |
| 人的 | セキュリティポリシが周知されていない。<br>利用者や管理者にセキュリティ知識が不足している。<br>教育、訓練が適切に行われていない。<br>アカウント管理が適切に行われていない。<br>パスワード発行や変更処理が適切に行われていない。 |

## 攻撃の種類

**《いろんな攻撃によって資産は脅威にさらされている》**

ネットワークシステムにおける脅威に、恣意的なネットワーク犯罪（攻撃）があります。主な攻撃には、**不正プログラム**の混入、**盗聴**、**改ざん**、**なりすまし**、**DoS攻撃**、**OSやアプリケーションの脆弱性を突いた攻撃**、**不正アクセス**などがあります。

### 不正プログラム

不正プログラムは、使用者が意図しない振る舞いをし、また使用者に不利益となる不正な活動を行う悪意のあるプログラムのことをいい、**マルウエア（Malware）**とも呼ばれています。不正プログラムには、コンピュータウィルス、ワーム、トロイの木馬、スパイウェアなどがあります。

**コンピュータウィルス**は、他人のプログラムやデータに対して意図的に被害を及ぼすように作られた不正プログラムです。

コンピュータウィルスに感染すると、混入した端末のデータを破壊する、端末の機能を停止する、メールリストを使っ

メモ

**コンピュータウィルス（Computer Virus）**

1990年に通商産業省（現経済産業省）が策定したコンピュータウィルスの定義では、「第三者のプログラムやデータベースに対して意図的に何らかの被害を及ぼすように作られたプログラムであり、自己伝染機能、潜伏機能、発病機能、のうち1つ以上有するもの」としている。

て感染メールを送信する、攻撃者の命令を受けて第三者へ攻撃する、ルーティングテーブルを書き換えて最新のウィルス定義ファイルや**セキュリティパッチ**へのアクセスを妨害するなどの行為を招きます。

**ワーム**（Worm）は、ネットワーク経由でコンピュータに侵入し、内部に常駐します。自分自身をコピーし、他の端末に送付します。短時間に大量の自己増殖を行い、ネットワーク資源を消費してシステムダウンを引き起こします。

**トロイの木馬**（Trojan Horse）とは、アプリケーションの最新バージョンなど正常な動作をしているソフトウェアに見せかけて、**バックドア（裏口）**として機能し、不正活動を行います。内部ファイルのインターネットへの公開、データファイルの破壊、ユーザパスワードの記録、そして侵入の痕跡を残すためのログ消去などです。

増殖機能をもつワームや、伝染機能をもたないトロイの木馬は、ウィルスと区別されることもありますが、広義の意味でウィルスと解釈されます。

**スパイウェア**（Spyware）とは、ファイル共有ソフトやダウンロード支援ソフトなど、無償のソフトに紛れ込み、利用者に使用許諾契約書の同意を取り付けた上で、パソコンにインストールされ、パソコンの中のファイルや登録情報などを外部へ送信し、盗み出すプログラムです。

**IPA（情報処理推進機構）**は、スパイウェアを「利用者や管理者の意図に反してインストールされ、利用者の個人情報やアクセス履歴などの情報を収集するプログラム等」と定義しています。スパイウェアには、**キーロガ**、**ハイジャッカ**、**W32/Antinny ウィルス**などがあります。

また、ユーザの画面に強制的に、また自動的に広告を表示するプログラムである**アドウェア（Adware）**も、広義のスパイウェアということができます。アドウェアは、最初に広告を表示させる了承を得ると、ターゲットを絞った広告に置き換えます。

メモ

**セキュリティパッチ（Security Patch）**

セキュリティホールの修正プログラムのこと。セキュリティホールとは、セキュリティ上の抜け穴（弱点）をいう。不正アクセスや不正プログラム感染は、OSやアプリケーションのセキュリティホールを突いて行われる。そのため、OSやアプリケーションのベンダが配布している最新のセキュリティパッチや、バージョンアップを行うことは大切。

用語解説

**バックドア（Back Door）**

ハッカーや、クラッカーの侵入や攻撃を受けたサーバに仕掛けられた裏の侵入経路のこと。バックドアによって、2回目以降の侵入がより容易になる。

**IPA（情報処理推進機構：Information-technology Promotion Agency）**

経済産業省所管の独立行政法人で、情報処理技術の開発やコンピュータウィルス対策研究などを推進している。

用語解説

**キーロガ（Key Logger）**

ユーザがキーボードから入力した内容を記録するというプログラム。

**不正プログラムへの対策**は、不正プログラムを検出し駆除する**ワクチンソフト**のインストールです。次々と新種のウィルスが作られるため、常に最新のウィルス定義ファイルを入手する必要があります。

また、メールの添付ファイルや、ダウンロードしたファイルなども、まずウィルス検査をすること、そしてOSやアプリケーションの**セキュリティパッチ**をあてることも重要です。

また、ウィルスにより破壊されたデータは、ワクチンソフトで修復することはできないため、重要なデータは、必ず**バックアップ**を行うことも重要です。

### 盗聴

盗聴とは、コンピュータ内のデータや、通信途中のデータを盗む行為のことです。LANを流れるデータは、比較的簡単に盗聴される可能性があります。ケーブルなどから漏洩する微弱な電磁波を盗聴する**テンペスト攻撃**などもあります。データの盗聴対策としては、暗号化が挙げられます。

### 改ざん

改ざんとは、ホームページの書き換えなど、第三者がネットワークを通じてコンピュータに侵入し、故意に元のデータを書き換え、それを悪用することです。改ざんの検出には、後述する**デジタル署名**などがあります。

### なりすまし

なりすましとは、アカウントなどの不正使用など、正当なユーザを装い、ネットワーク上で悪意をもって作業をすることです。なりすましの被害は、なりすまされた本人だけでなく、情報を盗まれた事業者や、だまされた第三者までも多岐にわたります。

なりすましの防止は、本人であることを**パスワード**や**デジタル署名**で認証することです。なりすまされると、すぐに検

Aa 用語解説

**ハイジャッカ(Hijacker)**

このプログラムは、ブラウザを乗っ取って、利用者の意図しない悪意のあるサイトに誘引するようにブラウザの設定をリセットする。

**W32/Antinnyウィルス**

このプログラムは、Winnyなどのファイル交換ソフトを操り、ファイルをインターネット上に自動的に送信する。

Aa 用語解説

**TEMPEST攻撃(Transient Electromagnetic Pulse Surveillance Technology Attack)**

微弱電磁波を傍受する攻撃。

出できないため、**ログ**を収集し、分析することも重要です。

## DoS（サービス妨害）攻撃

DoS攻撃とは、コンピュータ資源やネットワーク資源が、正常なサービスを提供できないように妨害する攻撃のことです。DoS攻撃には、サーバやネットワークに過剰な負荷をかける攻撃や、サーバ上に動作するOSやアプリケーションに異常な処理を起こさせる攻撃があります。

過剰な負荷をかける攻撃には、**Ping of Death**、**SYN Flood**、**メール爆弾**などの攻撃があります。また異常な処理を起こさせる攻撃には、**Tear Drop**、**ランド攻撃**などがあります。

DoS攻撃は、攻撃者とターゲットとは1対1ですが、**DDoS（分散型サービス妨害）攻撃**は、ネットワーク上に分散された攻撃者から、一斉にターゲットに攻撃します。

これらのDoS攻撃のほとんどは、IPアドレスの偽装によって行われます。

## OSやアプリケーションの脆弱性

OSやアプリケーションの脆弱性を突いた攻撃には、**クロスサイトスクリプティング**、**バッファオーバフロー**、**SQLインジェクション**、などがあります。

OSやアプリケーションの脆弱性を突いた攻撃への対策の1つに**ペネトレーションテスト**があります。外部から疑似的に攻撃することで脆弱性を調査します。

## 不正アクセス（不正侵入）

不正アクセスとは、権限のない者が何らかの方法で、コンピュータやネットワーク資源に不正にアクセスすることです。不正侵入は、事前調査、権限取得、侵入後の不正実行、後処理という段階を経ます。

**事前調査**の段階では、IPアドレスのスキャンや、TCPや

**DoS攻撃 DoS(Denial of Service：**
サービス妨害)による攻撃。

**Ping of Death**
大きなサイズのpingを、大量にターゲットに送りつけ、ターゲットの機能を停止させる攻撃。pingについて詳しくは、第2章を参照。

**SYN Flood**
TCPのコネクション確立要求のSYNパケットをサーバに送信しても、コネクション確立を完了させないまま、次々とSYNを送りつけ、サーバをダウンさせる攻撃。TCPについて詳しくは、第2章を参照。

**メール爆弾**
大きなサイズのメールを大量に送りつけ、メールサーバの機能を停止させる攻撃。

**Tear Drop**
パケット分割の情報を偽造し、パケットの再構築を不能にさせるという異常動作を起こさせ、機能を停止させる攻撃。

**ランド攻撃 (Land Attack)**
送信元と宛先アドレスを同じにしたTCPの SYNパケットを送りつけ、サーバのCPUやメモリを消耗させてサーバの機能を停止させる攻撃。

**DDoS攻撃**
ネットワーク上に分散している攻撃者からの一斉攻撃。

UDPのポートのスキャンをします。そしてサーバ名、OSの種類、バージョン、開かれているポートや提供しているサービスや、バナー情報を調査します。

**権限取得**の段階では、ツールなどを使用してパスワードを強引に解読（パスワードクラック）し、処理を実行するための権限を不正に取得します。

**侵入後の不正実行**の段階では、盗聴、改ざん、なりすまし、破壊、コンピュータの不正使用、不正プログラムの埋め込み、踏み台などの不正行為を実行します。

**後処理**の段階では、ログを消去するなど、証拠を隠滅し侵入の形跡を消します。そして次の侵入を容易にする裏口（バックドア）を作成します。

## ファイアウォールとDMZ
### 《ファイアウォールはネットワークの関所》

不正アクセスへの対策は、サーバを**要塞化**し、**ファイアウォール**や**IDS/IPS**を設置し、送信者を認証し、そしてデータを暗号化することです。

**サーバの要塞化**とは、外部からの攻撃に対して防御することです。サーバの要塞化は、次によって行います。

- サーバの脆弱性情報を収集して最新セキュリティパッチを適用する
- サーバが提供するサービスを限定する。そして攻撃の対象とならないように、不要なサービスを停止・無効化する
- サーバへのアクセス権やユーザ管理を強固にする

**ファイアウォール**（Firewall）は、外部IPネットワークのインターネットと、内部IPネットワークのイントラネットとの境界に設置するセキュリティシステムです。文字通り、外部から内部ネットワークへの不正アクセスを守る、防火壁の

用語解説

**クロスサイトスクリプティング（XSS：Cross Site Scripting）**
脆弱性をもつWebサイトを踏み台にし、そのWebサイトの訪問者へ、サイトをまたがって不正プログラムを送り込む攻撃。

**バッファオーバフロー（BOF：Buffer Over Flow）**
確保したメモリ領域（バッファ）を越える大きさの不正データを送りつけ、データを溢れさせてシステムを機能停止にし、システムの管理者権限を取得する攻撃。

**SQLインジェクション（Structured Query Language Injection）**
本来想定されないSQL（関係データベース言語）を注入（インジェクション）することで、データベースに不正な操作を加える攻撃。

**ペネトレーションテスト（Penetration Test）**
実際に攻撃を試みて脆弱性をテストする耐久テスト。

役割です。アクセス権限があるものを許可し、そうでないものを許可しないというアクセス制御を行います。そして、アクセス状況を監視し、履歴を記録します。この収集機能によってセキュリティの分析を行うことができます。

自社内に設置した公開用のWebサーバやメールサーバには、外部のインターネットからのアクセスが頻繁に行われます。これらの公開サーバは、内部のイントラネット上にありながら、インターネットの一部を形成しています。ファイアウォールは、インターネットとイントラネットの境界に設置します。しかし、公開サーバ群はインターネットの一部ということで、ファイアウォールの外部に設置すれば、インターネットから直接アクセスできるため、ホームページの書き換えなどの攻撃を受ける可能性が高くなります。

公開サーバ群を、ファイアウォールの内部に設置すれば、仮に公開サーバが攻撃者によって乗っ取られるようなことが起こると、情報資産価値が高い内部ネットワークのサーバに簡単にアクセスすることができます。そのため、図9-3で示すように、外部ネットワークと内部ネットワークの他に、第3のネットワークを構築し、公開用のサーバ群を設置します。このような第3のネットワークを**DMZ**と呼びます。

DMZを構築することによって、WebやメールやDNSなどの公開サーバへはファイアウォールを経由しなければアクセスできません。そのため攻撃を受けることがありません。もし公開サーバが攻撃されても、内部ネットワークへの攻撃には、さらにファイアウォールを経由しなければなりません。すなわち高いセキュリティを確保することができます。

**DMZ
(De-Militarized
Zone：非武装地帯)**

インターネットにもイントラネットにも、ともに隔離した第3のネットワーク。

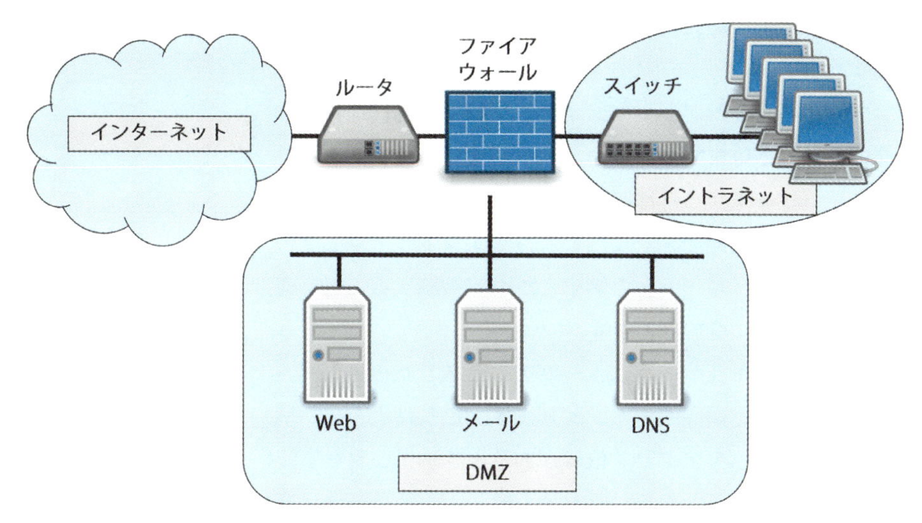

図9-3：ファイアウォールとDMZ

ファイアウォールの主な方式には、**パケットフィルタリング方式**、**アプリケーションゲートウェイ方式**、**ステートフルインスペクション方式**、があります。

### パケットフィルタリング方式

パケットフィルタリング方式のファイアウォールは、転送されたパケットのヘッダをチェックし、ファイアウォールの通過の可否を判断します。あらかじめ設定した定義によって、アクセスを許可されたパケットを通過させ、そうでないパケットを廃棄します。

あらかじめ設定した定義とは、宛先IPアドレス、送信元IPアドレス、TCP、UDPなどの上位プロトコル、宛先ポート番号、送信元ポート番号、「外部から内部へ」、「内部から外部へ」という通信の方向です。

### アプリケーションゲートウェイ方式

アプリケーションゲートウェイ方式のファイアウォールは、**HTTP**、**SMTP**、**FTP**などのアプリケーションごとに設定

用語解説

**HTTP（Hyper Text Transfer Protocol）**
クライアントのブラウザとWebサーバの間で送受信する通信プロトコル。

**SMTP（Simple Mail Transfer Protocol）**
電子メールを伝送するプロトコル。

**FTP（File Transfer Protocol）**
ファイルを転送するプロトコル。

し、パケットの情報に基づいてパケットの中継の可否を判断します。

アプリケーションゲートウェイは、**プロキシ**（代理）サーバ機能をもっています。プロキシサーバ機能とは、内部（外部）ネットワークから外部（内部）のネットワークへのアクセスを代行する機能です。これによってイントラネット上の端末と、インターネット上の端末とが直接接続することを避け、セキュリティを確保します。

HTTPのプロキシサーバは、一度アクセスしたホームページのデータを一定期間キャッシュします。これによって、同じホームページへのアクセス依頼があるとき、インターネットにアクセスすることなく、プロキシサーバから依頼者に送信することで応答速度を向上することができます。

### ステートフルインスペクション方式

ステートフルインスペクション方式のファイアウォールは、通過するパケットの内容を読み取り、動的に通過の可否を判断します。

パケットフィルタリング方式は、レイヤ3のヘッダやレイヤ4のヘッダをチェックしますが、アプリケーション層の内容まではチェックしません。アプリケーションゲートウェイ方式では、アプリケーション層の内容はチェックしますが、アプリケーションごとにプロキシプログラムが必要となります。

また、パケットフィルタリング方式や、アプリケーションゲートウェイ方式のファイアウォールが正常だと判断したパケットが、フィルタリング機能を無効化して、特定のサーバを意図的に攻撃しようとして送信されたパケットである可能性もあります。

ステートフルインスペクション方式は、データリンク層からアプリケーション層までの通信の状態をモニタし、通過するパケットの内容やパケットのやり取りをチェックして、適切な通信が行われているかを判断し、動的にフィルタリングします。

## IDS/IPS《不正アクセスを検知し防御する》

ファイアウォールはアクセス制限をして不正侵入を防ぐ機能ですが、**IDS（侵入検知システム）**は、不正侵入を常時監視するシステムです。

IDSには、数多くの不正アクセスのパターンをデータベース化した**シグネチャ**を搭載しています。ネットワーク上を流れるパケットを取り込み、シグネチャ解析を行って不正パケットかどうかを判断します。不正アクセスと判断すれば、管理コンソールにアラーム表示などの通知をし、またネットワーク管理者に警告メールを発信します。

不正侵入の攻撃も次々と新種のものが出現します。したがって常にシグネチャの更新が必要です。

IDSには、**NIDS**と、**HIDS**の2つのタイプがあります。

### NIDS（ネットワーク型IDS）

NIDSは、ネットワークに流入するすべてのパケットを監視するタイプです。ネットワークへの不正侵入を検知しますが、どこにどんな被害を及ぼしたかは確認できません。

### HIDS（ホスト型IDS）

HIDSは、Webサーバ、メールサーバなどにIDSソフトをインストールして、個別に監視をするタイプです。そのサーバへの不正侵入を警告します。

**IPS（侵入防御システム）**は、IDSと同様の検知機能と、遮断機能を備えています。IDSは、不正侵入を検知すると、ファイアウォールやルートと連携して、後続のパケットを遮断します。すなわち最初の不正パケットは到達しています。

**IDS（Intrusion Detection System：侵入検知システム）**
不正アクセスを監視するシステム。

Aa 用語解説

**NIDS（Network-Based IDS：ネットワーク型侵入検知システム）**
ネットワークへの不正アクセスを監視するIDS。

**HIDS（Host-Based IDS：ホスト型侵入検知システム）**
ホストへの不正アクセスを監視するIDS。

**IPS（Intrusion Prevention System：侵入防御システム）**
不正アクセスを防御するシステム。

しかしIPSは、不正侵入を検知すると同時に、不正パケットを遮断します。図9-4に、IPSの概念を示します。

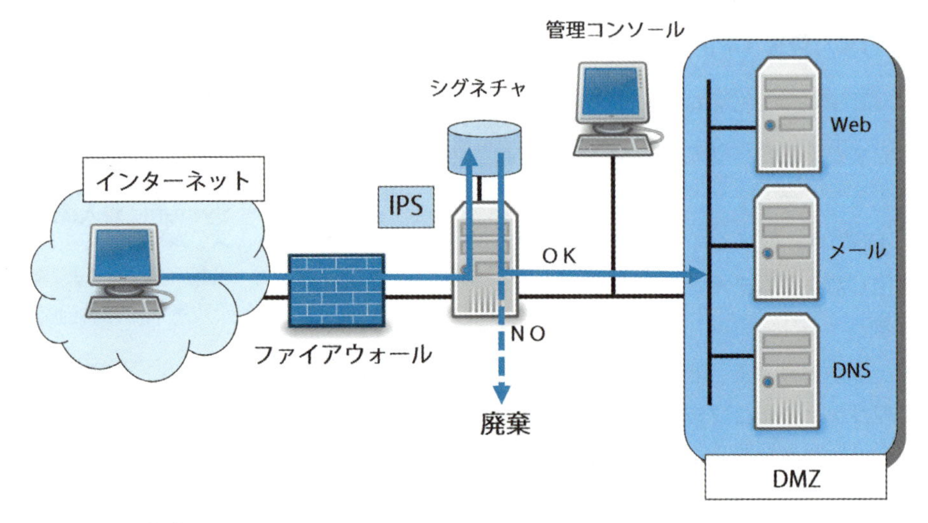


図9-4：IPSの概念図

## 認証とIEEE802.1x
### 《人の認証、ものの認証、データの認証》

認証とは、人、もの、情報（メッセージ）を識別し、その正当性や真正性を確認することです。認証には、**二者間認証**と、**三者間認証**があります。

### 二者間認証（Authentication）

二者間認証は、認証の請求者と認証側とが直接、認証処理を実行します。ユーザIDとパスワードによる認証や、指紋や虹彩などの身体的特徴によって本人確認を行う**バイオメトリクス認証**などが二者間認証です。

ユーザIDとパスワードの固定式パスワードは、仕組みが単純で、パスワードクラック（パスワード破り）などの攻撃に弱く、なりすましの危険性が高くなります。その危険性を防御するには、認証の度に異なるパスワードが有効です。そう

用語解説

**バイオメトリクス認証（Biometrics Authentication）**
人の身体的特徴によって認証する生体認証。

**ワンタイムパスワード（OTP：One Time Password）**
1度きりの使い捨てパスワード。

した使い捨てパスワードのことを、**ワンタイムパスワード（OTP）**と呼びます。

### 三者間認証（Certification）

三者間認証は、認証局など信頼できる第三者が発行する証明書を使用して、その持ち主の正当性を確認します。認証局が発行するデジタル証明書による認証です。

### IEEE802.1x

**IEEE802.1x**は、**IEEE**によって策定されたユーザ認証を行うための規格です。有線LANや、無線LANのネットワーク環境で、接続する端末を認証するシステムです。**EAP認証**という**PPP**を拡張した認証方式を採用し、ユーザIDやパスワードによる認証や、デジタル証明書や、ワンタイムパスワードなど、さまざまな認証方式に対応しています。

IEEE802.1xの通信モデルは、表9-4および図9-5に示すように、**サプリカント**、**オーセンティケータ**、そして**RADIUS**などの**認証サーバ**の3つの要素で構成されます。

表9-4：IEEE802.1xの構成要素

| 構成要素 | 説明 |
|---|---|
| サプリカント（Supplicant） | 認証を要求するクライアントPC |
| オーセンティケータ（Authenticator） | 無線LANのアクセスポイントや、LANスイッチなど、認証の窓口となる機器 |
| 認証サーバ | 認証を実行するRADIUS などのサーバ |

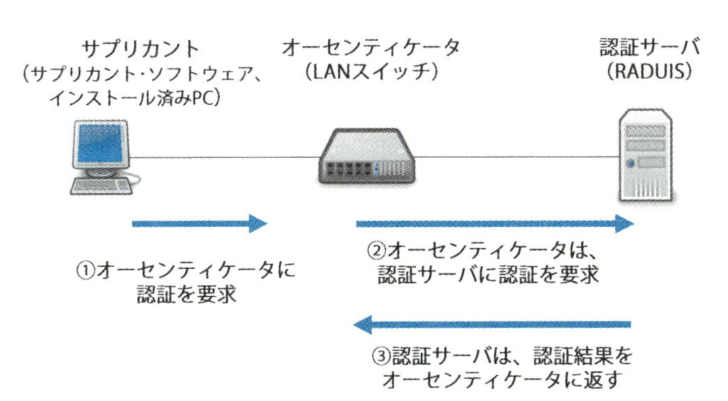


図9-5：IEEE802.1xの動作

**IEEE（Institute of Electrical and Electronic Engineers）**
世界最大の電気電子学会。

**EAP（Extensible Authentication Protocol）認証**
PPPを拡張した認証プロトコル。

**PPP（Point-to-Point Protocol）**
WANの通信プロトコル。詳しくは、第3章を参照。

**RADIUS（Remote Authentication Dial-In User Service）**
認証サーバの1つ。

## 検疫ネットワーク
### 《ネットワークに接続する前にPCを隔離し治療する》

検疫ネットワークとは、検査専用の隔離ネットワークです。社内LANに接続しようとしたコンピュータを、いったん隔離した検疫ネットワークに接続し、コンプライアンス検査を行います。問題があれば、治療を施し、問題がないことを確認して、社内のネットワークへの再接続を許可します。

この検疫ネットワークシステムの1つに、**IEEE802.1x**を利用した方式があります。IEEE 802.1x認証などに対応したLANスイッチを導入し、接続されたコンピュータを、**VLAN**で分けられた検査用のネットワークに、隔離します。そして、問題がないことを確認して、社内のネットワークへの接続を許可します。

**VLAN**
**(Virtual LAN)**
第3章を参照。

悪意のある第三者が侵入しようとしたりしても、まず、ユーザ認証を行います。その上で、切り離された検疫ネットワークに接続するため、極めて安全性が高くなります。クライアントが正しく認証され、検疫の結果問題がなければ、接続するVLANを切り換え社内ネットワークに接続します。

図9-6に、IEEE802.1x（認証スイッチ）方式の検疫ネットワークの手順を示します。

①サプリカントソフトとパッチ適用状況などを収集する情報収集ソフトをインストールしたPCが、LANスイッチ（オーセンティケータ）に接続し、認証とパッチ適用確認を要求します。
②LANスイッチは、RADIUSサーバに認証を依頼します。
③認証許可が得られると、LANスイッチは、ポリシサーバに問い合わせます。ポリシサーバは、PCのセキュリティレベルを確認します。ポリシサーバは、PCのセキュリティレベルに応じたVLANのIDをLANスイッチに返します。そのときPCにパッチ適用（検疫）の必要があれば、パッチ適用

サーバのVLAN（VLAN　X）を返します。

④検疫用のVLAN　Xに接続されたPCは、パッチ適用サーバからパッチやパターンファイルの更新（治療）を受けます。

⑤LANスイッチは、ポリシサーバから業務サーバのVLAN（VLAN Y）の通知を受けます。そしてセキュリティレベルの基準に適合したPCは、DHCPサーバからIPアドレスの割り当てを受けます。

⑥PCは、業務サーバVLAN Yに接続します。

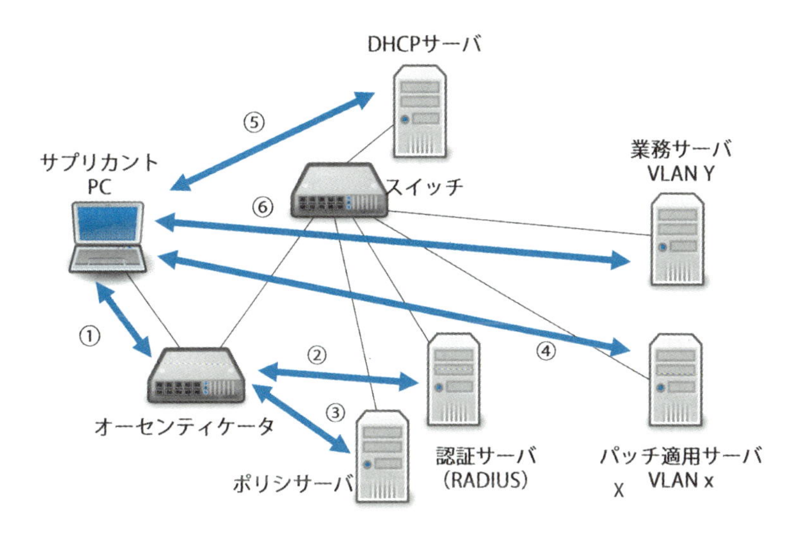


図9-6：IEEE802.1x（認証スイッチ）方式検疫ネットワークの手順

## 無線LANのセキュリティ
**《常に盗聴や不正使用という危険にさらされている》**

無線は空間を媒体にして、電波が安定的に届く範囲であれば通信が可能だという大きな特長がありますが、その特長は反面、セキュリティに弱いということがいえます。常に盗聴や不正使用という危険にさらされています。

**無線LANのセキュリティ対策**には、図9-7で示すように、**アクセス制御**と、**データの暗号化**とがあります。

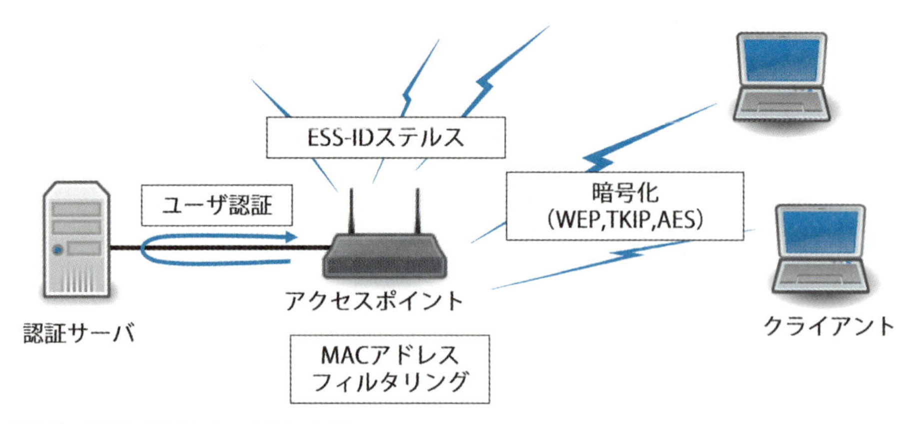


図9-7：無線LANのセキュリティ対策

### 無線LANのアクセス制御

無線LANのアクセス制御には、**ESS-IDステルス機能**、**MACアドレスフィルタリング**、**IEEE802.1x**、があります。

**ESS-IDステルス機能**とは、アクセスポイントが定期的に発信するESS-IDを停止し、IDを覆い隠します。

また、端末側で、IDを「any」または「空白」に設定すると、ESS-ID が異なっていても、そこのアクセスポイントに接続することができます。その「any」接続を拒否します。これによって不正アクセスを防止します。

**MACアドレスフィルタリング**とは、無線LANカードのMACアドレスを、アクセスポイントに登録し、許可したMACアドレス以外の接続を拒否する機能です。

**IEEE802.1x**は、アクセスポイントと認証サーバ（RADIUS）が連携して、無線LANへのアクセスを集中管理します。

参照

**ESS-ID（Extended Service Set ID）**
無線端末が相互に通信する範囲のこと。第3章参照。

**MACアドレス（Media Access Control Address）**
端末に付けられたLANアダプタの識別子。詳しくは、第2章を参照。

### 無線LANの暗号化規格

無線LANの暗号化規格には、**WEP**、**TKIP**、**AES**があります。

**WEP**は、IEEE 802.11（無線LAN規格）に含まれる初期

の暗号化方式です。暗号鍵は、無線LAN機器がランダムに生成したものと、ユーザが設定する共通鍵とを合わせて、フレームごとに暗号鍵を変化させて暗号化します。しかし生成手順が単純なため、鍵を類推できるなどの脆弱性が指摘されています。

**TKIP** は、WPAという無線LANセキュリティ規格で採用された暗号化方式で、WEPでは固定して使用していた暗号鍵を、定期的に変更するというように、WEPの脆弱性をカバーした方式です。

**AES** は、WPA2 という新たな無線LANセキュリティ規格で採用された暗号方式です。TKIPは、ソフトウェアで暗号処理を行うため、処理速度が遅いのですが、AESは、ハードウェアで高速に処理する方式で、かつ強力な共通鍵暗号方式です。

用語解説

**WEP（Wired Equivalent Privacy）**
初期無線LANでの暗号方式。

**TKIP（Temporal Key Integrity）**
WPAで規定した暗号方式。

**WPA（Wi-Fi Protected Access）**
無線LANセキュリティ規格の1つ。

**AES（Advanced Encryption Standard）**
米国商務省標準技術局によって制定された、標準暗号化方式。

## 2 PKI

**PKI（公開鍵基盤）** とは、公開鍵暗号方式という技術を利用した、セキュリティ基盤のことです。

インターネットには、盗聴、改ざん、なりすまし、否認、不正アクセスなど、さまざまな脅威があります。そのため、インターネットを介しての電子商取引には、危険が伴います。

PKIは、それらの脅威を除去して、セキュアな商取引を行うための社会基盤のことです。共通鍵暗号方式、公開鍵暗号方式、セキュアハッシュ関数、デジタル署名、という技術を使用して、**機密性（守秘性）**、**認証**、**完全性**、**否認防止**のサービスを提供します。

用語解説

**PKI（公開鍵基盤：Public Key Infrastructure）**
公開鍵暗号方式の技術を利用したセキュリティ基盤。

表9-5：PKIが提供するサービス

| 機密性（守秘性） | データを特定の相手だけが読めるようにする。 |
| --- | --- |
| 認証 | 相手が誰であるかを証明する。 |
| 完全性 | データが変更されていないことを証明する。 |
| 否認防止 | 当事者が以前に行った行動を証明し、否認を防ぐ。 |

## 暗号方式《共通暗号方式と公開鍵暗号方式の比較》

暗号とは、当事者以外に読めないようにデータを秘匿することです。そのため一定の法則で、文字などを置き換えます。暗号は、**暗号方式**と、**暗号鍵**とで構成されています。

### 暗号方式（暗号アルゴリズム）

暗号方式とは、文字などを置き換える一定の法則です。暗号方式には、図9-8で示すように、**共通鍵暗号方式**と、**公開鍵暗号方式**に大別することができます。

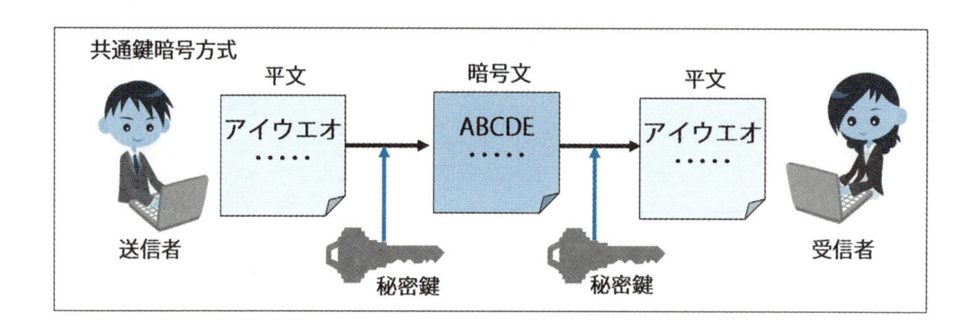


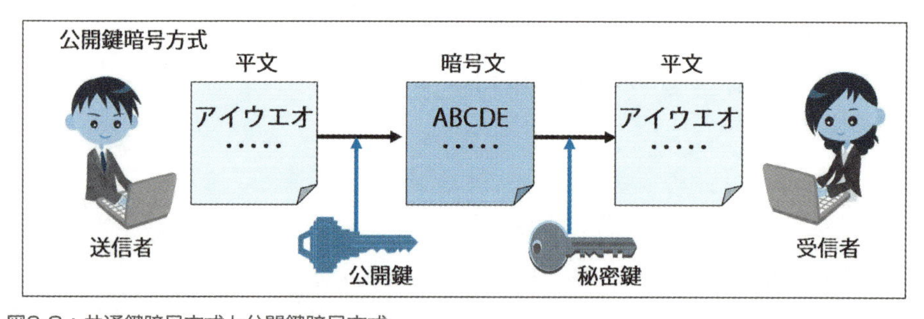


図9-8：共通鍵暗号方式と公開鍵暗号方式

**共通鍵暗号方式**は、通信の両者が対称の鍵（同一鍵）をもつ方法です。送信者は通信するデータを、暗号鍵を使って第三者に解読できない暗号文にして送信します。受信者は、送信者と同じ鍵を使って、元のデータに復号します。共通鍵暗号方式の代表的なものには**DES**があります。

共通鍵暗号方式は、それぞれの鍵を秘密に管理しなければなりません。そのため鍵の管理や受け渡しが重要課題となります。

**公開鍵暗号方式**は、暗号化する鍵と復号化する鍵とが異なる方式です。これらの2つの鍵は、ある数学的な関係を満たすように同時に作られています。一方の鍵で暗号化すると、その同じ鍵では復号することはできず、もう一方の鍵でしか復号することができません。しかも一方の鍵からもう一方の鍵を導くには、膨大な時間と労力を要し、ほとんど不可能です。

そのため鍵の管理や受け渡しが楽になります。復号する鍵を秘密裏に管理しておけば、暗号化する鍵をインターネット上に公開しても盗聴されることがありません。

しかし公開鍵暗号方式は、共通鍵暗号方式より暗号化・復号の処理に時間がかかります。この方式の代表的なものには**RSA**があります。

表9-6に、共通鍵暗号方式と公開鍵暗号方式の比較を示します。

用語解説

**共通鍵暗号方式（Symmetric Cryptography）**
暗号化する鍵と復号する鍵とが同じ暗号方式。

**DES（Data Encryption Standard**
共通暗号方式の1つ。

**公開鍵暗号方式（Public Key Cryptography）**
暗号化する鍵と復号する鍵とが異なる暗号方式。

用語解説

**RSA（Rivest Shamir Adleman）**
公開暗号方式の1つ。

表9-6：共通鍵暗号方式と公開鍵暗号方式の比較

| | 共通鍵暗号方式 | 公開鍵暗号方式 |
|---|---|---|
| 鍵の管理 | 相手が複数の場合、複数の秘密鍵が必要。(困難) | 相手が複数でも、秘密鍵は1つでいい。(容易) |
| 鍵の交換 | 共通鍵を安全に配送するのが難しい。(困難) | 1つの鍵をインターネット上に公開することができる。(容易) |
| 鍵の交換時の危険性 | 盗聴されれば守秘性が保たれない。 | 改ざんにのみ注意する。 |
| 処理時間 | 短い。 | 長い。(共通鍵暗号方式の数百～数千倍) |
| 代表的なアルゴリズム | DES、3DES、IDES、RC4、AES | RSA、DSA、ECC |

### 暗号鍵

暗号鍵は、暗号方式を制御する値のことです。ある法則（方式）に、ある値を当てはめて暗号化し、暗号化したデータに、ある値を使って復号します。したがって暗号方式がわかっても、鍵を秘密にしていれば、暗号化も、復号もできません。

## 公開鍵暗号方式を使った秘匿と認証
**《どちらの鍵で暗号化し、復号化するかで用途が異なる》**

公開鍵暗号方式は、あらかじめ秘密鍵と公開鍵のペアを作成します。一方の鍵で暗号化すると、もう一方の鍵でしか復号することができません。この特性によって、メッセージの秘匿に利用するだけでなく、送信者認証にも利用することができます。公開鍵と秘密鍵のどちらの鍵を暗号に使うかによって用途が変わります。

**メッセージの秘匿**に利用する場合、通信相手の公開鍵で暗号化し、通信相手が所有している秘密鍵だけが復号することができます。この場合、公開鍵を**暗号鍵**、秘密鍵を**復号鍵**と呼びます。

**送信者の正当性を認証**する場合、本人が所有している秘密鍵で暗号化し、相手は公開鍵で復号します。これによって、本人だけが保持し管理している秘密鍵で、暗号化したということを証明することができます。この場合、秘密鍵を**署名鍵**、公開鍵を**検証鍵**と呼びます。この本人だけが所有している鍵で暗号化することを署名といいます。

表9-7に公開鍵暗号方式の用途による鍵の名称を示します。

表9-7：公開鍵暗号方式の用途による鍵の名称

| 用途 | 秘密鍵<br>(Private Key) | 公開鍵<br>(Public Key) |
|---|---|---|
| 秘匿 | 復号鍵 | 暗号鍵 |
| 認証（デジタル署名） | 署名鍵 | 検証鍵 |

## セキュアハッシュ関数
### 《データを圧縮するが元には戻せない》

**セキュアハッシュ関数**の特徴には、表9-8および図9-9で示すように、**固定長ダイジェスト**、**メッセージが異なればダイジェストも異なる**、**一方向性**、**非衝突性**、**なだれ現象**があります。

用語解説

**セキュアハッシュ関数(Secure Hush Function)**
可変長のデータを一定の長さのデータに圧縮する数式。一種の暗号方式だが、通常の暗号方式のような鍵はない。

表9-8：セキュアハッシュ関数の特徴

| | |
|---|---|
| 固定長ダイジェスト | 可変長のメッセージを、セキュアハッシュ関数によって、固定長のビット列にダイジェスト（圧縮）を生成すること。 |
| メッセージが異なればダイジェストも異なる | メッセージが異なれば、セキュアハッシュ関数でダイジェストした値も異なる。 |
| 一方向性 | メッセージからダイジェストを生成するが、その逆、つまりダイジェストから元のメッセージを復元することはできない。 |
| 非衝突性 | 同じダイジェストを出力する複数のデータを見つけるのは困難である。 |
| なだれ現象 | ダイジェストする前の原文のデータが、1ビットの違いであっても、ダイジェストは大幅に違ってくる。すなわち、1ビットの改ざんであっても、発見が容易である。 |

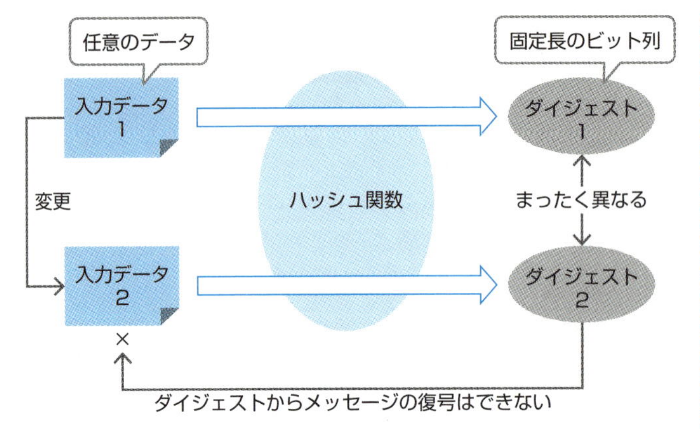


図9-9：セキュアハッシュ関数の概念

主なハッシュ関数には、**MD5**（Message Digest algorithm 5）や**SHA-1**（Secure Hash Algorithm 1）などがありますが、MD5、SHA-1は、ともに脆弱性が報告され、現在ではSHA-2や、SHA-3とも呼ばれている**AHS**（Advanced Hash Standard）へと移行が進んでいます。

## デジタル署名《データと送信者を認証する》

**デジタル署名**は、メッセージをセキュアハッシュ関数で生成したメッセージダイジェスト（ハッシュ値）から作成します。メッセージダイジェストを秘密鍵で暗号化したものをデジタル署名といいます。

デジタル署名によって、送信者の認証と、メッセージの正当性を同時に実現することができます。

デジタル署名での認証手順を、図9-10で示します。

①送信者：Aは、作成したメッセージからハッシュ関数でメッセージダイジェスト（ハッシュ値）を生成します。
②メッセージダイジェストを、送信者：Aの秘密鍵で暗号化しデジタル署名を生成します。
③生成したデジタル署名とメッセージとを一緒に、受信者：

**デジタル署名（Digital Signature）**
メッセージと送信者の正当性を認証するための付加情報。

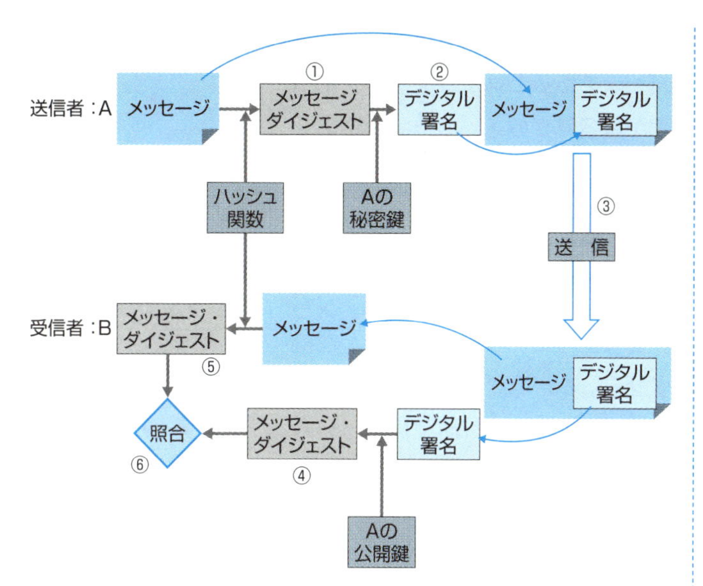


図9-10：デジタル署名の手順

Bへ送信します。

④受信者：Bは、受信したデータの中からデジタル署名を取り出し、送信者：Aの公開鍵で復号します。

⑤同時に、受信したデータのメッセージ部から、ハッシュ関数でメッセージダイジェストを生成します。

⑥受信者：Bは、自分が生成したメッセージダイジェストと、送信者：Aの公開鍵で復号したメッセージダイジェストを照合します。

照合が一致すれば、メッセージの作成者は秘密鍵を所持している送信者：A本人であることがわかり、同時にメッセージが途中で改ざんされていないことも証明されます。

## デジタル証明書《公開鍵の正当性を保証する》

デジタル署名で、メッセージの正当性と、送信者の正当性を確かめることができます。しかし、デジタル署名を検証する公開鍵の正当性を保証するものではありません。

すなわち、メッセージに記載している送信者名と、公開鍵を公開している人とが、同一人であるとは限りません。取引相手になりすました攻撃者が署名付きのメッセージを送信してきたとき、受信側はなりすましを疑うことができません。

また署名の復号に使用した公開鍵を使って、メッセージを暗号化し返信すれば、なりすました攻撃者だけが復号することができます。なぜなら、正当な取引相手になりすました攻撃者の公開鍵だからです。このように、なりすましの公開鍵を検証する手立てがありません。

**デジタル証明書（電子証明書）**は、CA（認証局）という第三者が公開鍵の正当性を保証した証明書です。

**デジタル証明書 (Digital Certificate)**
公開鍵の正当性を保証した証明書。電子証明書（Electronic Certificate）ともいう。

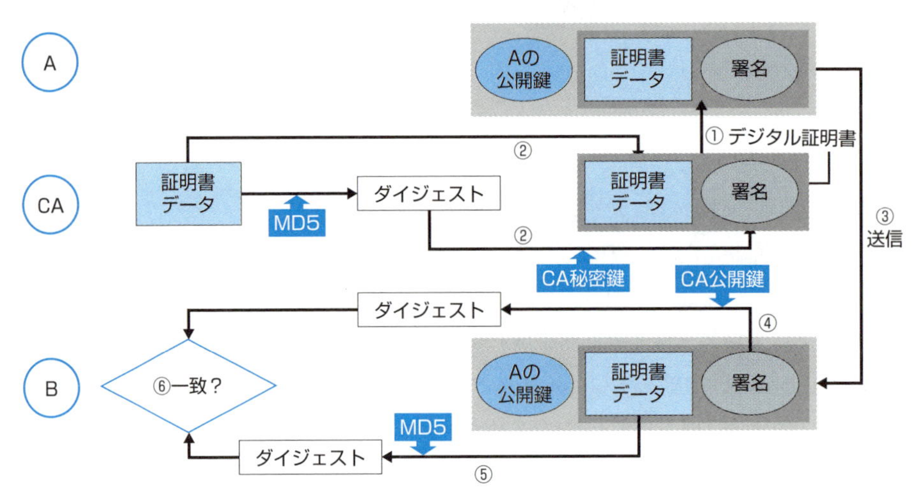


図9-11：デジタル証明書（電子証明書）

図9-11の例では、まずAは、公開鍵と秘密鍵の1対を生成します。

①CA（認証局）に、生成した公開鍵の正当性を保証するデジタル証明書を発行してもらいます。
②CAが発行するデジタル証明書には、証明書のシリアル番号、認証局の識別名、証明書の有効期限などの証明書デー

タと、それらの証明書データをMD5で圧縮し、そのダイジェストをCAの秘密鍵で暗号化したCAのデジタル署名が施されています。

③取引先であるBは、Aからデジタル証明書とAの公開鍵を送信してもらいます。

④Bは、証明書を発行したCAの公開鍵を入手し、CAの秘密鍵で暗号化したデジタル署名を復号しダイジェストに戻します。

⑤同時に、Aから送信された証明書データをMD5で圧縮し、ダイジェストを作成します。

⑥前述した④で復号したダイジェストと⑤で作成したダイジェストを照合します。一致すれば、デジタル証明書が正しいこと、すなわち相手Aの公開鍵であるという正当性を認証することができます。

## PKIの構成要素《認証局、登録局、リポジトリ、アーカイブ、X509証明書》

**PKI**は、**認証局**、**登録局**、**リポジトリ**、**アーカイブ**、**X.509証明書**、などで構成されます。

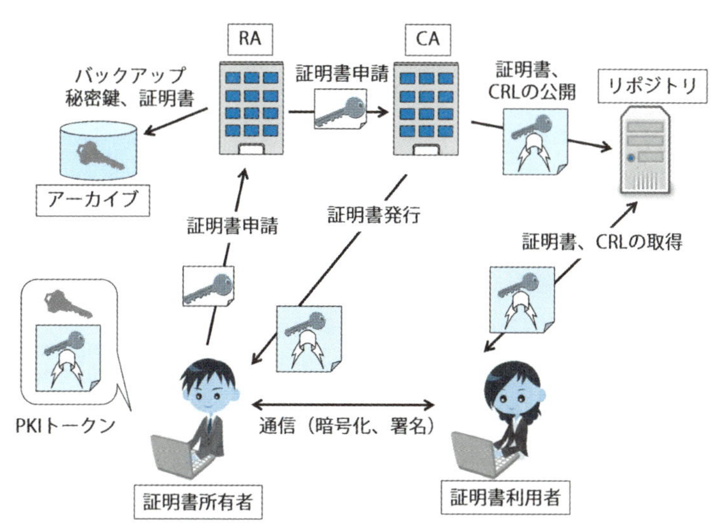


図9-12：PKIの構成要素

### 認証局（CA）

**認証局**は、公開鍵の正当性を保証するデジタル証明書を発行します。ユーザ（証明書所有者）が、証明書の発行を依頼すると、**登録局**による身元の審査が行われ、審査に合格すれば、CAは証明書の所有者に証明書を発行します。

発行した証明書の信頼性が失われた場合、証明書を失効させ、**証明書失効リスト（CRL）**を発行します。また証明書の利用者が取得できるように証明書とCRLをリポジトリに公開します。

**認証局**
**（CA：Certification Authority）**
デジタル証明書を発行する機関。

**証明書失効リスト**
**（CRL：Certificate Revocation List）**
有効期限が切れるなど何らかの要因で失効した証明書のリスト。

**登録局**
**（RA：Registration Authority）**
証明書の申請を受け付ける機関。

### 登録局（RA）

**登録局**は、PKIユーザからの証明書申請が発生したとき、本人性の確認をし、CAに対して証明書の発行や失効を要求します。

### リポジトリ

**リポジトリ**は、証明書や証明書失効リストを格納し、PKIユーザに公開します。

### アーカイブ

**アーカイブ**は、証明書の長期保存や、秘密鍵のバックアップを行います。

### X.509証明書

X.509証明書とは、**ITU-T**が策定したデジタル証明書の規格です。この証明書には、証明書のシリアル番号、認証局の識別名、証明書の有効期限などの証明書データと、その証明書データをセキュアハッシュ関数でダイジェストしたものをCAの秘密鍵で暗号化したCAの署名などで構成されます。

用語解説

**ITU-T**
**（International Telecommunication Union Telecommunication Standardization Sector）**
国際電気通信連合の電気通信標準化部門。

## セキュリティプロトコル
### 《インターネットで使用するセキュリティプロトコル》

インターネット（IPネットワーク）で使用する主なセキュリティプロトコルには、**L2TP**、**IPsec**、**TLS/SSL**、**S/MIME**、**PGP**、**SSH**などがあります。

表9-9：レイヤ別の主なセキュリティプロトコル

| レイヤ | プロトコル |
|---|---|
| 7 | S/MIME（Secure Multipurpose Internet Mail Extensions） |
|  | PGP（Pretty Good Privacy） |
|  | SSH（Secure Shell） |
| 4 | TLS/SSL（Transport Layer Security/Secure Sockets Layer） |
| 3 | IPsec（Security Architecture for Internet Protocol） |
| 2 | L2TP（Layer 2 Tunneling Protocol） |

### L2TP

L2TPは、リモートVPNのトンネリングプロトコルとして使用します。暗号には対応していません。

### IPsec

IPsecは、インターネットVPNのトンネリングプロトコルとして使用します。認証機能の**AH**と、認証と暗号の両方の機能をもつ**ESP**とがあります。

### TLS/SSL

TLS/SSLは、認証および暗号化を行い、クライアントとサーバ間の安全な通信環境を提供します。

### S/MIME

S/MIMEは、セキュアな電子メールのプロトコルです。デジタル証明書を利用し、電子メールの盗聴や改ざんの防止、および否認対策などに使用します。

### PGP

PGPは、S/MIMEと同様の仕組みをもつ電子メールセキュリティプロトコルです。S/MIMEでのデジタル証明書は、CAが発行したものですが、PGPは、CAでなく、信頼できる第三者による正当性の保証です。

### SSH

SSHは、リモートサーバに対し、安全にログインしたり、コマンドを実行したり、ファイルを転送したりするプロトコルです。FTPや**POP3**など暗号化機能を備えてないプロトコルを、クライアントとサーバ間で、暗号通信するプロトコルとして使用します。

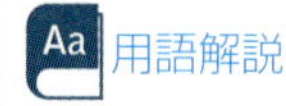
用語解説

**POP3（Post Office Protocol Version 3：メール配信プロトコル）**
メールをメールボックスから取り出すプロトコル。

SSHの暗号通信では、データの暗号化・復号には、高速に処理する共通鍵暗号方式を使用しますが、その共通鍵暗号方式の鍵を、公開鍵暗号方式で暗号化し、安全に鍵交換をします。

また、認証についても、パスワード認証、公開鍵認証、ワンタイムパスワードなどを提供します。

## TLS/SSLとSSL-VPN
**《ネットショッピングをHTTPSで決済する》**

**SSL**は、Netscape Communications社が開発しましたが、これをベースにして**IETF**で標準化したものが**TLS**です。そのため、**TLS/SSL**と表記することが多くあります。

用語解説

**IETF（Internet Engineering Task Force）**
インターネットでの技術を標準化する組織。

TLS/SSLは、トランスポート層のセキュリティプロトコルで、**デジタル証明書**を使用し、クライアント、およびサーバの認証、データの暗号化、メッセージ検証などの機能をもち、クライアントとサーバ間の安全な通信環境を提供します。TLS/SSLは、上位のアプリケーション・プロトコルと独立しているため、HTTPだけでなくFTPや**Telnet**などの通信にも使用することができます。

用語解説

**Telnet（Teletype network）**
端末を遠隔操作するプロトコル。

TLS/SSLは、Webアプリケーションの中にSSLモジュールを組み込み、TCPのデータ部を暗号化し、Webアクセスのセキュリティに使用します。TLS/SSLは、**HTTPS**としてWWWブラウザに標準で実装されています。そのため、インターネットショッピングなどWebサーバとの通信で頻繁に使用されます。

TLS/SSLの動作手順は、図9-13で示します。

**HTTPS (Hyper Text Transfer Protocol Secure)**
セキュアなHTTP。

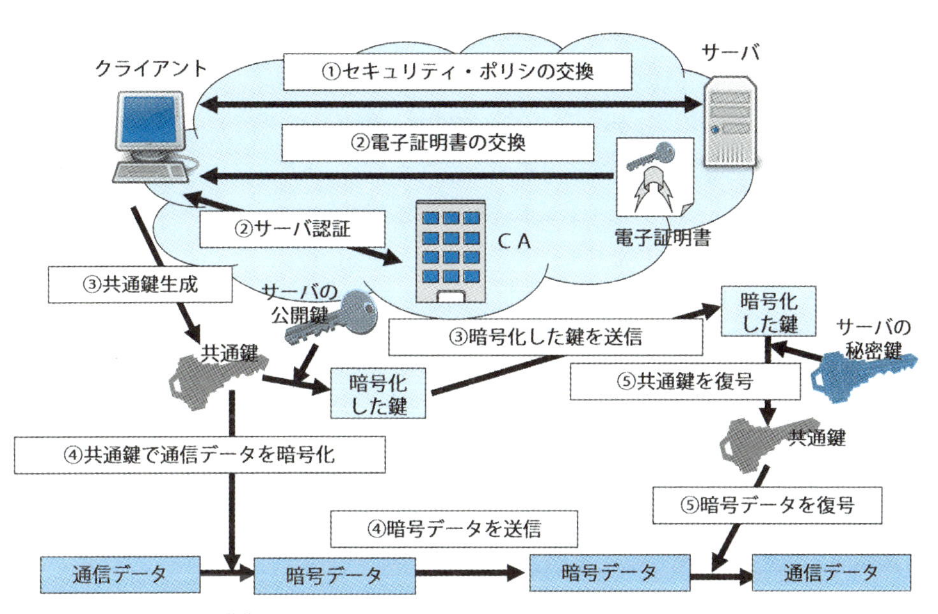

図9-13：TLS/SSLの動作

①サーバとクライアント間で、暗号化方式を選択するなどのセキュリティポリシを交換します。
②電子証明書（デジタル証明書）を交換して、相手を認証します。サーバによるクライアントの認証はオプションです。
③クライアントは、データ通信をするための共通鍵暗号方式の暗号鍵を生成します。その鍵を、電子証明書に格納されている公開鍵で暗号化し、サーバに送信します。
④クライアントは生成した鍵を使用してデータを暗号化し、サーバに送信します。
⑤サーバはクライアントから送られた暗号化された共通鍵を、

サーバの秘密鍵で復号します。そして復号した鍵を使用して暗号化されたデータを復号します。

インターネットを介した**VPN**（インターネットVPN）で使用するプロトコルには、IPsecやL2TPなどがあります。これらのプロトコルを利用して、インターネットを介したリモートアクセスを行う場合、リモート端末に専用のソフトをインストールする必要があります。

しかしTLS/SSLは、WWWブラウザに標準で実装されているため、使用するアプリケーションがHTTPSの場合には、ブラウザのみで使用が可能です。リモートのクライアントに特別な装置やソフトウェアをインストールする必要がないため、インターネットを介したリモートアクセスも容易に行うことができます。図9-14に、SSL-VPNの概念を示します。

参照

**VPN（Virtual Private Network）**

第4章を参照。

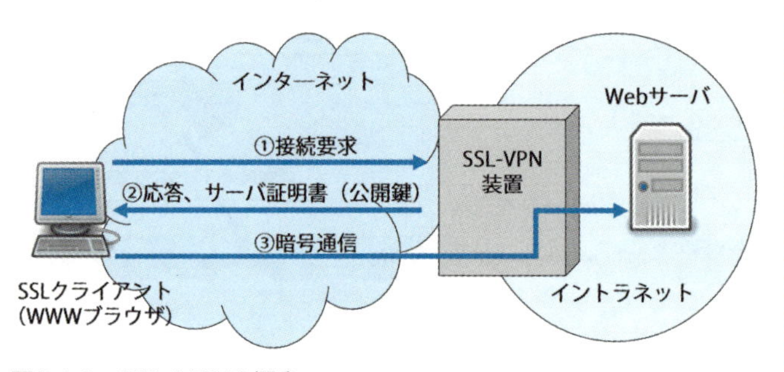


図9-14：SSL-VPNの概念

①リモートの端末は、インターネットを経由してイントラネットのSSL-VPN装置に、イントラネットのWebサーバへの接続を要求します。
②SSL-VPN装置は、リモート端末へサーバ証明書を送付します。
③リモート端末は、生成した共通鍵をサーバ証明書の中の公開鍵で暗号化してSSL-VPN装置へ送信します。
④リモート端末は、生成した共通鍵を使用して暗号通信を行

います。SSL-VPN装置は暗号化・復号を行い、リモート端末とWebサーバの中継を行います。

## トンネリング
**《パケットを他のパケットの中にカプセル化して中身を覆い隠す》**

トンネリングとは、データパケットを、別のパケットの中に格納（カプセリング）して転送することです。カプセル化することにより、本来のデータパケットを覆い隠します。

インターネット上では、本来のデータパケットを覆い隠したまま、表面のパケット（カプセル部）のヘッダ情報を元に転送します。まるでインターネットにトンネルを掘って、本来のデータパケットがトンネル内をすり抜けるかのようです。そのためトンネリング、またはカプセリングともいいます。

パケット全体を暗号化すると、表面のヘッダも暗号化されるため、通信することはできませんが、ヘッダ部を含めた本来のデータパケットを暗号化してカプセル化すれば、秘匿したセキュアな通信が可能になります。こうして、さまざまな脅威が存在するインターネット通信を、セキュアに行うことができます。

インターネットをトンネリングするのに使用する、主なプロトコルに、**L2TP**、IPsecがあります。

### L2TP

L2TPは、レイヤ2レベルでトンネリングを行い、リモートVPNに利用します。L2TPは、L2TPヘッダでダイヤルアップのPPPフレームを**カプセル化**し、それをUDPでカプセル化し、IPヘッダを付加し、インターネット上をトンネリングします。

L2TPは、IPだけでなく、マルチプロトコルにも対応し、またデータ圧縮や暗号化の機能を使用することができます。

L2TP－VPNの通信手順は、図9-15で示します。

**L2TP（Layer2 Tunneling Protocol）のカプセル化**

付録を参照。

①リモートのダイヤルアップユーザは、公衆網を通じてISPのアクセスポイントにダイヤルアップし、PPP通信を行います。

②ISPの**LAC**は、ダイヤルアップユーザからのPPPフレームを受信すると、イントラネット側の**LNS**とセッションを確立しトンネルを形成します。

③LACは、ダイヤルアップユーザとイントラネット側のLNSとをサポートして、PPP制御データを伝送します。

④ダイヤルアップユーザは、イントラネット側と認証が終わると、データを伝送します。LACはダイヤルアップユーザのPPPフレームに、L2TPヘッダを付け、さらにUDPヘッダとIPヘッダ（IPアドレスの送信元はLAC、宛先はLNS）を付けることでPPPフレームをカプセリングし、L2TPトンネル上に伝送します。

⑤LNSはトンネル内を伝送されたデータのヘッダを取り除き、イーサネットヘッダに付け換えて、目的の端末に転送させます。

**LAC（L2TP Access Concentrator）**
L2TPトンネルを開始する側の装置。

**LNS（L2TP Network Server）**
L2TPトンネルの開始を受ける側の装置。

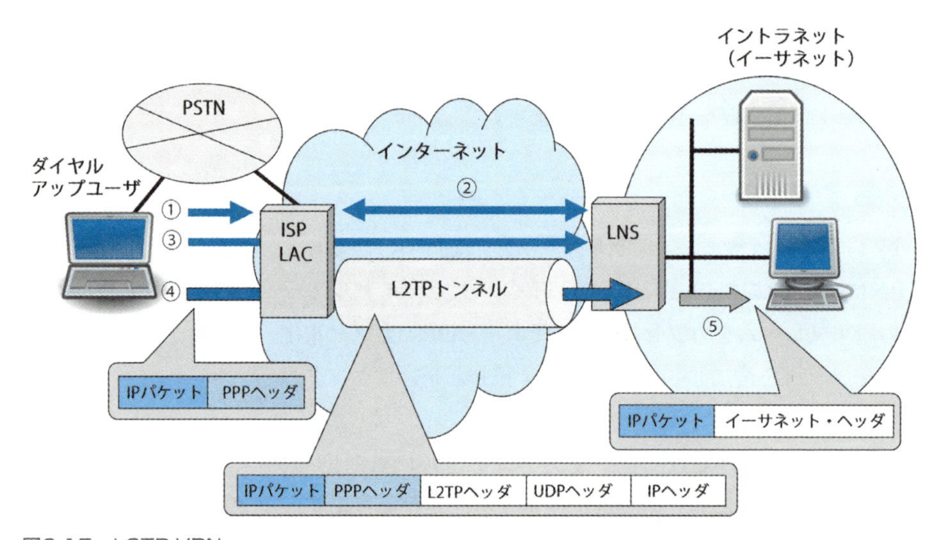


図9-15：L2TP-VPN

## SAとSPI《片方向ごとに鍵が違う》

IPsecでは、通信の端末ごとに、**MD5**や**SHA-1**などの認証のアルゴリズムや、**DES**や**AES**などの共通鍵暗号方式のアルゴリズム、そして、暗号方式で使用する鍵を決定します。**SA**とは、通信相手ごとの論理的な通信路のことをいいます。SAは、片方向の通信ごとに（宛先IPアドレスごとに）独立して設定します。すなわち双方向の通信には、2つのSAが必要となります。

複数のSAはデータベースに登録され、それぞれの認証アルゴリズムや暗号アルゴリズムのパラメータに、**SPI**という識別子を付けます。図9-16のように、IPsecパケットにSPIを埋め込み送信します。受信側はパケットのSPIを見て、SAデータベースからパラメータを選択し、指定されたIPsec処理を行います。

**SA（Security Association）**
IPsecでの通信相手との関係性（通信路）。

**SPI（Security Parameters Index）**
SAの識別子

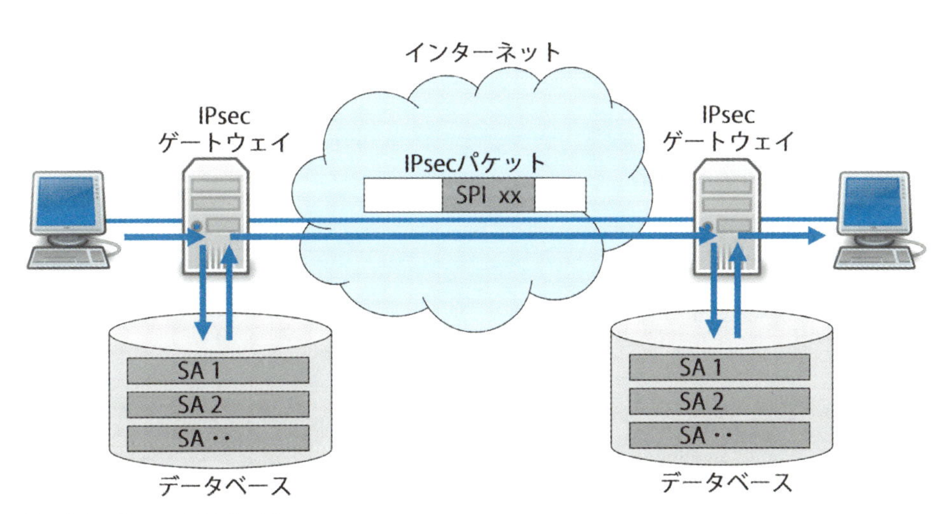


図9-16：IPsecのSAとSPI

## IPsecの通信モード
### 《トランスポートモードとトンネルモード》

IPsec-VPNとは、IPsecのトンネルモードを利用したVPNのことです。第4章で紹介したインターネットVPNと同様の動作をします。これにより、セキュアなインターネット通信を可能にし、またプライベートアドレスのまま、インターネットを意識せずに、イントラネット通信が可能になります。

IPsecの通信モードには、図9-17のように、**トランスポートモード**と、**トンネルモード**があります。

#### トランスポートモード

トランスポートモードは、IPsecに対応したホスト同士が通信を行うときに使用するモードです。元のIPパケットをIPsec処理し伝送します。すなわちIPヘッダはそのままにしておき、TCP/UDPのデータをIPsec処理します。

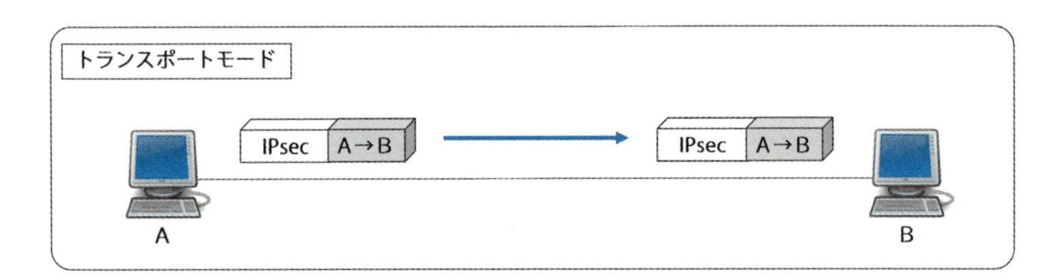


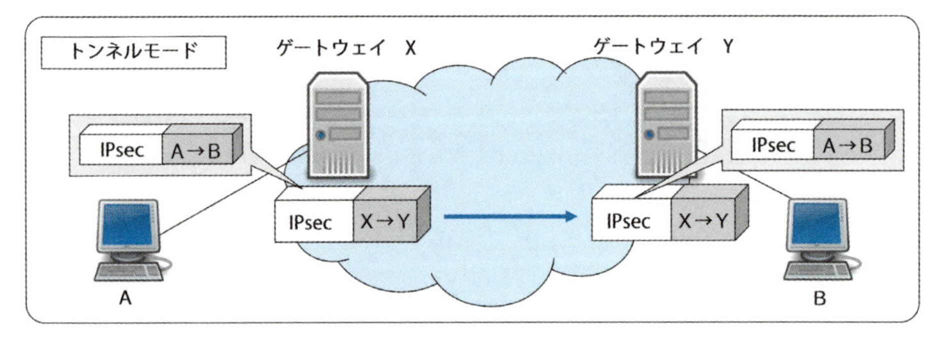


図9-17：トランスポートモードとトンネルモード

### トンネルモード

トンネルモードは、IPsecゲートウェイ（VPNゲートウェイ）による拠点間接続など、VPN通信などに使用するモードです。

イントラネット上の端末が送出したIPパケットを、IPsecゲートウェイがIPsec処理を施して、インターネット上へ伝送します。元のIPパケット全体をIPsec処理し、IPsecのヘッダを付加し、それに新しいIPアドレスを付けたIPパケットにします。

すなわちIPsecパケットをカプセル化して送信します。これにより認証や暗号機能をもたない端末でも、ゲートウェイに認証や暗号化を依頼して通信することができます。新しいアドレスにはIPsecゲートウェイのアドレスを付け、ゲートウェイ間の通信として扱われます。

## IPsecのプロトコル
《データの認証するAHと暗号化するESP》

IPsecのプロトコルには、**AH**と**ESP**があります。

### AH（Authentication Header：認証ヘッダ）

AHはデータの認証機能を行います。AHでの通信の手順は、次の通りです。

**AHのヘッダフォーマット**
付録を参照。

- 送信側は、IPヘッダ以降のデータを、SAで指定された認証アルゴリズムでハッシュ値を求め、認証データフィールドに格納する
- AHヘッダのSPIフィールドに、SAを指定するSPI値を入れ、相手に送信する
- 受信側は、パケットを受け取ると、送信側と同じようにパケットのデータ部分のハッシュ値を求め、認証データと比較する。これによって、データの完全性の検証を可能にする

図9-18に、トランスポートモードとトンネルモードでのAHの認証範囲を示します。AHはIPヘッダのすべてを認証します。

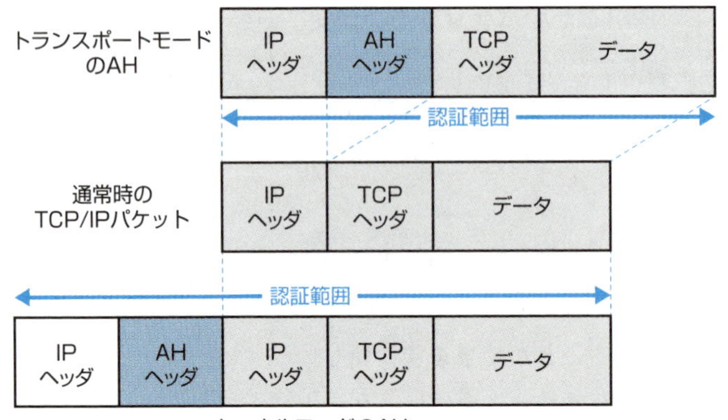


図9-18：トランスポートモードとトンネルモードのAH

### ESP（Encapsulating Security Payload）

ESPは暗号化機能と認証機能を実現します。AHは認証機能のみで、暗号化は行いません。したがってAHだけではデータの盗聴に対しての防御をすることはできません。ESPは暗号化機能と認証機能を実現します。

ESPの暗号化の方法は共通鍵方式です。暗号化アルゴリズムおよび鍵はSAごとに取り決め、登録されます。指定された暗号アルゴリズムと共通鍵を使用して、TCP/UDPヘッダ、ユーザデータ、およびESPトレーラフィールドを暗号化し、ペイロードデータフィールドに格納します。そしてパディングフィールドで、ペイロードのデータ長を32ビットの倍数にします。

ESPでは暗号化機能に加えて、認証機能も実現します。これはAHとESPの両方を使用しなくても済むようにするためです。しかしESPとAHの認証範囲は、同じではありません。AHの認証範囲はIPヘッダから、ペイロード（ユーザデータ）までのIPパケット全体を認証します。ESPの認証範囲は、

参照

**EPSのヘッダフォーマット**

付録を参照。

ESPヘッダからESPトレーラまでの、IPデータの部分だけを認証します。動作はAHと同じでSAで指定された認証アルゴリズムでハッシュ値を演算し、認証データフィールドに格納します。

上記のパケットを受信した受信側は、SPIで指定されたアルゴリズムと鍵を使用して、認証およびデータの復元を行います。

図9-19に、トランスポートモードとトンネルモードでのESPの認証範囲を示します。トランスポートモードでのESPの場合、データは暗号化しますが、IPアドレスは暗号化しません。トンネルモードの場合、データだけでなく元のアドレスも暗号化します。

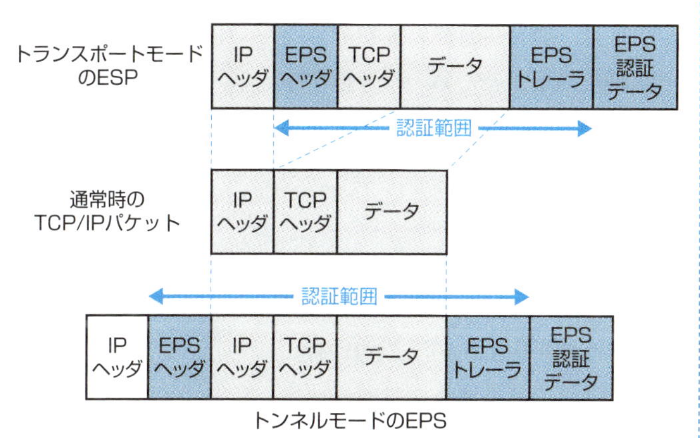


図9-19：トランスポートモードとトンネルモードのESP

## IKE《2段階の暗号通信で共通鍵を安全に交換する》

IPsecでは、共通鍵暗号方式を使用します。そのため事前に、送信側と受信側が、同じ鍵（共通鍵）の受け渡しをする必要があります。IKEは、その鍵交換プロトコルです。

IKEは、図9-20のように、**フェーズ1**と、**フェーズ2**という2つの段階を経て安全な鍵交換を行います。

用語解説

**IKE（Internet Key Exchange：鍵交換プロトコル）**

IPsec通信をする前に、安全に鍵を交換するプロトコル。

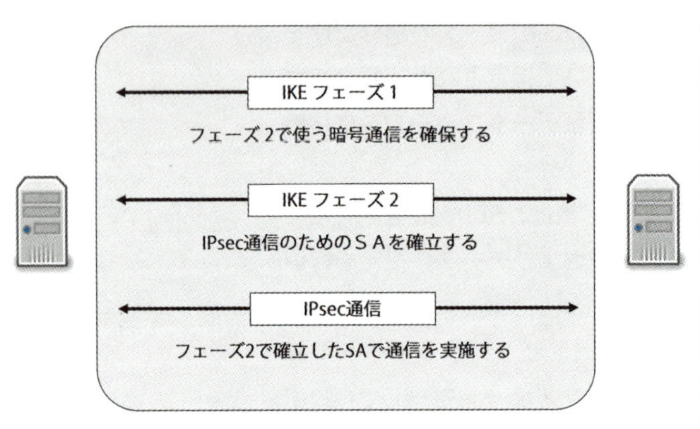


図9-20：IKE

### フェーズ1

フェーズ1では、**ISAKMP**トンネルを確立します。実際の通信を行うIPsec通信を行う前に、鍵（共通鍵）を安全に交換することが必要です。その鍵交換をするための暗号通信を行うトンネルがISAKMPトンネルです。パラメータを交換し、暗号通信を確保します。

### フェーズ2

フェーズ2では、IPsecトンネルを確立します。フェーズ1で、鍵を安全に受け渡しするためのトンネルが形成されると、今度は実際に、IPsec通信で使用する鍵交換の作業を行います。つまりISAKMPトンネルの保護の下で、IPsec通信ためのパラメータを交換します。

フェーズ2で、安全に鍵交換をした後、その鍵を使用して実際のIPsec通信を行う。

用語解説

**ISAKMP (Internet Security Association and Key Management Protocol)**

IKEでの制御情報を安全に通信するためのプロトコル。

# 3 ネットワーク管理

この章の1では、セキュリティの観点から、特に外部・内部からのネットワーク犯罪による、情報資産の**機密性**、**完全性**、**可用性**、いわゆるCIAへの脅威について紹介しました。しかし、ネットワークを長年運用していると、予期もしない事象が往々にして起こることがあります。それによって、情報資産が脅威にさらされます。

今日の企業活動には、ネットワークは不可欠ですが、そのネットワークは、接続端末の増大や多様化によって、トラフィックが急増し、組織やポリシの変化によって、ネットワークトポロジの頻繁な変化します。そうした中で、予期しないパフォーマンスの低下や、ときには機能停止など、可用性を損なう事象が起こります。

ネットワーク管理の主な目的は、次の通りです。

- ネットワークの現状を正確に把握する
- ネットワーク資源の利用状況を把握する
- ネットワークシステムを快適に効率的に利用できるようにする
- ネットワークトラブルの予兆をいち早く検知し未然に防止する
- ネットワークシステムの性能低下よるパフォーマンス低下を防ぐ
- ネットワークトラブルの発生を少なくする
- ネットワークダウンによる経済的損失を軽減する
- ネットワークトラブル時の修復に要する時間と費用を軽減する
- ネットワークトポロジの変化やシステム増設などに素早く対応する
- 情報資産を物理的脅威やシステム脅威から防御する

## ネットワーク管理項目《ISOが定義したFCAPS》

ISO（国際標準化機構）が定義したOSIのネットワーク管理項目のモデルがあります。それは、**障害管理(Fault Management)**、**構成管理（Configuration Management)**、**課金管理(Accounting Management)**、**性能管理（Performance Management)**、**機密管理（Security Management)**の5項目です。この英語の頭文字を取って**FCAPS**ともいいます。5つの項目は、図9-21で示すように、個々に独立しているのではなく、互いに関連し、そして補完し合います。

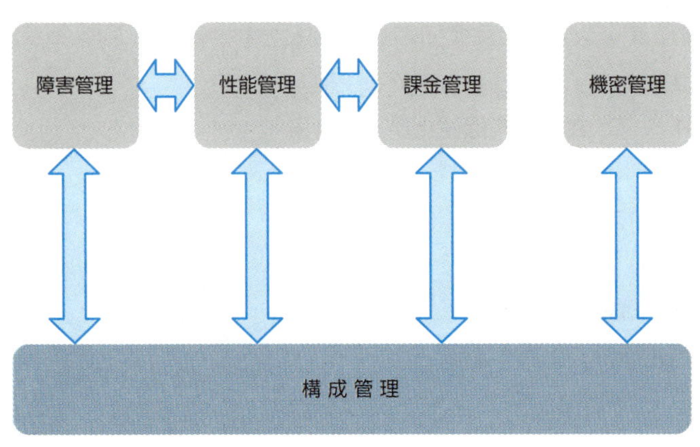


図9-21：ネットワーク管理の5項目

### 障害管理（Fault Management)

障害管理業務は次の通りです。

- **トラブルの未然防止**：性能管理と連携して、トラブルの予兆を検知し、未然防止する
- **トラブルシューティング**：ネットワークトラブル時に障害箇所を特定し、復旧作業を素早く適切に処置し、被害を最小限にとどめる
- **事後処理**：適切な事後処理を行い、トラブルの再発を防止し、恒久的な対策を施す

### 構成管理（Configuration Management）

構成管理とは、どこにどんな機器が配置され、どこと接続しているか、ネットワークの現況を把握することです。ネットワークシステムは導入から月日を経ると、増設、撤廃、移動など、変更が頻繁に加えられています。変更の履歴を管理し、現在の構成要素や接続関係の情報を正確に管理することは重要です。

ネットワーク構成を正確に把握することは、トラブル時の箇所の特定や、問題の切り分けに欠かせません。ネットワーク性能管理と連携して、ボトルネックなどの問題点の把握や、それによるネットワーク構成の見直しにも欠かせません。またネットワークリソースの使用状況や、機密（セキュリティ）の保持が必要なリソースを把握することなど、セキュリティ構築にも、構成管理は欠かせません。このように構成管理は、ネットワーク運用管理の要です。

### 課金管理（Accounting Management）

課金管理とは、ネットワークリソースの使用状況を把握することです。課金対象のリソースは、ハードウェア、ソフトウェア、そして人件費なども含まれます。回線、サーバのCPUやメモリ、プリンタなどの共有デバイスなどの使用量や使用率、ディスクドライブのアクセス数やディスクドライブの保存量、アプリケーションやデータベースの使用率など、ネットワークリソースの使用状況を、利用者ごと、部署ごとに、測定します。

課金管理の使用情報を収集することで、適切で公平なリソースの割り当て、システム運用コスト、導入コストの配分が可能になります。

### 性能管理（Performance Management）

性能管理は、ネットワークシステムの性能を、一定レベルに維持することが目的です。性能管理の業務は、トラフィック量、レスポンスタイムなどの性能情報を定期的に収集します。通常時の性能レベル（ベースライン）を定義し、これを越えると異常だとするしきい値を設定します。収集した情報を分析し、ベールラインやしきい値と比較して、正常かどうか判断し、また問題点をチェックします。

性能管理業務と障害管理業務は、図9-22で示すように、トレードオフの関係にあります。性能管理は定期的な業務で、障害管理は緊急業務です。定期的な業務は、人的にも時間的にも日常的費用もかかります。

しかし、この業務を綿密に行えば、障害を未然に防止することができ、緊急業務の発生率が下がり、また障害管理の作業は軽減されます。しかし、定期的な業務をおろそかにすると、緊急業務の発生率は上がり、障害の復旧にも多くの時間がかかり、回復費用も増大し、システムダウンによる経済的損失も増大します。

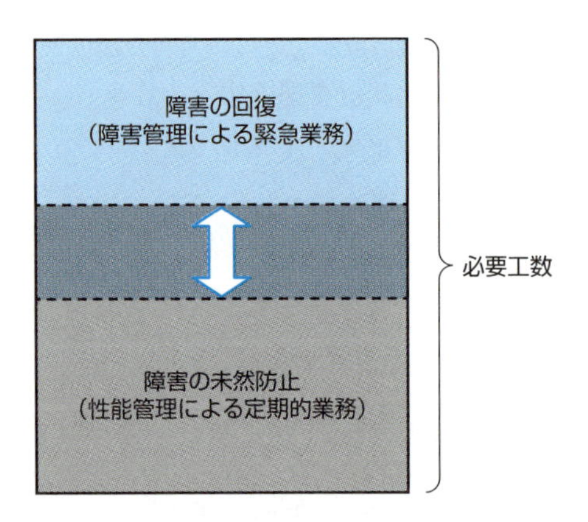


図9-22：性能管理と障害管理の関係

### 機密管理（Security Management）

**機密管理**とは、ネットワーク上のセキュリティを確保することです。機密管理は、セキュリティポリシを運用し、セキュリティ対策を監査、見直しをすることです。

セキュリティポリシは、経営トップが宣言した基本方針に基づき、保護すべき情報資産を調査し、明確にします。次に、情報資産のリスクを調査、分析し、リスク評価、リスク対策を決定します。そして、それらの運用手順などを文書化することです。

機密管理の業務は、セキュリティポリシに基づき、情報資産への盗聴、改ざん、なりすまし、否認、不正アクセス、などのさまざまな脅威からの安全保護を行います。また、建物や設備などの**物理的対策**、パスワードやアカウント管理などの**ユーザ管理**や、システムの二重化やデータのバックアップなどの**可用性管理**や、ファイアウォールや、暗号化などの**技術的対策**、教育、啓蒙活動、**人的対策**を施します。そして、セキュリティ対策を監査し、問題点を分析して、見直しを行います。

## 構成管理《構成管理はネットワーク運用管理の基本》

構成管理を大きく分けると、構成管理と機器管理があります。そのための資料（ドキュメント）には、表9-10に示すように、**物理構成図**、**論理構成図**、**機器リスト**があります。

表9-10：ネットワーク構成管理の資料

| 管理分類 | 管理資料 | 内容 |
| --- | --- | --- |
| 構成管理 | 物理構成図 | 物理トポロジ |
|  | 論理構成図 | 論理トポロジ |
| 機器管理 | 機器リスト | 属性情報<br>設定情報 |

### 物理構成図

物理構成図は、ネットワークを構成している機器、伝送路、回線などが、具体的にどこにどのように接続しているかを表した図です。あらゆる情報を1枚の図に記載することは、作成するのも、また利用するのも、効率が悪くなります。そのため規模に応じて、全体規模（マクロ）から詳細（マクロ）

まで、数種類を用意します。

拠点間や、インターネットへは、どんな回線で繋がっているかなど企業ネットワークの全体像を概略的に表した図が、マクロに該当します。建物単位の構成図では、DMZに配置しているサーバの種類、配線ルート、社内部門のサーバの種類、配線ルート、主要機器の機器名、型名などを記載します。

フロア別の構成図では、ケーブルの種類、距離、配線環境などが把握できる図です。ミクロ図では、ネットワーク機器を収容したラックの詳細図です。この図は、中継機器のどのポートにどの機器が接続しているかなど物理的なインタフェースを含めた図です。

### 論理構成図

論理構成図は、論理的な接続状況を表す図です。VLANやクラウドなど仮想的なトポロジが一般的になっている現状では、物理構成図だけでは、正確な接続情報を把握することができません。

論理構成図には、ネットワークセグメント、IPアドレス、サブネットマスク、サーバ名（役割名）などを記載し、接続関係を表します。場合には、プロトコル単位（例えばHTTP）のエンドシステム間の通信パス構成を表す図も必要となります。

ネットワーク構成図は、具体的な物理構成図より、論理構成図を先に作図します。論理構成図は、ネットワークの論理的な整合性を表すため、関係性が明確になります。論理構成図、物理構成図の作図は、**トップダウンアプローチ**が有効です。トップダウンアプローチとは、マクロからミクロへ、バックボーンネットワークの構成図から細部の構成図へと作成していくことです。

ネットワーク構成図は、トポロジの変更のたびにメンテナンスを行い、常に最新のものを管理する必要があります。そのため、簡単に修正できるということが重要です。ネットワーク構成図を作図するとき、**作図ツール**を使用すると、ネットワーク構成図を効率的に作図し、また機動的にメンテナンスすることができます。また、ネットワーク構成図と、機器リストがリンクし、構成管理業務の大きな支援となります。

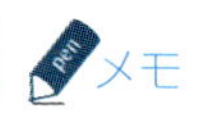


**作図ツール**
マイクロソフト社のVisioや、Edrawソフトウェア社のEdraw Maxなどがある。

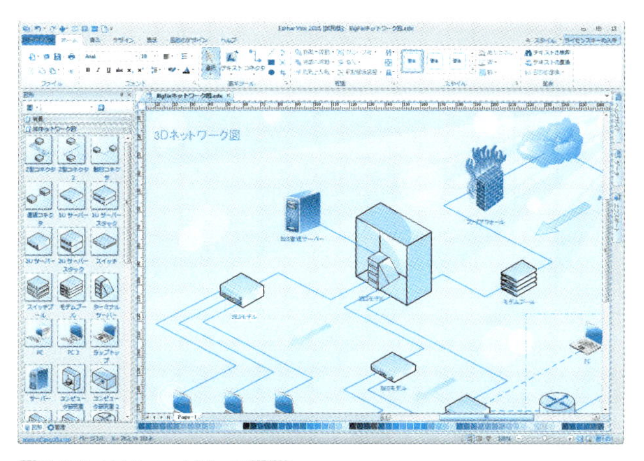


図9-23：Edraw MAxの画面

### 機器リスト

**機器リスト**は、ネットワーク構成要素の属性情報や設定情報を管理するドキュメントです。

機器リストには、サーバやクライアントの次のような詳細を記載します。設置場所、登録日、管理担当部署、機器名、機種名、IPアドレス、MACアドレス、OSの種別とバージョン、ソフトウェア種別とバージョン、CPU、メモリなどネットワーク性能に大きく影響を及ぼす可能性のある情報です。また主要なネットワーク機器については、設定情報などを記載します。

## 性能管理《ネットワークの性能を維持する》

**性能管理**は、ネットワーク性能情報を監視し、定義したベースラインのレベルと比較します。設定した危険レベルと、許容レベルとのしきい値とを照合し、もししきい値を超えると警報（アラート）を通知して、対応します。

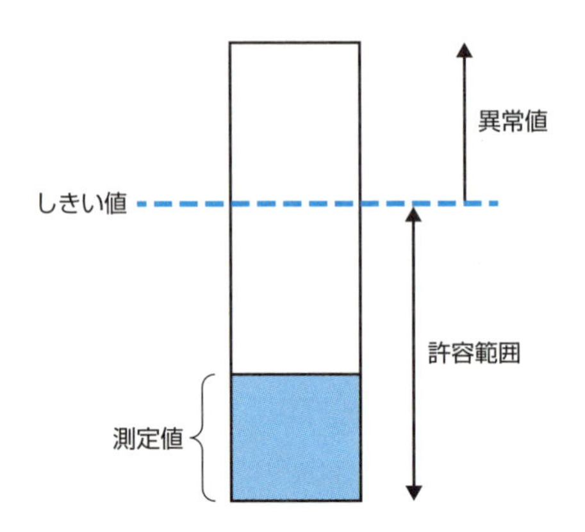


図9-24：性能管理しきい値レベル

監視するのは、**セグメント別**、**サーバ・クライアント別**、**プロトコル別**の性能情報です。これらの情報は、OSが備えている管理ツール、ネットワークコマンド、LANアナライザなどで監視、または収集することができます。

表9-11：監視する性能情報

| | 監視する性能情報 |
|---|---|
| セグメント別 | セグメント別のトラフィック量、ピーク時間、*ピーク時の伝送路使用率、ピーク時のフレーム数、平均フレームサイズなど。<br>*ピーク時の伝送路使用率：帯域共有タイプ（CSMA/CD方式）LANでは、目安の許容範囲は30%、全二重のLANでは70%とされている。 |
| サーバ・クライアント別 | サーバ別、クライアント別のトラフィック量、送受信パケット数・バイト数、異常・エラーパケットの統計情報、ICMPパケット統計情報、CPU使用率、メモリ使用量、ディスクドライブ使用量、ネットワーク使用率など。 |
| プロトコル別 | プロトコル別トラフィック量、送受信パケット数・バイト数、パケット別シーケンス、レスポンスタイムなど。 |

## ネットワーク管理ツール
《SNMPやネットワークコマンドでネットワークを管理する》

ネットワークの性能管理や障害管理で使用されるツールには、次のようなものがあります。**OSに組み込まれているモニタツール**、**LANアナライザ**、**伝送メディアの検査ツール**、**SNMP**、**トラフィック監視ツール（MRTG）**、**ネットワークコマンド**などです。

### OSに組み込まれているモニタツール

OSに組み込まれているモニタツールには、Windows環境では、**パフォーマンスモニタ**、**リソースモニタ**などがあります。CPUの利用率、メモリ使用量、ディスクの使用量や、管理対象のコンピュータのシステムサービスの動作状況などリアルタイムのパフォーマンスデータを表示します。

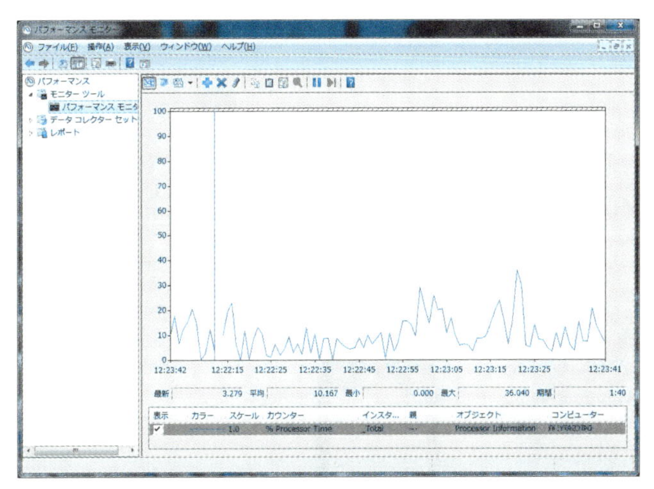

図9-25：パフォーマンスモニタの出力画面

### LANアナライザ（プロトコルアナライザ）

LANアナライザは、パケットをキャプチャし、分析して表示します。レイヤ別、プロトコル別に表示でき、パケットヘッダや内容の確認、パケット送信間隔、パケットフローなどの解析をすることができます。Snifferや、フリーソフトのWiresharkなどがあります。

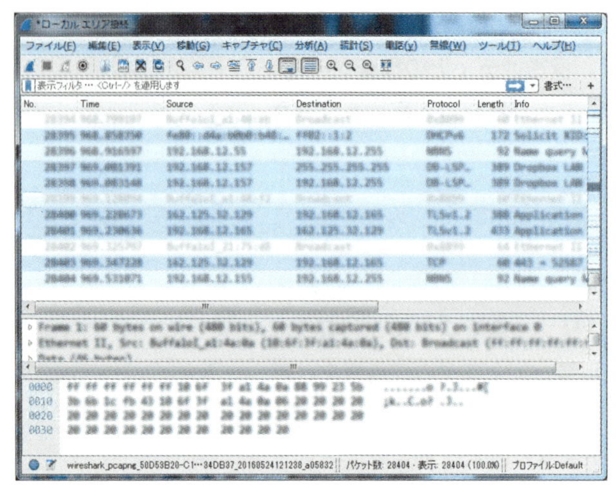


図9-26：LANアナライザ（Wiresharkの出力画面）

### 伝送メディアの検査ツール

伝送メディアの検査ツールには、LANケーブルを検査する**ケーブルテスタ**、光ファイバを検査する**OTDR**、無線LANの電波を測定する**電波強度測定器**、などがあります。

用語解説

**OTDR（Optical Time Domain Reflectometer）**
光ファイバの伝送損失などを測定する光測定器。

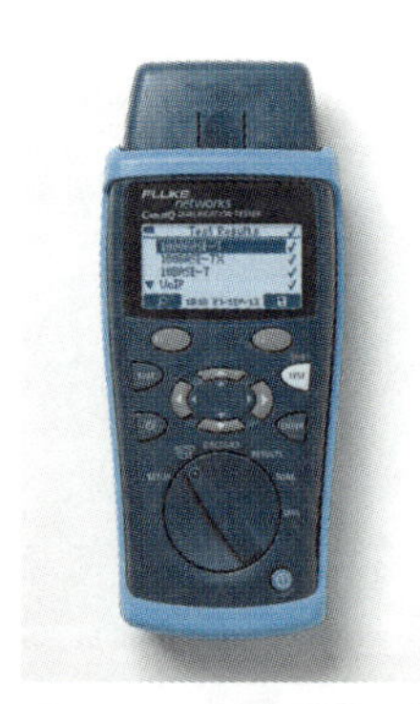

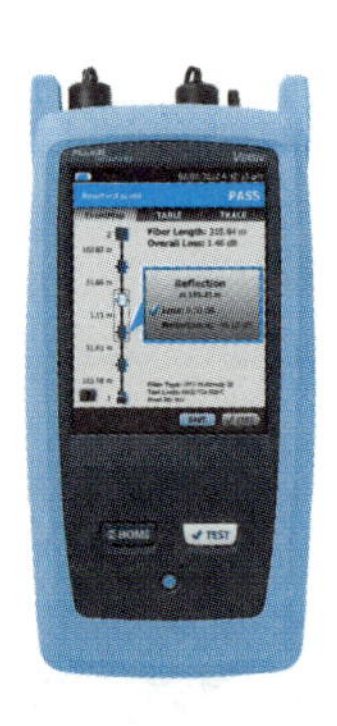

図9-27：各種伝送メディアの検査ツール*

＊写真提供：株式会社TFFフルーク社、ネットスカウトシステムズジャパン株式会社

## SNMP

**SNMP**は、TCP/IPネットワーク環境下でのネットワーク管理・監視を行う標準的なプロトコルです。

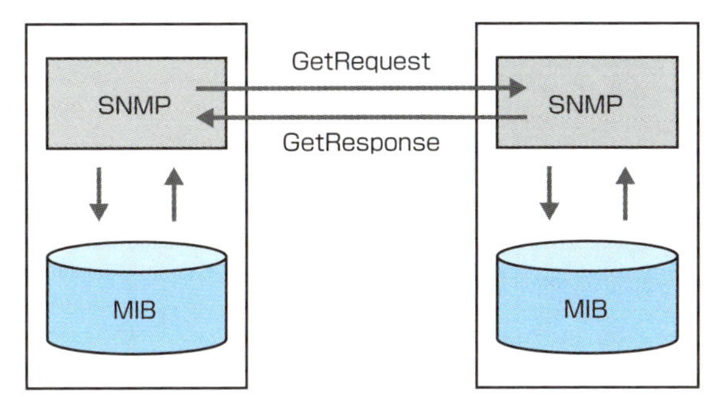


図9-28：SNMPの構成要素

SNMPの構成要素は、図9-29に示すように、**マネージャ**、**エージェント**と、データベースの**MIB**です。

**マネージャ**は、エージェントを集中的に管理します。マネージャは、定期的にポーリングしてGetRequestコマンドで、エージェントに各種情報を要求します。

**エージェント**は、管理・監視の対象機器です。エージェントは、マネージャからのGetRequestコマンドに対して、GetResponseコマンドで応答します。これによってマネージャは、各エージェントの稼動状況を監視します。また、エージェントにあらかじめ設定されたイベントが発生したときには、**Trap**コマンドでマネージャに通知します。

**MIB**は、マネージャとエージェントの間で交換される各種の情報を、階層（ツリー）構造で管理するデータベースです。図9-29に、MIBのツリー構造を示します。

IETFによって標準化されている標準MIBには、ネットワークインタフェースの統計情報、MACアドレス、IPアドレス、IPパケットの統計情報、ルーティング情報、ICMPメッセージの統計情報、TCP・UDPのパケットの統計情報

**SNMP (Simple Network Management Protocol)**
ネットワークを管理するプロトコル。

用語解説

**MIB（Management Information Base）**
管理情報ベース

**IETF（Internet Engineering Task Force）**
第1章参照。

などがあります。

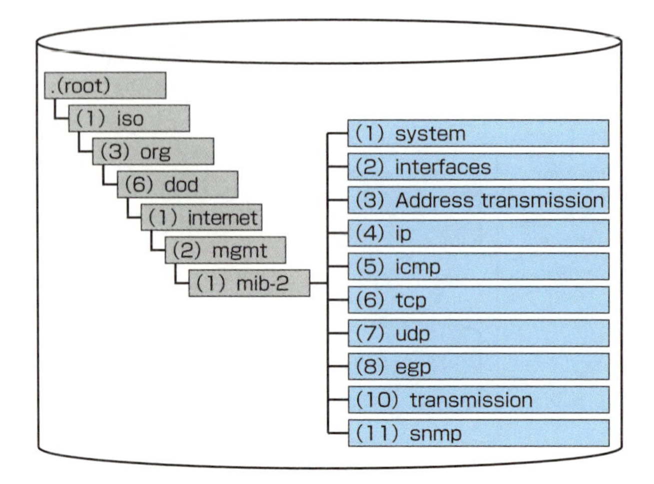


図9-29：MIBのツリー構造

### トラフィック監視ツール（MRTG：Multi Router Traffic Grapher）

トラフィック監視ツール（MRTG）は、SNMP機能を利用して、ネットワーク機器が送受信したトラフィック量の入力・出力の2系列をグラフによって可視化するフリーソフトです。

ネットワークトラフィックだけでなく、SNMPで取得可能なCPU使用率、ディスク使用率、メモリ空き容量などや、外部コマンドの実行結果を利用することができます。

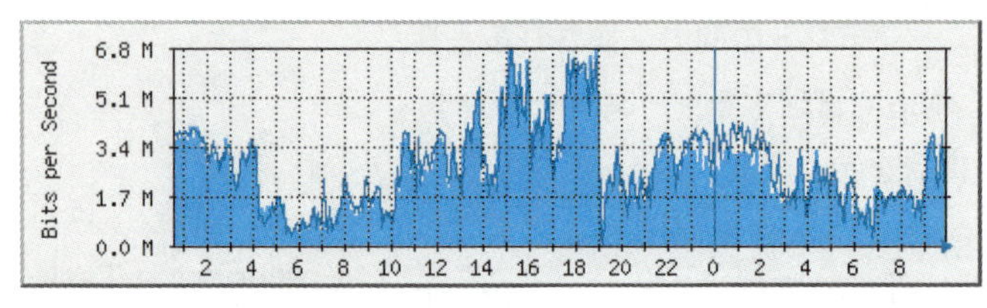


図9-30：MRTGの出力画面

### ネットワークコマンド

ネットワークコマンドは、コンピュータのネットワーク環境や、ネットワーク接続の統計情報を表示して、性能管理に利用することができますが、障害管理のツールとしても利用します。主なネットワークコマンドは、表9-12で示します。

表9-12：主なネットワークコマンド

| コマンド名 | 機能 |
|---|---|
| netstat | ネットワーク・インタフェースの状況を確認する。<br>プロトコル別やイーサネットの統計情報を確認する。 |
| ipconfig/<br>ifconfig（UNIX） | コンピュータのネットワーク設定を確認する。 |
| route print | コンピュータが保持するルーティング・テーブルを表示する。 |
| arp | コンピュータが保持するIPアドレスとMAC アドレスとの変換テーブルを表示する。 |
| ping | 目的の端末への到達の可能性を確認する。<br>レスポンス・タイムを計測する。 |
| traceroute<br>/tracert | 目的の端末までの経路を調査する。<br>レスポンス・タイムを計測する。 |
| telnet | 任意の宛先ＩＰアドレス/ホスト名にリモートログインする。 |

障害解析（トラブルシューティング）において、問題の切り分けをするときに、よく使用されるのが**pingコマンド**です。pingコマンドは、レイヤ3のプロトコルである**ICMP**を使用しています。したがってpingが成功すれば、すなわち相手と疎通ができれば、レイヤ3以下のレイヤには問題はありません。ping が失敗すれば、レイヤ3以下に問題があります。このように障害原因のレイヤの切り分けに利用することができます。

各ネットワークコマンドには、多くのオプションコマンドがあり、さまざまな項目を表示させることができます。

## 障害管理
### 《トラブルを未然防止し、障害を早期に復旧する》

ネットワーク管理者は、大なり小なりのネットワークトラブルを経験しています。トラブルの事象は、通信ができない、スループットやレスポンスが低下するというものですが、その多くの原因は、ハードウェアの障害、設置環境、接続不要など単純なものです。しかしOSI参照モデルの上位レイヤが原因のトラブルの場合は、原因特定に時間がかかることがあります。

トラブルシューティングの手順は、**障害事象の把握、情報の収集と整理、原因の解析、障害の復旧・回復、事後処理**です。

### 障害事象の把握

障害事象の把握とは、目視やヒアリングで、トラブルの内容、場所、環境、エラー表示、影響範囲、過去のトラブル事例などを正確に把握することです。

### 情報の収集と整理

情報の収集と整理とは、通常時のベースライン情報や変動要因の情報、ネットワークコマンドを使用した情報、ネットワーク構成図、ログ情報などを収集し、客観的に整理をすることです。トラブルの多くは、物理的な変動や設定の変更など、何らかの変動後に発生します。そのため、ネットワークの変動要因を調査することは、早期のトラブル解決に繋がります。

### 原因の解析

原因の解析とは、収集した情報から原因を想定し、仮説を絞り込むことです。トラブル箇所を切り分け、原因を切り分け、解決方法を検討します。トラブルの内容によって、OSI参照モデルの最下位レイヤから順にトラブルシューティングする**ボトムアップアプローチ**や、最上位レイヤからアプローチする**トップダウンアプローチ**、任意のレイヤから確認する**分断攻略アプローチ**などの方法があります。

### 障害の復旧・回復

障害の復旧・回復とは、解決方法を選択し、実施することです。その際、復旧作業を記録に取ることと、最悪な想定をすることが必要です。その作業で問題が解決できないときには、復旧作業を実行する前に戻し、情報の収集と整理からやり直す必要があるからです。また、その復旧作業によって新しい問題が発生していないことを確認するのも重要です。

### 事後処理

事後処理とは、トラブル報告書など、障害の記録を残すことです。この記録は、トラブル再発防止、トラブル分析、問題点、ネットワークシステムの変更資料、恒久的対策資料など貴重な情報資産となります。また恒久的対策処理も、事後処理に含まれます。

**分断攻略アプローチ**
pingによってレイヤを切り分けすることが一般的に実施されます。

付録

# リファレンス

リファレンスでは、次の通り、プロトコルヘッダのフォーマットを中心に記載しています。本文と合わせて参照してください。

1.RFC（Request For Comments）の分類
2.IPv4（Internet Protocol version 4）のヘッダフォーマット
3.IPv6（Internet Protocol version 6）のヘッダフォーマット
4.TCP（Transmission Control Protocol）のヘッダフォーマット
5.UDP（User Datagram Protocol）のヘッダフォーマット
6.イーサネット（Ethernet）のフレームフォーマット
7.IEEE802.1q VLANタグフォーマット
8.HDLC(High Level Data Link Control Procedure)と
PPP(Point to Point Protocol )のフレームフォーマット
9.IEEE802.11 のプロトコル構成とフレームォーマット
10.MPLS（Multi Protocol Label Switching）シムヘッダフォーマット
11.RTP（Real-time Transport Protocol）ヘッダフォーマット
12.AH（Authentication Header）ヘッダフォーマット
13.ESP（Encapsulating Security Payload）ヘッダフォーマット
14.L2TP（Layer 2 Tunneling Protocol）のカプセル化

# 1 RFCの分類

インターネット関連技術の標準化は、IETFによってRFC(Request For Comments)というドキュメントとして公表されます。RFCは、提案された素案から、新しいもの置き換えられたものまで、通し番号によって管理されている。

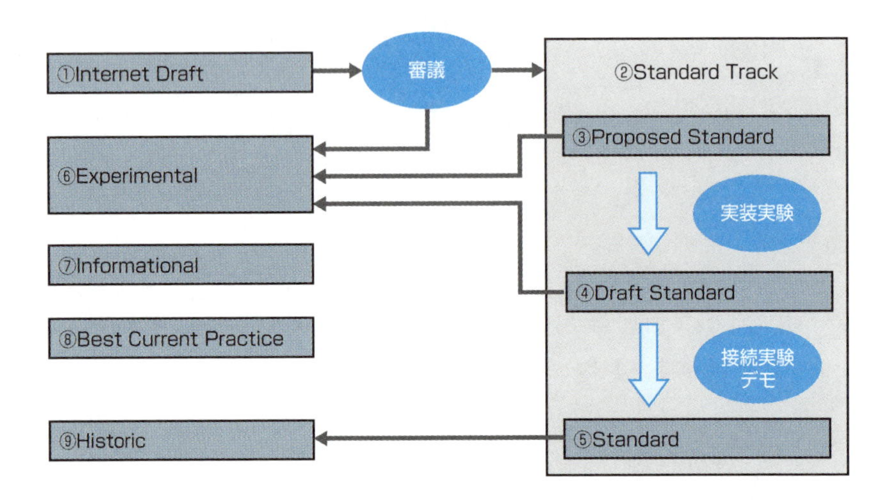


①Internet Draft（I-D）：最初の段階のプロトコル素案で、IESGのWGやベンダ、研究機関などからIESGに提出され審議される。

②Standard Track：審議の結果、標準化にふさわしいものはStandard Trackとして検討される。これには検討の段階によって次の③～⑤の3つの標準がある。

③Proposed Standard（PS）：プロトコル仕様が決定した最初の段階の標準。

④Draft Standard（DS）：プロトコル仕様に沿っている数種類の実装が存在している第2段階の標準。Proposed Standardから最低6ヶ月間の検討期間と、少なくとも2つ以上の異なる実装実験とIESGの推薦が必要。

⑤Standard（S）：第2段階のDraft Standardから、最低4ヶ月間の検討期間と、2つ以上の実装による接続試験、およびデモンストレーションを経て、仕様の安定性が確認された最終段階の標準。

⑥Experimental（E）：標準にはならなかった、実験的なプロトコル仕様。

⑦Informational（I）：標準化作業中に標準化から外された参考情報。

⑧Best Current Practice（BCP）：運用上の標準手順を定めたもの。

⑨Historic（H）：過去に検討したが標準とならなかったもの、あるいは新しいプロトコルに置き換えられたもの。

# 2 IPv4のヘッダフォーマット

IPv4（Internet Protocol version 4）は、未だに主流のIPプロトコルのヘッダフォーマットです。他のヘッダフォーマットと同様、1行が4バイト（32ビット）です。5行目までが標準のフォーマットで20バイトです。6行目以下はオプションで可変長です。パディングは4バイトの整数倍にするためのダミーデータです。

<table>
<tr><td>バージョン（4）</td><td>ヘッダ長（4）</td><td>TOS（8）</td><td colspan="2">パケット長（16ビット）</td></tr>
<tr><td colspan="3">識別値（16）</td><td>フラグ（3）</td><td>フラグメントオフセット（13）</td></tr>
<tr><td colspan="2">TTL（8）</td><td>プロトコル（8）</td><td colspan="2">ヘッダチェックサム（16）</td></tr>
<tr><td colspan="5">送信元アドレス（32）</td></tr>
<tr><td colspan="5">宛先アドレス（32）</td></tr>
<tr><td colspan="4">オプション　（可変長）</td><td>パディング</td></tr>
<tr><td colspan="5">データ</td></tr>
</table>

| フィールド名 | ビット数 | 内容 |
|---|---|---|
| バージョン | 4 | IPのバージョンを表す。バージョンは「4」。 |
| ヘッダ長 | 4 | 32ビットを単位としたヘッダ部分の長さを表す。オプションがなければ「5」。 |
| TOS（Type Of Service） | 8 | 転送するときのサービスレベルを表す。 |
| パケット長 | 16 | IPパケットの全体の長さをバイト単位で表す。 |
| 識別値 | 16 | |
| フラグ | 3 | フラグメンテーション（パケット分割）するときの情報。 |
| フラグメントオフセット | 13 | |
| TTL（Time To Live） | 8 | IPパケットの寿命を表す。具体的には、ルータを1台通過するたびにカウントダウンされ、「0」になるとパケットは廃棄される。 |
| プロトコル | 8 | 上位プロトコルを表す。TCPは16進数で「06」、UDPは「11」が入る。 |
| ヘッダチェックサム | 16 | IPヘッダのエラーチェック。 |
| 送信元アドレス | 32 | 送信元IPアドレス。 |
| 宛先アドレス | 32 | 宛先のIPアドレス。 |
| オプション | 可変長 | レコードルート（ルートの追跡に使用）、タイムスタンプ（ラウンドトリップ遅延時間の計算に使用）、ソースルーティング（経路の指定に使用）などのオプションがある。 |
| パディング | 可変長 | IPヘッダを4バイトの整数値に整えるために用いる。 |

## 3 IPv6のヘッダフォーマット

IPv6（Internet Protocol version 6）は、次世代IPプロトコルのヘッダフォーマットです。IPv4のものと比べてシンプルな構成となっています。ルータの負荷を軽減するためです。ヘッダは固定長で、40バイトです。

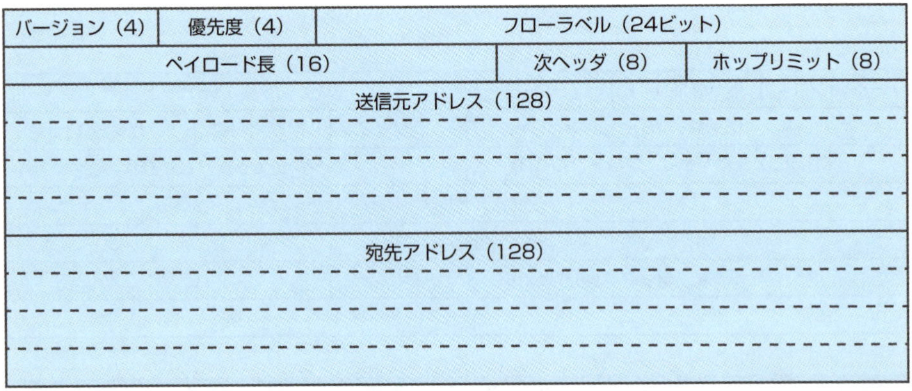

| バージョン（4） | 優先度（4） | フローラベル（24ビット） | |
|---|---|---|---|
| ペイロード長（16） | | 次ヘッダ（8） | ホップリミット（8） |
| 送信元アドレス（128） | | | |
| 宛先アドレス（128） | | | |

| フィールド名 | ビット数 | 内容 |
|---|---|---|
| バージョン | 4 | IPのバージョン番号（IPv6は6）。 |
| 優先度 | 4 | 他のパケットに対する優先度を表す。 |
| フローラベル | 24 | 何らかの特別扱いを要求するためのフィールド。「優先度」と「フローラベル」でQoS制御に対応している。 |
| ペイロード長 | 16 | IPv6のデータ部の長さをバイト数で表す。 |
| 次ヘッダ | 8 | 直後にあるヘッダのタイプを示す。TCPは16進数で「06」、UDPは「11」が入る。またv4のオプション部に該当する拡張ヘッダのタイプを示す。この拡張ヘッダの中には、AH（Authentication Header：認証ヘッダ）やESP（Encapsulating Security Payload：暗号ペイロード）があるが、これらを使用することで、セキュリティ機能を実現する。 |
| ホップリミット | 8 | IPv6のホップ数の制限を表す。IPv4のTTLの名称を変更したもの。 |
| 送信元アドレス | 128 | 送信元IPアドレス。 |
| 宛先アドレス | 128 | 宛先IPアドレス。 |

# 4 TCPのヘッダフォーマット

TCP（Transmission Control Protocol）は、レイヤ4トランスポート層のプロトコルの1つです。信頼性を保証するTCPのヘッダフォーマットです。

<table>
<tr><td colspan="3">送信元ポート番号（16）</td><td colspan="2">宛先ポート番号（16）</td></tr>
<tr><td colspan="5">シーケンス番号（32）</td></tr>
<tr><td colspan="5">応答確認番号（32）</td></tr>
<tr><td>ヘッダ長（4）</td><td>RSV（6）</td><td>コントロール<br>ビット（6）</td><td colspan="2">ウィンドウ（16）</td></tr>
<tr><td colspan="3">チェックサム（16）</td><td colspan="2">緊急ポインタ（16）</td></tr>
<tr><td colspan="4">オプション（可変長）</td><td>パディング</td></tr>
<tr><td colspan="5">データ</td></tr>
</table>

| フィールド名 | ビット数 | 内容 |
|---|---|---|
| 送信元ポート番号（Source Port） | 16 | ポート番号は、アプリケーションのプロセスを識別する。 |
| 宛先ポート番号（Destination Port） | 16 | ポート番号は、アプリケーションのプロセスを識別する。 |
| シーケンス番号（Sequence Number） | 32 | 順序番号。 |
| 応答確認番号（Acknowledgement Number） | 32 | シーケンス番号、および応等確認番号は、パケットの抜けのチェックなど、通信の確実性を実現するために使用する。 |
| ヘッダ長（Offset） | 4 | ヘッダの長さをバイト単位で表す。オプションがなければ「5」。 |
| RSV（Reserved） | 6 | 将来使用のためのフィールド。 |
| コントロールビット（Control Bit） | 6 | TCPヘッダの種類を表す。ヘッダの種類には「SYN」（コネクション確立に使用）、「FIN」（コネクション終了時に使用）、「ACK」（応答時に使用）、「URG」（緊急時に使用）など6種類ある。 |
| ウィンドウ（Window） | 16 | この部分は、自分で処理できるデータサイズ以上に受信しないように制御するフロー制御に使用する。 |
| チェックサム（Checksum） | 16 | TCPヘッダのエラーチェック。 |
| 緊急ポインタ（Urgent Pointer） | 16 | コントロール・ビットで「URG」（緊急データ）を示したときに使用する。 |

| フィールド名 | ビット数 | 内容 |
|---|---|---|
| オプション（Options） | 可変長 | MSS（Maximum Segment Size：最大セグメントサイズ）というTCPが転送するデータの最大サイズを通知するオプションなどがある。 |
| パディング（Padding） | 可変長 | ヘッダ・サイズが32ビットの倍数になるように調整する。 |

# 5 UDPのヘッダフォーマット

UDP（User Datagram Protocol）は、もう1つのレイヤ4トランスポート層のプロトコルです。高速処理を優先させるアプリケーションに使用されており、TCPのヘッダフォーマットと比べて極めてシンプルな構成となっています。

| 送信元ポート番号（16） | 宛先ポート番号（16） |
|---|---|
| データ長（16） | チェックサム（16） |
| データ | |

| フィールド名 | ビット数 | 内容 |
|---|---|---|
| 送信元ポート番号（Source Port） | 16 | ポート番号は、アプリケーションのプロセスを識別する。 |
| 宛先ポート番号（Destination Port） | 16 | ポート番号は、アプリケーションのプロセスを識別する。 |
| データ長(Length) | 16 | ヘッダを含むUDPデータの長さをバイト単位で表す。 |
| チェックサム(Checksum) | 16 | ヘッダのエラー・チェックをするフィールドだが、利用しなくても構わないことになっている。ほとんどのUDP通信には、使用しない。 |

# 6 イーサネットのフレームフォーマット

イーサネット（Ethernet）で使用するMACフレームには、2種類があります。1つは下図のEthernet 2 フレーム、1つはIEEE802.3フレームです。Ethernetは、Dec、Intel、Xeroxの3社でDIX規格として発表されましたが、その後、このEthernetをベースにしてIEEEが802.3という標準を策定しました。そのとき、フレームフォーマットの一部を変更しました。ほとんどが同じですが、異なっているのはタイプ値フィールドで、データ部のプロトコルタイプを表します。IEEE802.3フレームでは、そのフィールドはレングスフィールドで、データ部のデータ長を表します。そのためデータ長は1500以下の数値が入りますが、Ethernetフレームでは、そのフィールドには1501以上の数値が入ります。下記のフォーマットは、一般的に使用されるEthernetのフレームフォーマットです。

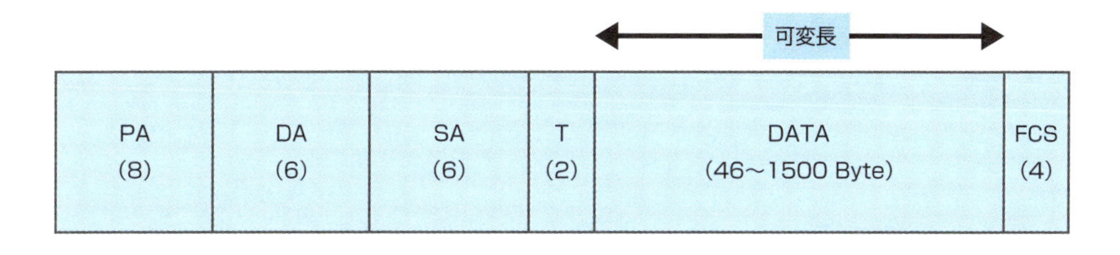


| フィールド名 | バイト数 | 内容 |
|---|---|---|
| PA（Preamble） | 8 | 同期を取るための信号。 |
| DA（Destination Address：宛先アドレス） | 6 | 宛先のMAC（Media Access Control：媒体アクセス制御）アドレスを指定。MACアドレスは、NICの識別子。 |
| SA（Source Address：送信元アドレス） | 6 | 送信元のMACアドレス。 |
| T（Type：タイプ値） | 2 | 上位レイヤのプロトコルのタイプを表す。IPv4は16進数で「0800」、IPv6は「86DD」。 |
| DATA | 46～1500 | データフィールドは可変長。最小46バイト、最大1500バイト。46バイトに満たないときはパディングを行い最小46バイトにする。 |
| FCS（Frame Check Sequence） | 4 | エラーチェックするフィールド。CRC（Cyclic Redundancy Check）という誤り検出方式を使用してビット誤りをチェックする。 |

# 7 IEEE802.1q VLANタグフォーマット

IEEEが標準化したタグVLANのIEEE802.1qタグのフォーマットです。SA（送信元アドレス）とType値フィールドの間に4バイトのタグをはさみます。

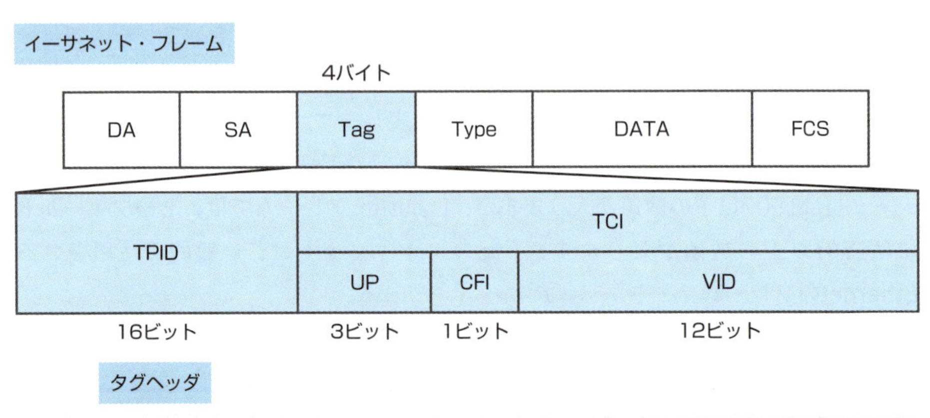


| フィールド名 | ビット数 | 内容 |
| --- | --- | --- |
| TPID<br>(Tag Protocol Identifier) | 16 | タグ付きフレームの識別子<br>デフォルトは8100 |
| TCI<br>(Tag Control Information) | 12 | TCIは、下記の3つのフィールドで構成される。 |
| UP（User Priority） | 3 | 8段階の優先レベル |
| CFI<br>(Canonical Format Indicator) | 1 | 標準フォーマットは0 |
| VID（VLAN Identifier） | 12 | VLAN番号（0～4095） |

# 8 HDLCとPPPのフレームフォーマット

ISOを標準化したHDLC（High Level Data Link Control Procedure）は、キャラクタ形式のデータだけを伝送するWANプロトコルでした。それを改良しIETFが標準化したのがPPP（Point to Point Protocol ）です。

HDLCとPPPのフレーム

| フラグ<br>（8ビット）<br>01111110 | アドレス<br>（8ビット） | 制御<br>（8ビット） | 情報<br>（任意） | FCS<br>（16ビット） | フラグ<br>（8ビット）<br>01111110 |
|---|---|---|---|---|---|

PPPのフレーム

| フラグ<br>（8ビット）<br>01111110 | アドレス<br>（8ビット） | 制御<br>（8ビット） | プロトコル<br>（16ビット） | 情報<br>（任意） | FCS<br>（16ビット） | フラグ<br>（8ビット）<br>01111110 |
|---|---|---|---|---|---|---|

| フィールド名 | ビット数 | 内容 |
|---|---|---|
| フラグ | 8 | 同期情報。16進数（以下同様）で「7E」。 |
| アドレス部 | 8 | 「FF」で固定。 |
| 制御部 | 8 | 「03」で固定。 |
| PPPのプロトコルフィールド | 18 | 上位のプロトコル。IPの場合は、「0021」。 |
| 情報 | 可変長 | 上位プロトコルのデータ部。IP通信の場合は、IPパケットが格納されている。 |
| FCS | 18 | エラーチェック。 |

# 9 IEEE802.11 のプロトコル構成とフレームフォーマット

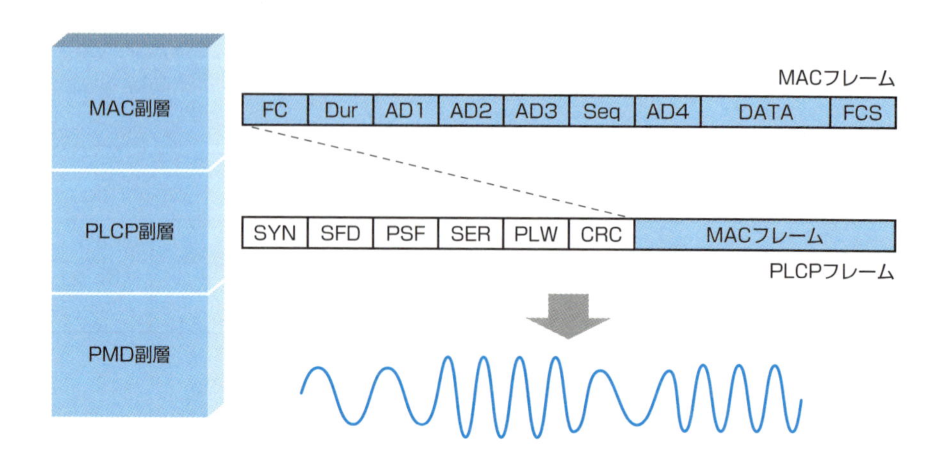


802.11プロトコル構成：802.11のMAC副層の下位に、PLCP副層とPMD副層がある。

- **PLCP（Physical Layer Convergence Procedure）副層：**キャリアの検出、MAC副層からのデータにPLCPヘッダを付加する
- **PMD（Physical Media Dependent）副層：**PLCPの物理フレーム（デジタル）を電波（アナログ）に変換し、空間に送信する

| フィールド名 | バイト数 | 内容 |
|---|---|---|
| FC(Frame Control) | 2 | フレームの種別。 |
| Dur(Duration/ID) | 2 | 送信完了までの予約時間が入る。 |
| AD1 ～ 4(Address) | 各6 | 宛先アドレス、送信元アドレス、中継アクセスポイント・アドレスなど通信形態により異なる。 |
| Seq（Sequence Control） | 2 | 送信データの順序番号。 |
| DATA | 0～2312 | データ部。 |
| FCS(Frame Check Sequence) | 4 | フレームの誤り検出をするフィールド。 |
| SYN(Synchronous) | 16 | 同期信号。 |
| SFD(Start Frame Delimiter) | 2 | 開始符号。 |

| フィールド名 | バイト数 | 内容 |
|---|---|---|
| PSF(PLCP Signal Field) | 1 | 伝送速度の指定をフィールド。 |
| SER(Service) | 1 | サービスを指定するフィールド。 |
| PLW(PLCP PDU Length Word) | 2 | フレーム長。 |
| CRC(Cyclic Redundancy Check) | 2 | 誤りチェック。 |

# 10 MPLSシムヘッダフォーマット

MPLS（Multi Protocol Label Switching）は、IP-VPNで使用するMPLSのシムヘッダのフォーマットです。

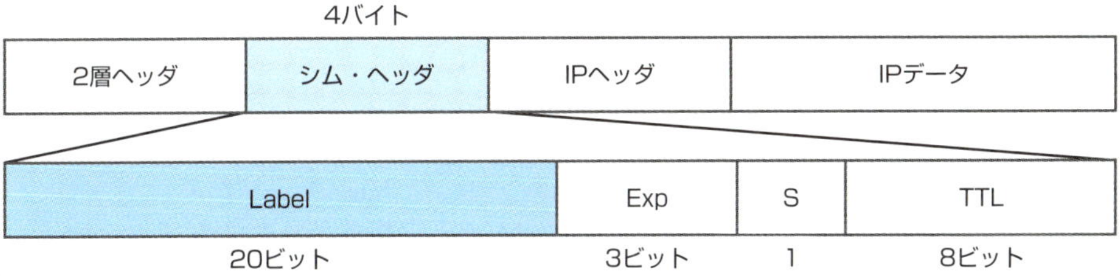

4バイト

| 2層ヘッダ | シム・ヘッダ | IPヘッダ | IPデータ |
|---|---|---|---|

| Label | Exp | S | TTL |
|---|---|---|---|
| 20ビット | 3ビット | 1 | 8ビット |

| フィールド名 | ビット数 | 内容 |
|---|---|---|
| Label（ラベル） | 20 | ルーティングの元になるLSPの識別子。 |
| Exp（Experimental Use） | 3 | 実験の目的利用に限定されている。 |
| S（Bottom of Stack） | 1 | ラベルは複数重ねられるが、ラベルが最終のものかどうかを示す。「0」であれば、他のラベルが継続していることを表し、「1」であれば、このラベルが最終であることを表す。 |
| TTL（Time To Live） | 8 | 生存時間。ループを防止するためにLSRを経由するたびにTTLの数値を1つずつ減らし、0になったら破棄する。 |

# 11 RTPヘッダフォーマット

RTP（Real-time Transport Protocol）は、VoIPで使用するRTPのヘッダフォーマットです。

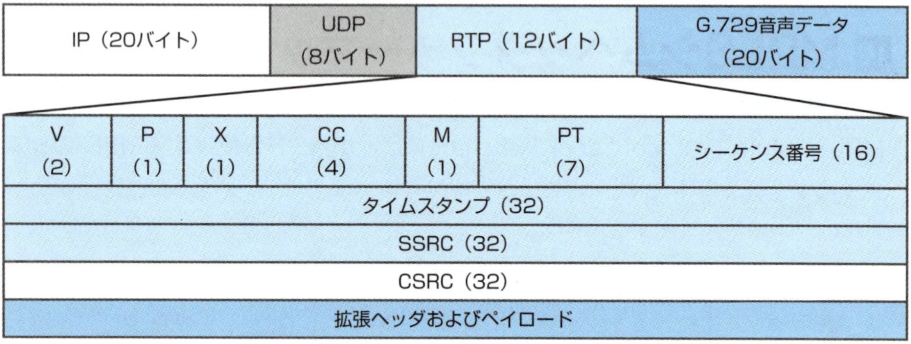

| IP（20バイト） | UDP（8バイト） | RTP（12バイト） | G.729音声データ（20バイト） |
|---|---|---|---|

| V (2) | P (1) | X (1) | CC (4) | M (1) | PT (7) | シーケンス番号（16） |
|---|---|---|---|---|---|---|
| タイムスタンプ（32） | | | | | | |
| SSRC（32） | | | | | | |
| CSRC（32） | | | | | | |
| 拡張ヘッダおよびペイロード | | | | | | |

RTPのヘッダ・フォーマット
VoIPではCSRCのフィールドは省かれ、12バイトで構成されている。

| フィールド名 | ビット数 | 内容 |
|---|---|---|
| V（Version） | 2 | "2"が固定値。 |
| P（Padding） | 1 | パディングの有無を示す。 |
| X（eXtention） | 1 | このヘッダの後に拡張ヘッダがついているかどうかを示す。 |
| CC（CSRC Count） | 4 | CSRCの数を示す。 |
| M（Maker） | 1 | 重要なイベントのマーク。映像データでは、フレームの境界を示す。 |
| PT（Payload Type） | 7 | ペイロードのタイプ。 |
| シーケンス番号 | 16 | 順序番号。このフィールドでパケットロスの検出が可能になる。 |
| タイムスタンプ | 32 | タイムスタンプ。このフィールドに、RTPデータ部の最初のバイトのクロック数を表す。受信側は、これを基に生成の同期を取ったり、遅延の大きいパケットは破棄する。 |
| SSRC（Synchronization Source） | 32 | 同一ユーザの複数ストリームデータに、同じ値を割り当てる。 |
| CSRC（Contributing Source） | 32 | ストリームデータの送信元の識別子。 |
| ペイロード | 可変長 | この部分に音声符号のデータが格納される。 |

# 12 AHヘッダフォーマット

データ認証を行うIPsecのプロトコル、AHのヘッダフォーマットです。

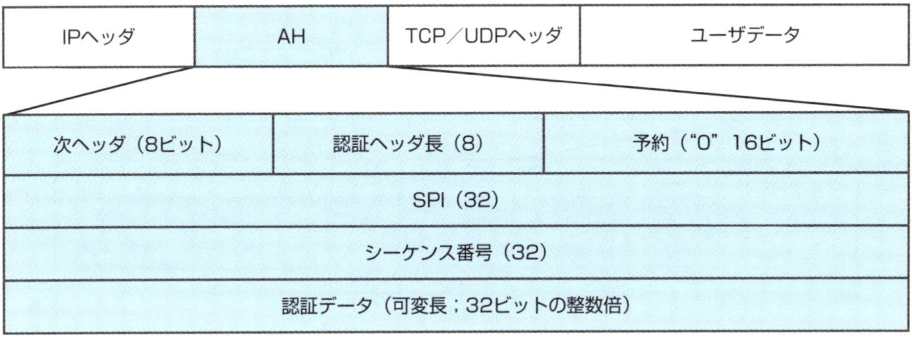

| IPヘッダ | AH | TCP／UDPヘッダ | ユーザデータ |
|---|---|---|---|

| 次ヘッダ（8ビット） | 認証ヘッダ長（8） | 予約（“0” 16ビット） |
|---|---|---|
| SPI（32） | | |
| シーケンス番号（32） | | |
| 認証データ（可変長；32ビットの整数倍） | | |

| フィールド名 | ビット数 | 内容 |
|---|---|---|
| 次ヘッダ | 8 | AHヘッダの後に来るヘッダのプロトコル番号。 |
| 認証ヘッダ長 | 8 | AHヘッダの長さ。 |
| 予約 | 16 | 拡張用のフィールドで、“0”を設定。 |
| SPI | 32 | セキュリティパラメータインデックス（SPI）の値。 |
| シーケンス番号 | 32 | 順序番号。 |
| 認証データ | 可変長（32ビットの整数倍） | データの完全性をチェックする値。32ビットの整数倍に満たない場合は、パディングする。 |

# 13 ESPヘッダフォーマット

暗号化とデータ認証を行うIPsecのプロトコル、ESP（Encapsulating Security Payload）のヘッダフォーマットです。

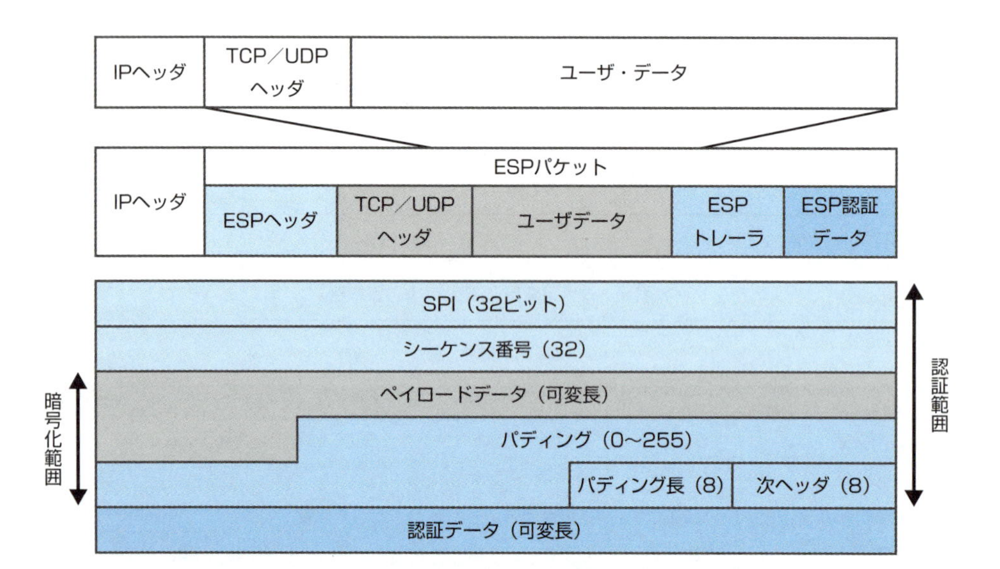


| フィールド名 | ビット数 | 内容 |
|---|---|---|
| SPI | 32 | セキュリティパラメータインデックス（SPI）の値。 |
| シーケンス番号 | 32 | 順序番号。 |
| ペイロードデータ | 可変長 | ESPのデータ部分（暗号化したIPデータ）。 |
| パディング | 可変長 | 暗号化に適した長さに調整するための付加したデータ。 |
| パディング長 | 8 | パディングしたデータ長。 |
| 次ヘッダ | 8 | ESPヘッダの後に来るヘッダのプロトコル番号。 |

# 14 L2TPのカプセル化

L2TP（Layer 2 Tunneling Protocol）はレイヤ2のトンネリングプロトコルです。ダイヤルアップのPPPフレームをL2TPでカプセル化し、リモートVPNを実現します。

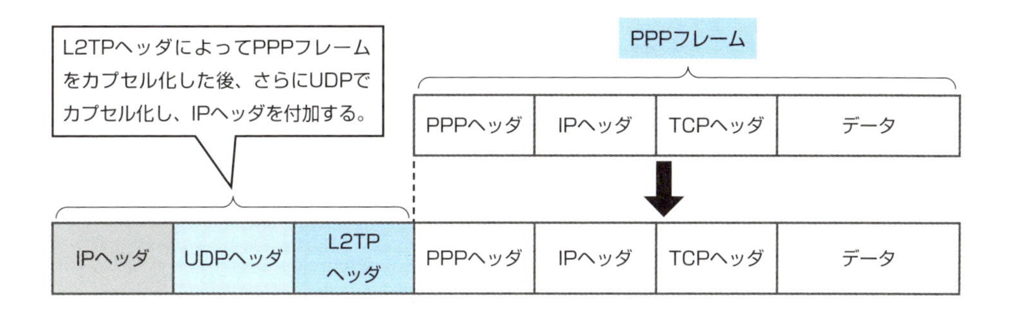

INDEX

## 数字



## A



## B



## C

## D



## E



## F



## G

## J



## L



## M



## N

## O



## P



## Q



## R

## う



## え



## お



## か

## き



## く



## け



## こ

## さ



## し

## す



## せ



## そ

## た



## ち



## つ



## て

## と



## な



## に



## ね



## の



## は

## ひ



## ふ

装　丁　結城 亨（SelfScript）
DＴＰ　株式会社明昌堂

# 入社1年目からの「ネットインフラ」がわかる本

2016年　6月15日　初版第1刷発行

著　者　村上 建夫（むらかみ たてお）
発 行 人　佐々木 幹夫
発 行 所　株式会社 翔泳社（http://www.shoeisha.co.jp）
印刷・製本　株式会社ワコープラネット



本書へのお問い合わせについては，ii ページに記載の内容をお読みください。

造本には細心の注意を払っておりますが，万一，乱丁（ページの順序違い）や落丁（ページの抜け）がございましたら，お取り替えいたします。
03-5362-3705 までご連絡ください。

ISBN978-4-7981-4609-6　Printed in Japan